JN236017

光情報工学の基礎

工学博士 吉村 武晃 著

コロナ社

大気光学の基礎

は　し　が　き

　近年の科学技術の進歩はめざましく，単一の技術開発も一つの専門分野からでなく，多くの分野からの集積である。これに呼応するように，大学の教育分野も細分化された専門課程の教育から脱皮し，いくつかの分野の融合をはかるべく，学科の統合が行われた。制度的改革が行われたが，教育の現場に立つと，同じ分野の講義をとっても講義時間が従来よりも減少している。学生の立場からは，より広い分野の講義となっている。そこで，内容の適度な取捨選択を行い，従来の枠を超えた広い分野を統合する講義が必要となる。つまり他分野と共通する基礎的事項を丁寧に詳しく論じるテキストの重要性が生まれてきた。

　光学分野は，結像論を主とした幾何光学，物質との相互作用を主とした光物理学，波動現象を主とした波動光学，光学的並列処理を中心とした光情報処理など広範多岐にわたっている。しかし，現状のテキストの多くはそれぞれの分野について1冊にまとめられている。本書はこれらの分野を含めるとともに，さらに画像処理分野も含め，光情報工学の基礎としてまとめた。幾何光学の一般論，収差論，結晶光学などは専門的と見なし，省略した。

　本書の構成は，大きく二つに分かれている。前半は波動光学的視点から，後半は情報工学的視点から成り立っている。前半に対して光波の波動性を理解しやすくするため，光波の性質とその表示法とに比較的多くを記述した。また正弦波で完全に記述される電磁波と異なって，光波がさまざまな性質をもつことは正弦波が重なり合い不規則に変化することが原因である。本書では，この扱いを第4章にあえてコヒーレンスという立場から取り上げた。時間軸と空間軸とを同時に扱うことにより，たがいに共通の性質をもっていることを示した。しかしながら第4章を読み飛ばしても本書が理解できるように，各章において

必要なことを多少重複するが，その都度記述してある。

　本書の後半は画像情報の収集と処理を中心に扱った。工学分野の電気・機械系との関連性から，光学系をシステム工学論的にとらえ，線形システムとして扱った。それに基づいて光情報処理，ディジタル画像処理の基本事項をまとめた。

　本書を執筆するにあたって，多くの参考書を参考にした。引用箇所を指定しないが，巻末にまとめた。それぞれの分野でさらに深く理解するために利用されることを期待する。さらに理解の助けとなるように，本文中にでてくる関係式の導き方および補足的事項を演習問題として挙げた。必要に応じて解答を参考にしていただきたい。

　また多くの方々から，参考資料の提供やさまざまなコメントをいただいた。特に神戸大学工学部　中川　清博士からは，第4章，第6章の空間光変調素子，第7章の計算機ホログラムに関して，貴重な助言をいただいた。これらの方々に感謝の意を表するとともに，本書を書く機会を与えてくださったコロナ社の方々にお礼申し上げる。

　1999年12月

著　　者

目　　　次

1　光の基礎的性質

1.1　電磁波の分類 ……………………………………………………1
1.2　光波の表示法 ……………………………………………………3
　1.2.1　平面波の性質 ……………………………………………4
　1.2.2　平面波の複素表示 ………………………………………8
　1.2.3　波動方程式と球面波 ……………………………………10
1.3　偏　　　光 ………………………………………………………12
　1.3.1　偏光状態 …………………………………………………12
　1.3.2　偏光のベクトル表示 ……………………………………15
　1.3.3　偏光素子 …………………………………………………17
1.4　屈折率と光波 ……………………………………………………20
　1.4.1　位相速度と光路長 ………………………………………20
　1.4.2　反射と屈折 ………………………………………………22
　1.4.3　全　反　射 ………………………………………………27
　1.4.4　吸　　　収 ………………………………………………28
　1.4.5　分　　　散 ………………………………………………29
1.5　結像素子 …………………………………………………………30
　1.5.1　結像レンズ ………………………………………………30
　1.5.2　レンズの明るさ …………………………………………35
演習問題 …………………………………………………………………36

2 光波の干渉

- 2.1 2光波干渉 ……………………………………………………37
  - 2.1.1 2光波の重ね合わせ …………………………………37
  - 2.1.2 光路長差による干渉 …………………………………39
  - 2.1.3 周波数差による干渉 …………………………………42
  - 2.1.4 干渉パターン …………………………………………43
  - 2.1.5 定 在 波 ………………………………………………45
- 2.2 干 渉 条 件 ……………………………………………………47
  - 2.2.1 2波長光波の干渉 ……………………………………47
  - 2.2.2 ヤングの干渉実験 ……………………………………48
  - 2.2.3 光波の分割 ……………………………………………50
- 2.3 多光波干渉 ………………………………………………………52
- 2.4 干 渉 素 子 ……………………………………………………56
  - 2.4.1 干渉分光素子 …………………………………………56
  - 2.4.2 干渉フィルタ …………………………………………58
  - 2.4.3 反射防止膜 ……………………………………………59
- 演 習 問 題 ……………………………………………………………60

3 光波の伝搬

- 3.1 回折現象の近似表示 ……………………………………………61
  - 3.1.1 回 折 現 象 …………………………………………61
  - 3.1.2 フラウンホーファー回折 ……………………………65
  - 3.1.3 フレネル回折 …………………………………………66
- 3.2 振幅変調による光波の伝搬 ……………………………………67
  - 3.2.1 矩 形 開 口 …………………………………………67
  - 3.2.2 円 形 開 口 …………………………………………70
  - 3.2.3 正弦波振幅格子 ………………………………………72
  - 3.2.4 矩形波振幅格子 ………………………………………74

3.3 位相変調による光波の伝搬 ……………………………………………78
　3.3.1 レンズと位相変調関数 ……………………………………78
　3.3.2 レンズによるフラウンホーファー変換作用 ……………80
　3.3.3 レンズによる結像作用 ……………………………………83
　3.3.4 正弦波位相格子による変調 ………………………………84
3.4 光波の記録と再生 ……………………………………………………87
　3.4.1 インラインホログラフィー法 ……………………………88
　3.4.2 オフアクシスホログラフィー法 …………………………91
　3.4.3 ホログラフィー干渉法 ……………………………………94
演 習 問 題 ……………………………………………………………………97

4 光波の可干渉性

4.1 多色光の表示法 ………………………………………………………98
4.2 時間コヒーレンス ……………………………………………………102
　4.2.1 多色光の合成波 ……………………………………………102
　4.2.2 スペクトルと波連 …………………………………………105
　4.2.3 白色光の干渉 ………………………………………………111
4.3 空間コヒーレンス ……………………………………………………113
　4.3.1 ランダム微小光源からの光波 ……………………………114
　4.3.2 可干渉領域 …………………………………………………118
4.4 強度相関（コヒーレンス度）………………………………………121
演 習 問 題 ……………………………………………………………………124

5 線形光学システム

5.1 フーリエ変換の性質 …………………………………………………125
　5.1.1 周期関数と非周期関数 ……………………………………126
　5.1.2 基本的関数の性質とフーリエ変換 ………………………128
　5.1.3 フーリエ変換の具体例 ……………………………………131
5.2 光学システムの基本特性 ……………………………………………133

5.2.1　線形性と移動不変性 ……………………………… 134
　5.2.2　空間領域での応答特性 ……………………………… 135
　5.2.3　スペクトル領域での応答特性 ……………………… 137
5.3　光学システムの空間周波数特性 …………………………… 140
　5.3.1　コヒーレント伝達関数 ……………………………… 140
　5.3.2　インコヒーレント伝達関数 ………………………… 142
　5.3.3　変調伝達関数 ………………………………………… 144
5.4　画像の劣化と評価 …………………………………………… 147
　5.4.1　ひとみ関数と解像力 ………………………………… 148
　5.4.2　焦点はずれと焦点深度 ……………………………… 152
演 習 問 題 …………………………………………………………… 154

6　光 情 報 処 理

6.1　空間周波数フィルタリングの基本構成 …………………… 155
6.2　画像の復元・修正 …………………………………………… 158
　6.2.1　帯域制限フィルタ …………………………………… 159
　6.2.2　微分フィルタ ………………………………………… 160
　6.2.3　復元フィルタ ………………………………………… 162
6.3　画 像 の 認 識 ………………………………………………… 164
　6.3.1　インバースフィルタ法 ……………………………… 164
　6.3.2　マッチトフィルタ法 ………………………………… 166
　6.3.3　結合相関演算法 ……………………………………… 168
6.4　空間光変調素子 ……………………………………………… 171
　6.4.1　銀塩感光材料 ………………………………………… 171
　6.4.2　電気光学材料 ………………………………………… 173
演 習 問 題 …………………………………………………………… 179

7　画像情報のディジタル処理

7.1　画像のディジタル化 ………………………………………… 180

7.1.1 標本化 …………………………………………………181
  7.1.2 量子化 …………………………………………………183
  7.1.3 画像の行列表現とベクトル表現 ………………………185
 7.2 離散画像の線形変換 …………………………………………186
  7.2.1 離散たたみ込み演算 ……………………………………186
  7.2.2 離散フーリエ変換 ………………………………………193
 7.3 計算機ホログラム ……………………………………………196
 7.4 画像の復元 ……………………………………………………201
  7.4.1 ウィナーフィルタ ………………………………………202
  7.4.2 一般逆フィルタ …………………………………………204
  7.4.3 反復法 ……………………………………………………206
 7.5 画像の認識 ……………………………………………………211
 演習問題 ……………………………………………………………212

参考文献 ……………………………………………………………213
演習問題解答 ………………………………………………………214
索引 …………………………………………………………………223

1 光の基礎的性質

波は静的に存在せず動的にのみ存在し，時間の経過とともに空間を伝搬する．しかも波には縦波と横波があり，本書で扱う光波は横波である．横波は振動方向に偏り（偏光性）がある．また光波は物質と相互作用するとき，屈折率を仲立ちとして伝搬状態が変化する．

本章では，波動性に基づいた光の基礎的性質を示す．さらに光波は周波数がきわめて高い．細いビームの光線としても，光の伝搬特性を的確に表すことができる．この方法によるレンズの結像作用についても示す．

1.1 電磁波の分類

人が外界から得る情報のうち，70～80％は視覚からであるとされている．可視光はつねに身近にあり，興味の対象であった．光の本質に対する解明努力も歴史が古く，17世紀にはニュートン（Newton）らによる波動説と粒子説の論争があった．この決着は，マクスウェル（Maxwell, 1873年）が電磁波論を打ち立て，光は電磁波の一つである波としたことによる．

有名なヤング（Young）の干渉実験は1801年，回折現象のホイヘンス・フレネル（Huygens-Fresnel）の原理は1818年，キルヒホッフ（Kirchhoff）の回折理論は1882年に生まれている．レイリー（Rayleigh）による空色がなぜ青いかという疑問に答える「青空の原理」はこのころにできた．20世紀に入り，量子力学によるエネルギーの量子化により，光は波動性と同時に粒子性をも備えた存在として認められ，波動説と粒子説の融合が図られた．さらに1963年波動場の量子化が行われ，光子統計学が生まれた．光の基本的な性質

1. 光の基礎的性質

表 1.1 電磁波の種類

周波数 f [Hz]	波長 λ [m]	電磁波の名称	自然界の大きさと利用技術
10^{19}			
	10^{-10}	γ 線（〜0.2 nm）	水素原子の直径（0.22 nm）
10^{18} [EHz]		X 線 （0.01〜10 nm）	原子・分子：水分子の直径（0.46 nm）／シリコン結晶格子（0.54 nm）／砂糖の分子（0.7 nm）／セロハンの穴（1.0 nm）
	10^{-9} [nm]		
10^{17}			液晶分子の長さ（2.0 nm）
	10^{-8}	紫外線 （4 nm 〜0.35 μm）	コロイド粒子（1〜100 nm）
10^{16}			
	10^{-7}		ウイルス（100 nm＝0.1 μm） 0.15 μm 線幅加工（4 Gbit DRAM）
10^{15} [PHz]		可視光 （0.38〜0.78 μm）	光学顕微鏡の分解能（0.2 μm） 浮遊ちり（0.5 μm 以下）
	10^{-6} [μm]		
		近赤外光	沪紙の穴（1 μm）
10^{14}		赤外光	細菌
	10^{-5}		人細胞（10〜40 μm）
10^{13}		遠赤外光	血球
	10^{-4}		雲粒（直径 0.1 mm 以下） 目の解像力（0.1 mm）
10^{12} [THz]		サブミリ波	
	10^{-3} [mm]		
10^{11}		ミリ波 EHF (extremly high frequency)	雨粒（標準 2 mm） 天体観測
	10^{-2}		
10^{10}		センチ波（マイクロ波） SHF (super high frequency)	レーダ 衛星放送 放送番組中継
	10^{-1}		
10^{9} [GHz]		極超短波 UHF (ultra high frequency)	商用光通信（2.4 Gbit/s） 電子レンジ（2.4 GHz） 携帯・自動車電話（0.8, 1.5, 1.9 GHz） テレビ
	10^{0} [m]		
10^{8}		超短波 VHF (very high frequency)	ポケットベル テレビ FM 放送
	10^{1}		
10^{7}		短波 HF (high frequency)	船舶・航空無線 短波放送
	10^{2}		
10^{6} [MHz]		中波 MF (medium frequency)	AM 放送
	10^{3} [km]		
10^{5}		長波 LF (low frequency)	

の解明は,時代とともにつねに進化している。

　波としての性質は,周波数 f〔Hz〕と波長 λ〔m〕とで特徴づけられる。波長の大きさと身近に存在するものの大きさとの関係を**表 1.1** に示す。可視光は広い波長帯のうち,狭い範囲の 380 nm から 780 nm までに局在する。長波長の電磁波は波動的性質が強く現れ,ラジオやテレビに利用されている。

　一方,粒子としての性質は,1 個の粒子（光子）がもつエネルギーで特徴づけられ,プランク定数を h とすると hf〔J〕である。電磁波は周波数が高くなると,粒子的にふるまうようになる。ガンマ線や X 線はきわめて高い周波数域にあり,粒子的性質が顕著である。

　これらの中間領域にある可視光は,波動的な現象を示したり,場合によっては粒子的な現象を現したりする。光の伝搬に関してはおもに波動的な性質から,光の検出に関しては粒子的な性質から説明される。本書では情報の伝達の観点から,光の波動的なふるまいを扱う。光波は空間を伝搬するから,伝達される情報は 2 次元画像である。光情報工学は,画像情報の伝達と加工を対象とする。

　現代の情報化社会において情報化が進めば進むほど,超高速,大容量の情報を伝達する技術の開発や,微細加工を駆使した集密化による大容量情報を記録し再生する技術の開発がますます必要となっている。光波がもつ高速性,集光性,高周波数性の特性は多くの可能性を秘めている。光学技術はそれらの技術開発に重要な役目を担っている。

1.2　光波の表示法

　波の最も基本的な存在は,平面波である。平面波を表現し,波としての性質を明らかにする。波は振幅,位相で特徴づけられるが,空間を伝搬するから,位相は時間と空間の関数で表される。また初期位相の性質が,波の性格を決める。

1. 光の基礎的性質

1.2.1 平面波の性質

光は電磁波の一つであり,電場,磁場が振動しながら伝搬する波である。光を検出するとき,おもに電場が寄与するので,電場の波動性を扱う。波動は空間に存在し,時間的に変化する。時刻 t,位置 z における電場の振動は

$$E(z,t) = a \cos(kz - \omega t + \phi) \tag{1.1}$$

と表せる。a は**振幅**(amplitude),余弦関数の引数は**位相**(phase)である。位相には三つの項がある。ϕ は**初期位相**(initial phase)と呼ばれ,基準の時空間点($t=0, z=0$)での位相である。他の二つは空間に関する項,時間に関する項である。

ある時刻における波の空間分布は**図1.1**(a)となる。λ を**波長**(wavelength)とすると

$$k = \frac{2\pi}{\lambda} \tag{1.2}$$

を**波数**(wave number)と呼び,kz は距離 z だけ隔てることによる位相の変化量を表す。

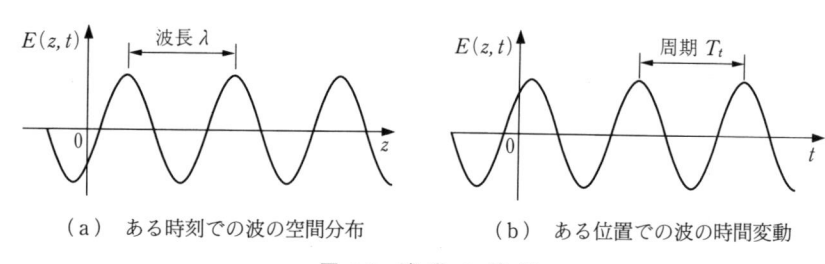

(a) ある時刻での波の空間分布 (b) ある位置での波の時間変動

図 1.1 波動の状態

ある位置での波動が示す時間変化は同図(b)となる。ω は**角周波数**(angular frequency)であり,**周波数**(frequency)を f_t,周期を T_t とすると

$$\omega = 2\pi f_t = \frac{2\pi}{T_t} \tag{1.3}$$

の関係がある。したがって ωt は,時間 t だけ経過することによる位相の変化量を示す。

1.2 光波の表示法

波動は空間に静止しているのではなく，**図 1.2** に示すように伝搬する。ある時刻 t のとき，$z=0$ で波動が極大値をとるとする。時刻がわずか Δt 秒経過したとき，波は Δz だけ移動し極大値は点 Q から点 Q′ に移る。波が移動したとしても極大値をもつ位置では，位相が $k\Delta z - \omega\Delta t = 0$ をつねに満足するから

$$\Delta z = \frac{\omega}{k}\Delta t$$

となる。時間が経過したとすると Δt は正符号をとるから，Δz も正符号をとる。したがって式 (1.1) で表される波は，時間の経過とともに z 軸の正方向に進む進行波となる。同じように

$$E(z,t) = a\cos(-kz + \omega t + \phi) \tag{1.4}$$

と表される波も，z 軸の正方向に進む進行波を表す。時間に関する位相と空間に関する位相とが異符号であるときは，進行波を表す。

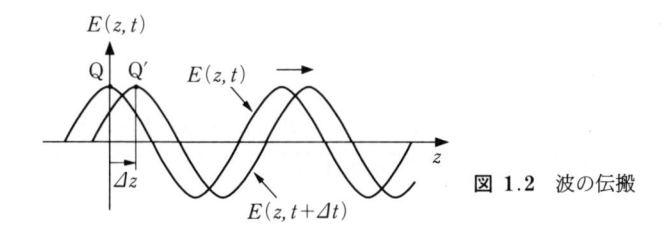

図 1.2 波の伝搬

逆に同符号であるとき，例えば

$$E(z,t) = a\cos(kz + \omega t + \phi)$$

のように表される波は，時間の経過とともに z 軸の負方向に進む後退波となる。波の表現は，式 (1.1) あるいは式 (1.4) のいずれかを用いる。画像を扱うとき，時間に関する位相を省略することが多いので，本書では式 (1.1) の表現を用いることにする。

式 (1.1) の表現は，波の伝搬速度も表す。極大値をとる位置は Δt の間に Δz 移動するから，速度 v_p は

$$v_p = \frac{\Delta z}{\Delta t} = \frac{\omega}{k} \tag{1.5}$$

あるいは式 (1.2) と式 (1.3) を用いて

$$v_p = f_t \lambda \tag{1.6}$$

となる。等しい位相をもつ点（等位相点）の移動速度であるから，**位相速度** (phase velocity) と呼ばれている。

一般に，波は 3 次元空間のある方向に進む。位置ベクトル $\boldsymbol{r}$ での電場を式 (1.1) の代わりに

$$E(\boldsymbol{r}, t) = a \cos(\boldsymbol{k}\boldsymbol{r} - \omega t + \phi) \tag{1.7}$$

と表す。波数も，ベクトル $\boldsymbol{k}$ で表してある。

この波の進行方向を求めよう。位相速度は等位相点の移動速度であり，等位相点では位相がつねに一定値をもっている。移動速度は位相全体を時間微分することによって得られる。初期位相 ϕ は時間に関係せず定数であるから，等位相点の速度ベクトルを $\boldsymbol{v}_p$ で表すと

$$\boldsymbol{k}\frac{d\boldsymbol{r}}{dt} = \boldsymbol{k}\boldsymbol{v}_p = \omega$$

となる。

波数ベクトル $\boldsymbol{k}$ の向きを単位ベクトル $\boldsymbol{n}$ で表すと，$\boldsymbol{k} = \boldsymbol{n}|\boldsymbol{k}|$ である。速度ベクトルと単位ベクトルの内積を計算すると

$$\boldsymbol{n}\boldsymbol{v}_p = \frac{\boldsymbol{k}}{|\boldsymbol{k}|}\boldsymbol{v}_p = \frac{\omega}{|\boldsymbol{k}|} = v_p$$

となり，$\boldsymbol{n}//\boldsymbol{v}_p$ であることがわかる。したがって波の進行方向は波数ベクトルが示す向きである。位相速度 $v_p = \omega/|\boldsymbol{k}|$ をもち，波数ベクトル $\boldsymbol{k}$ の向きに伝わる進行波は，式 (1.7) で表現される。例えば，xz 平面に並行に進む波を描くと**図 1.3** となる（y 軸方向には図とまったく同じ波が存在する）。

さて位置 $\boldsymbol{r}$（図中の点 A）における位相 $\boldsymbol{k}\boldsymbol{r}$ の性質を調べよう。直交座標系の単位ベクトルを $\boldsymbol{u}_x$, $\boldsymbol{u}_y$, $\boldsymbol{u}_z$ とすると

$$\boldsymbol{k} = k_x \boldsymbol{u}_x + k_y \boldsymbol{u}_y + k_z \boldsymbol{u}_z \tag{1.8a}$$

$$\boldsymbol{r} = x \boldsymbol{u}_x + y \boldsymbol{u}_y + z \boldsymbol{u}_z \tag{1.8b}$$

である。ベクトルの内積は

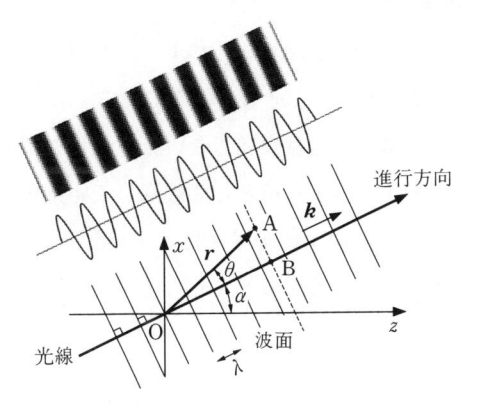

図 1.3 平面波の伝搬

$$\boldsymbol{k}\boldsymbol{r} = k_x x + k_y y + k_z z \tag{1.9}$$

となる。xz 平面を伝搬する波動（図 1.3 参照）に適用する。$k_y = 0$ とし，角度 α の波数ベクトル $\boldsymbol{k}$ と位置ベクトル $\boldsymbol{r}$ とがなす角を θ とすると

$$k_x = k \sin \alpha, \quad k_z = k \cos \alpha$$

$$x = r \sin(\theta + \alpha), \quad z = r \cos(\theta + \alpha)$$

である。したがって

$$\begin{aligned}\boldsymbol{k}\boldsymbol{r} &= kr \cos \theta \\ &= k\,\mathrm{OB} = 一定 \end{aligned} \tag{1.10}$$

となる。ベクトル $\boldsymbol{r}$ の先端（点 A）が図中の破線上にあるとすれば，$\boldsymbol{k}\boldsymbol{r}$ はすべて同じ値となる。つまり破線上での位相は，すべて同じである。

　等しい位相を示す位置は xz 平面上では直線となるが，3 次元空間では波の進行方向に垂直な平面となる。この等位相面のことを**波面**（wave front）という。波面が平面である光波を，**平面波**（plane wave）あるいは平行光という。波面を細い線で表し，波長 λ ごとに等間隔に描く。この表し方を波面表示という。別の表し方として光線が用いられる。光線（図中の太い線）は波面に垂直で，光の進行に沿って描く。平面波に対応するものは平行光線の束である。これを光線表示という。

1.2.2 平面波の複素表示

電磁波の一つである可視光を観測するとしよう。可視光は周波数が高く，表1.1に示すように，周波数は $f_t = 10^{15}$ Hz 程度である。このように高い周波数で振動する電場に応答する検出器は実在しない。しかしながら，われわれは光を観測できている。光をエネルギー量として観測しているからである。

電磁気学によると，電磁波のエネルギーはポインティングベクトル S で与えられ，真空中を伝搬しているとすると

$$S = \sqrt{\frac{\varepsilon_0}{\mu_0}} \frac{\bm{k}}{k} E^2 \tag{1.11}$$

である。単位時間，単位面積当りのエネルギーを表し，電場の2乗に比例する。ここで ε_0, μ_0 は真空中での誘電率と透磁率である。光学では，位置 $\bm{r}$，時刻 t でのエネルギーを**光強度**（intensity）と呼び，$I(\bm{r}, t)$ と表す。比例係数を無視して

$$I(\bm{r}, t) = E(\bm{r}, t)^2 \tag{1.12}$$

とする。

光強度を応答時間 T_R の検出器で観測するとしよう。光検出器として，応答時間が $T_R \leq 10^{-9}$ 秒のようにきわめて短いとする。高速に応答する検出器を用いても，周波数 10^{15} Hz の振動に追従できず，10^6 周期にわたって平均することになる。このため検出器からの出力は，応答時間 T_R 内の平均値となる。われわれが観測できるのはこの短い時間内の平均値であるから，この値を光強度（あるいは瞬時光強度）としてもさしつかえない。このことを表すと

$$I(\bm{r}, t) = \frac{1}{T_R} \int_{t-T_R/2}^{t+T_R/2} a^2 \cos^2(\bm{k}\bm{r} - \omega t' + \phi) \, dt' = \frac{a^2}{2} \tag{1.13}$$

となる。光強度は振幅の2乗値に比例する。

観測量としての光強度を求めるには，式 (1.13) の積分をつねに実行する必要がある。このことを避ける電場の表現法がある。$i = \sqrt{-1}$ とすると

$$\exp(i\theta) = \cos\theta + i\sin\theta$$

の関係があるから，電場を

$$E(\boldsymbol{r},t) = a\exp[i(\boldsymbol{kr}-\omega t+\phi)] \tag{1.14}$$

のように複素数で表す．そして電場とその共役複素数の積を，光強度であると約束する．記号 * で共役な複素数を表す．光強度は

$$I(\boldsymbol{r},t) = E^*(\boldsymbol{r},t)E(\boldsymbol{r},t) = |E(\boldsymbol{r},t)|^2 = a^2 \tag{1.15}$$

である．振幅の2乗値が求まり，単に積計算だけで光強度が求まる．

　式 (1.13) と比較して係数が 1/2 だけ異なるが，無視する．理由は物理量を測定するとき，つねに相対量を測定する．例えば長さをメートル単位で測定しているが，基準の長さを 1m と定義し，その何倍かを求めている．光強度を式 (1.15) で与えるとして，それに基づいて統一すれば不都合は起こらない．

　式 (1.14) のような電場の表記法を複素表示という．この表記法を用いるとき，電場の和，差，微分，積分などは，複素数表示で計算を行う．しかし電場は実関数であるので，最後にその計算結果の実部を求める必要がある．実部をとることを演算記号 Re [⋯] で表すと

$$\begin{aligned}E(\boldsymbol{r},t) &= \mathrm{Re}\{a\exp[i(\boldsymbol{kr}-\omega t+\phi)]\}\\ &= a\cos(\boldsymbol{kr}-\omega t+\phi)\end{aligned} \tag{1.16}$$

となる．いつでも正しい電場の強さを求めることができる．

　複素数表示を用いると，空間，時間，初期位相に関する部分が，積の形に分離される．初期位相項や空間に関する位相項を分離し

$$E(\boldsymbol{r},t) = u(\boldsymbol{r})\exp(-i\omega t) \tag{1.17}$$

とする表し方がある．ここで

$$u(\boldsymbol{r}) = a\exp[i(\boldsymbol{kr}+\phi)] \tag{1.18}$$

である．$u(\boldsymbol{r})$ は，複素数でありしかも時間的な振動項 $\exp(-i\omega t)$ の振幅であるため，**複素振幅** (complex amplitude) と呼ばれる．波動の空間変化を調べるとき，時間に関する変化を問題としないから，電場を複素振幅 $u(\boldsymbol{r})$ で表すと便利である．光強度も $|u(\boldsymbol{r})|^2 = I(\boldsymbol{r})$ と得られる．

　電場は実数であるから，複素数で表すと積やべき計算に注意が必要である．光強度に関しては式 (1.15) の積計算で正しい結果が得られる．しかし他のいろいろな計算を行うには，電場を式 (1.16) のように実関数で表したうえで，

積やべきを計算する必要がある。これを避けるのに電場を等価的に実数とする表現がある。共役な複素数を加えることによって

$$E(\boldsymbol{r},t) = a\exp[i(\boldsymbol{kr}-\omega t+\phi)] + a\exp[-i(\boldsymbol{kr}-\omega t+\phi)]$$
$$= a\exp[i(\boldsymbol{kr}-\omega t+\phi)] + \text{c.c.} \tag{1.19}$$

とする表し方である。ここで c.c. は，その前項の**複素共役**（complex conjugate）な電場を表す。この表示法は，積やべきなどの演算が含まれていても正しい計算結果がつねに得られ，最後に実部をとる必要がない。

1.2.3 波動方程式と球面波

光波は電磁波の一つであり，波動性を示すから，電場と磁場とが波動方程式に従う。電場 $E(\boldsymbol{r},t)$ に関する波動方程式は

$$\frac{\partial^2 E(\boldsymbol{r},t)}{\partial t^2} = v_p{}^2 \nabla^2 E(\boldsymbol{r},t) \tag{1.20}$$

と表される。ここで ∇^2 はラプラス（Laplace）演算子である。

平面波は波動方程式の一つの特解である。式（1.14）を代入すると

$$\text{左辺} = \frac{\partial^2 E(\boldsymbol{r},t)}{\partial t^2} = -\omega^2 E(\boldsymbol{r},t) = -k^2 v_p{}^2 E(\boldsymbol{r},t)$$

$$\text{右辺} = v_p{}^2 \nabla^2 E(\boldsymbol{r},t) = -k^2 v_p{}^2 E(\boldsymbol{r},t)$$

と求められ，左辺と右辺とが等しくなる。したがって式（1.14）は，波動方程式を満たす平面波解であることがわかる。

座標原点に点光源があるとき，発生する光波を求めよう。この光波も波動方程式を満たしているはずである。ラプラス演算子を球座標系で表すと便利である。球座標を r, θ, φ で表すと

$$\nabla^2 = \frac{1}{r^2}\frac{\partial}{\partial r}\left(r^2\frac{\partial}{\partial r}\right) + \frac{1}{r^2\sin\theta}\frac{\partial}{\partial \theta}\left(\sin\theta\frac{\partial}{\partial \theta}\right) + \frac{1}{r^2\sin^2\theta}\frac{\partial^2}{\partial \varphi^2}$$

となる。水面に小石を落としたとき，波のうねりが同心円状に広がっていく。このことから類推すると，3次元空間に広がっていく光波の波面は，同心球面状である。したがって点光源からの波は中心対称であるから，r 方向と直交する方向の変化は考えなくてよく，演算子の第2，第3項を省略できる。

さらに観測位置は原点からの距離 r で表せる。その位置における電場の r 方向成分を $E_r(t)$ とすると

$$\nabla^2 E_r(t) = \frac{1}{r^2}\frac{\partial}{\partial r}\left(r^2 \frac{\partial E_r(t)}{\partial r}\right) = \frac{\partial^2 E_r(t)}{\partial r^2} + \frac{2}{r}\frac{\partial E_r(t)}{\partial r}$$

$$= \frac{1}{r}\frac{\partial^2}{\partial r^2}[\,rE_r(t)\,]$$

と求められる。したがって波動方程式は

$$\frac{\partial^2}{\partial t^2}[\,rE_r(t)\,] = v_p^2 \frac{\partial^2}{\partial r^2}[\,rE_r(t)\,] \tag{1.21}$$

となる。関数 $rE_r(t)$ が波動方程式を満足している。

関数 $rE_r(t)$ が平面波解と等しいとしよう。式 (1.14) で表される $E(\boldsymbol{r},t)$ は，位置と波数をベクトルで表した平面波である。動径方向（r 方向）に進む平面波に置き直す。つまりスカラー量で位置 r および波数 k を表し，この r 方向に進む平面波を $E(r,t)$ とする。こうして

$$E_r(t) = \frac{1}{r}E(r,t) = \frac{a}{r}\exp[\,i(kr - \omega t + \phi)\,] \tag{1.22}$$

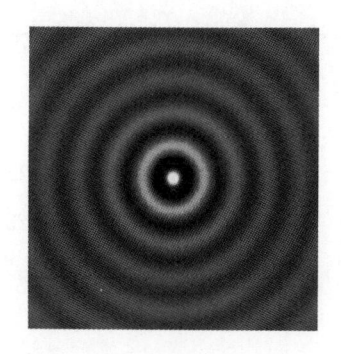

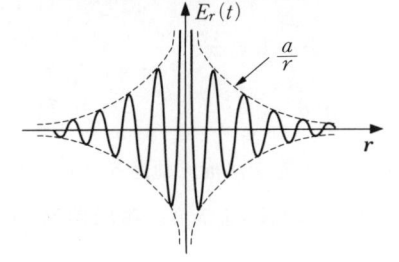

図 1.4 球面波の伝搬（$r \to 0$ で振幅は発散するが，エネルギーは一定値となる）

と求められる。座標原点（$r=0$）にある点光源から，球面状に広がる光波を表す。位相は原点からの距離 r によって決まり，振幅は r に反比例して減衰する。これを**球面波**（spherical wave）という。この様子を図1.4に示す。r 方向へ伝搬する球面波の位相速度は平面波と同じである。

1.3 偏　　　光

光波は音波などと異なって横波である。横波であると振動方向に自由度が生まれ，振動方向によっては異なった性質の波となる。これを偏光というが，本節ではこの偏光の性質を示す。

1.3.1 偏 光 状 態

光波は横波であり，進行方向に垂直な方向に電場が振動する。z 軸方向へ進む平面波であるとすると，振動方向をたがいに独立な x 軸と y 軸方向に分解できる。光波は振動方向に偏りがあり，**偏光**（polarized light）という。

偏光の性質は，電場を実関数で扱うことによって得られる。z 軸方向に進む平面波に対して，x, y, z 軸方向の電場成分を E_x, E_y, E_z と表すと

$$E_x = a_x \cos(kz - \omega t + \phi_x) \tag{1.23 a}$$

$$E_y = a_y \cos(kz - \omega t + \phi_y) \tag{1.23 b}$$

$$E_z = 0 \tag{1.23 c}$$

となる。偏光状態は光に正対してみたとき，電場ベクトル先端がどのように動くかということである。位相差を

$$\delta = \phi_y - \phi_x \tag{1.24}$$

とし，時間，空間に依存する位相（$kz - \omega t$）を消去すると

$$\left(\frac{E_x}{a_x}\right)^2 + \left(\frac{E_y}{a_y}\right)^2 - 2\frac{E_x}{a_x}\frac{E_y}{a_y}\cos\delta = \sin^2\delta \tag{1.25}$$

となる（演習問題1.1を参照）。電場ベクトル先端が描く軌跡を xy 平面に射影した様子を図1.5に示す。一般には楕円の軌跡を描き，**楕円偏光**（ellip-

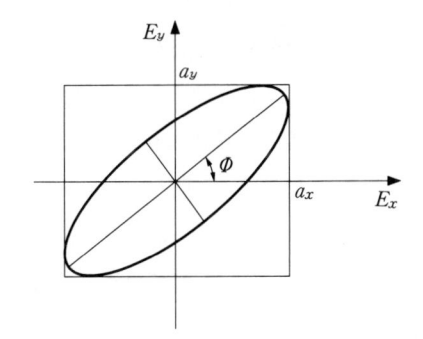

図 1.5 楕円偏光（角度 Φ は δ, a_y/a_x によって変化する）

tically polarized light) という。

特別の場合として，二つの光波成分の位相差が $\delta=m\pi$ ($m=0, 1, 2, \cdots$) のとき

$$\frac{E_x}{a_x}=(-1)^m \frac{E_y}{a_y} \tag{1.26}$$

となり，軌跡は直線となる。この光波を**直線偏光** (linearly polarized light) という。ほかの特別な場合として，$\delta=2m\pi\pm\pi/2$，$a_x=a_y=a$ とすると

$$E_x{}^2+E_y{}^2=a^2 \tag{1.27}$$

となり，円形となる。この光を**円偏光** (circularly polarized light) という。光波は各成分の合成であるから，偏光状態は位相差 δ と振幅比 a_y/a_x とによって異なる。

時間を止めて，電場ベクトル先端が空間に描く軌跡を調べよう。簡単のため円偏光を扱うとし，$a_x=a_y$，$\delta=\pm\pi/2$ とする。電場ベクトルと光波の伝搬軸を含む面を振動面，その面が x 軸となす角を方位角という。方位角を α とすると

$$\tan\alpha=\frac{E_y}{E_x}=\frac{\cos(kz-\omega t+\delta+\phi_x)}{\cos(kz-\omega t+\phi_x)}$$

となる。

特に $\delta=-\pi/2$ と置き，角度 α について解くと

$$\alpha=kz-\omega t+\phi_x \tag{1.28}$$

14 1. 光の基礎的性質

となる（演習問題 1.2 を参照）。z の増加とともに α が増大する。電場ベクトル先端は，図 1.6 に示すように，波長 λ の間隔をもった右ねじのスプリング状となる。また時間 t の経過とともに α が減少する。このことはスプリングを z 軸の正方向へ平行移動させることである。このとき位置 $z=0$ での xy 平面を横切る電場ベクトルの向きは，光の進行方向から見て右回り（時計回り）となる。これを右回り円偏光という。したがって $\delta=-\pi/2$ の光波は，電場ベクトル先端の軌跡が右ねじのスプリング状であり，それが時間経過とともに z 軸方向に光速度で平行移動しているといえる。

同様に $\delta=\pi/2$ であるならば，電場ベクトル先端の軌跡は，左ねじのスプ

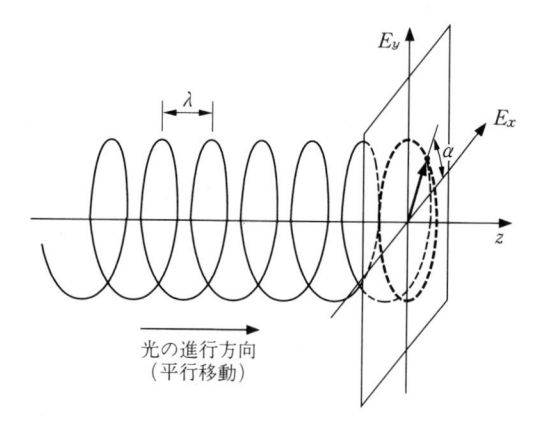

図 1.6 右回り円偏光

$\delta=-\pi$	$\delta=-\dfrac{\pi}{2}$	$\delta=0$	$\delta=\dfrac{\pi}{2}$	$\delta=\pi$
$\dfrac{1}{\sqrt{2}}\begin{pmatrix}1\\-1\end{pmatrix}$	$\dfrac{1}{\sqrt{2}}\begin{pmatrix}1\\-i\end{pmatrix}$	$\dfrac{1}{\sqrt{2}}\begin{pmatrix}1\\1\end{pmatrix}$	$\dfrac{1}{\sqrt{2}}\begin{pmatrix}1\\i\end{pmatrix}$	$\dfrac{1}{\sqrt{2}}\begin{pmatrix}1\\-1\end{pmatrix}$

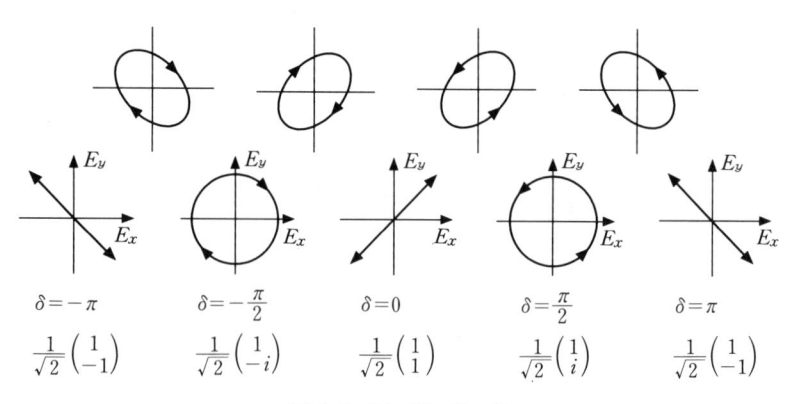

図 1.7 偏光状態

リング状となり，時間経過とともに z 軸方向に平行移動する。光の進行から見てベクトル先端は左回りとなる。この光を左回り円偏光という。

一般に $a_x \neq a_y$ であり電場ベクトルは楕円の軌跡を描く。（ⅰ）$-\pi<\delta<0$ のとき右回り楕円偏光，（ⅱ）$\delta=0$ のとき直線偏光，（ⅲ）$0<\delta<\pi$ のとき左回り楕円偏光，（ⅳ）$\delta=\pi$ のとき直線偏光となる。$a_x=a_y$ とするとき，**図 1.7** のようになる。光の進行方向から見た図である†。

振幅と位相が x，y 成分間に確定した相対値をもつとき，位相差 δ や振幅比 a_y/a_x は一定となる。この光波を完全に偏っているという。楕円，円，直線偏光は完全偏光である。太陽光のような自然光は，位相差も振幅比も時間的にまったくデタラメに変化し，観測時間内ですべての偏光状態が同一確率で現れる。全体としてまったく偏光特性を示さない。自然光は無偏光である。一般に光波は偏った成分と偏りのない成分とが混じっており，これを部分偏光という。

1.3.2 偏光のベクトル表示

偏光を記述するには，振幅をベクトル $\boldsymbol{a}$ で表す。電場もベクトルとなり，光波を式 (1.14) の代わりに

$$\boldsymbol{E}(\boldsymbol{r},t) = \boldsymbol{a} \exp[i(\boldsymbol{kr}-\omega t+\phi)] \tag{1.29}$$

と表す。

本項では偏光を示すベクトル $\boldsymbol{a}$ を行列形式で表す。z 軸方向に進む平面波は，式 (1.23) に対応して偏光 $\boldsymbol{E}(z,t)$ を列ベクトルで表すと

---

† 物理光学や電気工学では波の空間分布を扱わず，波を式(1.4)で表し，$a\cos(\omega t)$ という波を基準として，波 $a\cos(\omega t+\varDelta)$ の位相が進むか遅れるかを論ずる。しかし本書において，式 (1.1) の $a\cos(kz-\omega t+\delta)$ を波の表現として用いている。時間に関する位相の符号が異なる。変換を行うには，あとにでてくる変数を $\delta=-\varDelta$，$\varphi=-\varPsi$ と置き換えればよい。

例えば本書で $\delta=-\pi/2$ のとき，E_y は E_x に比べて位相が $\pi/2$ だけ進み，$E_y/E_x=-i$ の右回り偏光となる。これを読み替えると $\varDelta=\pi/2$ であるから，$E_y/E_x=i$ の右回り円偏光となる。位相の遅れや進みに対しては，符号が逆転しているが，同じ意味となる。

1. 光の基礎的性質

$$\boldsymbol{E}(z,t) = \begin{bmatrix} E_x \\ E_y \end{bmatrix} = \begin{bmatrix} a_x \\ a_y \exp(i\delta) \end{bmatrix} \exp[i(kz - \omega t + \phi_x)]$$

となる。時間，空間に依存する共通項を省略し，振幅をその絶対値

$$\sqrt{I} = \sqrt{a_x{}^2 + a_y{}^2}$$

で規格化する。光波の振動面の方位角を a とすると

$$\boldsymbol{J}(\delta) = \frac{1}{\sqrt{I}} \begin{bmatrix} a_x \\ a_y \exp(i\delta) \end{bmatrix} = \begin{bmatrix} \cos a \\ \sin a \exp(i\delta) \end{bmatrix} \tag{1.30}$$

と書ける。このベクトルを**ジョーンズベクトル** (Jones vector) と呼ぶ。光波は

$$\boldsymbol{E}(z,t) = \boldsymbol{J}(\delta)\sqrt{I} \exp[i(kz - \omega t + \phi_x)] \tag{1.31}$$

である。

偏光状態は，1.3.1項に示したように，位相差 δ と振幅比によって決まる。光波をジョーンズベクトルで表すと，偏光状態の違いがわかる。簡単のため振幅を $a_x = a_y$ とすると，電場の成分比は

$$\frac{E_y}{E_x} = \exp(i\delta)$$

である。この条件での偏光状態を求めよう。

直線偏光は $E_y/E_x = (-1)^m (a_y/a_x) = (-1)^m$ である。振動面の方位角は $a = \pi/4$ であるから，ジョーンズベクトルは

$$\boldsymbol{J}(\delta = m\pi) = \frac{1}{\sqrt{2}} \begin{bmatrix} 1 \\ (-1)^m \end{bmatrix} \tag{1.32}$$

となる（図1.7を参照）。同じように右回り円偏光は

$$\boldsymbol{J}(\delta = -\frac{\pi}{2}) = \frac{1}{\sqrt{2}} \begin{bmatrix} 1 \\ -i \end{bmatrix} \tag{1.33}$$

となり，左回り円偏光は

$$\boldsymbol{J}(\delta = \frac{\pi}{2}) = \frac{1}{\sqrt{2}} \begin{bmatrix} 1 \\ i \end{bmatrix} \tag{1.34}$$

となる。光波をジョーンズベクトルで示すと，偏光状態が区別される。

1.3.3 偏光素子

偏光状態を変換する光学素子に偏光素子がある。入射光をジョーンズベクトルで表し，偏光素子を作用行列で表す。これらの行列を計算することにより，出射光がジョーンズベクトルで求められ，偏光状態が求まる。偏光素子の作用行列を**ジョーンズ行列**（Jones matrix）という。偏光素子（単に偏光子ともいう）には，**直線偏光子**（polarizer），**移相子**（retarder），**旋光子**（rotator）がある。これらの素子のジョーンズ行列を求めよう。

旋光子は角度 θ だけ入射光の偏光方向を回転させる。この作用行列は，xy 座標軸を回転させ，$x'y'$ 座標軸系にすること（**図1.8**）であるから

$$[T(\theta)] = \begin{bmatrix} \cos\theta & -\sin\theta \\ \sin\theta & \cos\theta \end{bmatrix} \tag{1.35}$$

と表せる。

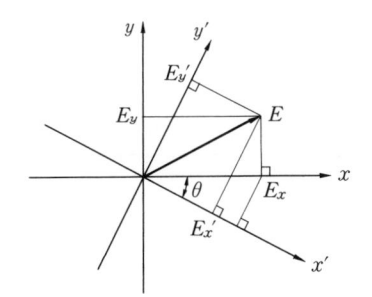

図 1.8 旋光子による作用

直線偏光素子は，素子に固有な軸方向の偏光成分のみを通過させる。その軸が，x 軸に対して角度が $\theta=0$ であるとする。ジョーンズ行列は

$$[P(0)] = \begin{bmatrix} 1 & 0 \\ 0 & 0 \end{bmatrix}$$

と表せる。例えば入射光が $\delta=0$，方位角 $\alpha=\pi/4$ の振動面をもつ直線偏光であるとする。直線偏光子を通過させると，出射光は

$$[P(0)]\boldsymbol{J}(0) = \begin{bmatrix} 1 & 0 \\ 0 & 0 \end{bmatrix} \frac{1}{\sqrt{2}} \begin{bmatrix} 1 \\ 1 \end{bmatrix} = \frac{1}{\sqrt{2}} \begin{bmatrix} 1 \\ 0 \end{bmatrix}$$

となる。直線偏光子の固有軸と同じ方向に偏光した直線偏光が得られる。

18   1. 光 の 基 礎 的 性 質

　直線偏光素子の固有軸は，空間座標系に固定されるものではなく，角度 θ に設定される。設定角 θ である直線偏光素子の作用行列（ジョーンズ行列）を求める。直線偏光子の座標系を $x'y'$ とし，固有軸を x' 軸に固定してあるとする。図 1.9（a）に示すように入射光の電場ベクトルは実験室座標系の xy 軸で表され，偏光子の座標系 $x'y'$ は設定角 θ だけ回転している。入射光と偏光子との相対角度が一定であれば，偏光子の作用は同じである。このため図 1.9（b）に示すように，入射光と偏光子を $-\theta$ だけ回転させ，x' 軸を実験室座標系の x 軸に一致させる。

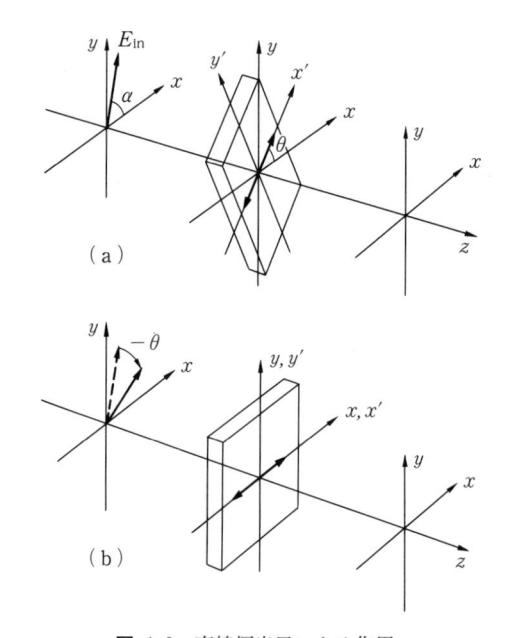

図 1.9　直線偏光子による作用

　$x'y'$ 座標系で表した入射光は，旋光子行列を用いると $[\,T(-\theta)\,]\,\boldsymbol{J}(0)$ となる。この偏光に対して直線偏光子の設定角はゼロとなる。したがって直線偏光子を通過した光波は $[\,P(0)\,][\,T(-\theta)\,]\,\boldsymbol{J}(0)$ となる。通過した光波を θ だけ回転させ，元の座標系に戻す。この操作により，出射光の電場 $\boldsymbol{E}_{\text{out}}(z,t)$ は，入射光の電場 $\boldsymbol{E}_{\text{in}}(z,t)$ を用いて

$$\boldsymbol{E}_{\text{out}}(z,t) = [\,T(\theta)\,][\,P(0)\,][\,T(-\theta)\,]\,\boldsymbol{J}(0)\sqrt{I}\exp[i(kz-\omega t+\phi_x)]$$
$$= [\,T(\theta)\,][\,P(0)\,][\,T(-\theta)\,]\,\boldsymbol{E}_{\text{in}}(z,t) \qquad (1.36)$$

となる。したがって設定角 θ である直線偏光子の作用行列（ジョーンズ行列）は

$$[\,P(\theta)\,] = [\,T(\theta)\,][\,P(0)\,][\,T(-\theta)\,]$$
$$= \begin{bmatrix} \cos^2\theta & \sin\theta\cos\theta \\ \sin\theta\cos\theta & \sin^2\theta \end{bmatrix} \qquad (1.37)$$

となる。

移相子は，ある偏光成分の位相を相対的に進め，それと直交した偏光成分の位相を相対的に遅らす。進相軸を f 軸（fast 軸）と呼び，遅相軸を s 軸（slow 軸）と呼ぶ。進相軸に沿って進む光波成分は，位相が相対的に角度 φ だけ進むとする。また進相軸を設定角がゼロであると約束し，x 軸と一致しているとする。角度 φ を x, y 成分に等分配すると

$$[\,R(0\,;\varphi)\,] = \begin{bmatrix} \exp[-i(\varphi/2)] & 0 \\ 0 & \exp[i(\varphi/2)] \end{bmatrix}$$

と表せる。角度 φ を **移相量**（retardance）という。設定角 θ の移相子に対する作用行列（ジョーンズ行列）も，同様に旋光子行列を用いると

$$[\,R(\theta\,;\varphi)\,] = [\,T(\theta)\,][\,R(0\,;\varphi)\,][\,T(-\theta)\,] \qquad (1.38)$$

と表せる。設定角 θ をもつジョーンズ行列は，直線偏光子に対しては式(1.37)，移相子に対しては式(1.38)，旋光子に対しては式(1.35)で与えられる。

ジョーンズ行列を用いると，入射光に対する出射光の偏光状態を簡単に求めることができる。例えば，入射光の方位角 $\alpha=0$ である直線偏光が，設定角 $\theta=\pi/4$，移相量 $\varphi=\pi/2$ である **1/4 波長板**（quarter-wave plate）を通過すると，出射光は

$$\left[R\left(\frac{\pi}{4}\,;\frac{\pi}{2}\right)\right]\boldsymbol{J}(0) = \left[T\left(\frac{\pi}{4}\right)\right]\left[R\left(0\,;\frac{\pi}{2}\right)\right]\left[T\left(-\frac{\pi}{4}\right)\right]\boldsymbol{J}(0)$$

$$= \frac{1}{\sqrt{2}}\begin{bmatrix} 1 & -1 \\ 1 & 1 \end{bmatrix} \cdot \frac{1}{\sqrt{2}}\begin{bmatrix} 1-i & 0 \\ 0 & 1+i \end{bmatrix}$$

$$\cdot \frac{1}{\sqrt{2}}\begin{bmatrix} 1 & 1 \\ -1 & 1 \end{bmatrix}\begin{bmatrix} 1 \\ 0 \end{bmatrix}$$

$$= \frac{1}{\sqrt{2}}\begin{bmatrix} 1 \\ -i \end{bmatrix} \tag{1.39}$$

となる。式 (1.33) と比較すると, 出射光は右回り円偏光である。また直線偏光の代わりに円偏光を入射させると, 1/4 波長板によって直線偏光が得られる。さらによく使われる移相子に**半波長板** (half-wave plate) がある。直線偏光の方位角を回転角の 2 倍だけ回転させる作用があることも見つけられる。このようにジョーンズベクトルとジョーンズ行列を用い, 行列式を機械的に計算することによって, 出射光の偏光状態が簡単に求められる。

1.4 屈折率と光波

光波が物質と相互作用する現象は, 物質を屈折率に代表させて説明される。本節では屈折率と光波の振幅, 位相との関係を示す。

1.4.1 位相速度と光路長

光波が誘電率 ε, 透磁率 μ の誘電体中を伝搬しているとしよう。波は一般に式 (1.20) の波動方程式で表されるが, 電場と磁場に関してはマクスウェル (Maxwell) 波動方程式で与えられ, 速度 v_p は

$$v_p = \frac{1}{\sqrt{\varepsilon\mu}} \tag{1.40}$$

と求められる。光波が真空中を伝搬しているとすると, 誘電率と透磁率を真空中の値に置き換えて

$$c = \frac{1}{\sqrt{\varepsilon_0\mu_0}} \tag{1.41}$$

となる。真空中での位相速度を c と表す。物理定数 $\varepsilon_0 = 8.854 \times 10^{-12}$ 〔F/m〕, $\mu_0 = 4\pi \times 10^{-7}$ 〔H/m〕を用いると, 光速は $c = 2.998 \times 10^8$ 〔m/s〕と求められる。

真空中での速度 c と媒質中での速度 v_p との比を**屈折率** (refractive index) という。屈折率 n は

$$n = \frac{c}{v_p} = \frac{\sqrt{\varepsilon\mu}}{\sqrt{\varepsilon_0\mu_0}} = \sqrt{\varepsilon_r} \tag{1.42}$$

である。可視光領域では $\mu = \mu_0$ であるとした。比誘電率 ε_r は物質によって異なる。屈折率が異なる物質に対して位相速度は異なる。可視光領域での空気の屈折率は 1.000 2 程度である。光波が空気中を伝搬するとき, 位相速度は真空中でのそれとほぼ等しく, $v_p = c$ としてもさしつかえない。

光波は媒質中を伝搬すると, 位相に遅れが生じる。この遅れは, 屈折率と伝搬距離によって決まる。媒質中の屈折率が連続的に変化しているとしよう。光は, 直進的でなく曲線に沿って進むようになる。自然界では, 蜃気楼や走り水などの現象として知られている。**図 1.10** に示すように点 A から点 B まで曲線に沿って光が伝搬しているとする。光が伝わる道筋を**光路** (optical path) という。

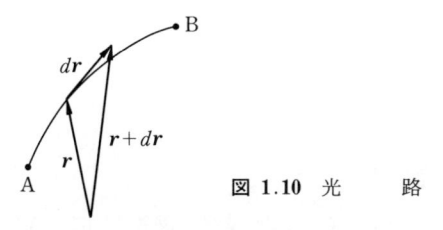

図 1.10 光　路

光波が屈折率 n の媒質中を光路に沿って $d\boldsymbol{r}$ だけ進むとき, 位相が $d\phi$ だけ遅れるとする。波数ベクトル $\boldsymbol{k}$ および光路の線素ベクトル $d\boldsymbol{r}$ は, 位置 $\boldsymbol{r}$ が異なると方向が変化する。しかし, 光路の接線方向は, その位置での光の進行方向であり, $\boldsymbol{k}$ に平行である。また線素ベクトル $d\boldsymbol{r}$ の方向は光路に沿った接線方向である。したがって光路上での二つのベクトルはつねに平行である。平

行なベクトルの内積は

$$d\phi = \boldsymbol{k}\,d\boldsymbol{r} = k\,dr$$

となる。

　光波が屈折率 n の媒質中を伝搬するとき，周波数は変化しないが，波長が変化する。真空中での波長を λ_0, 媒質中での波長を λ とすると，$\lambda_0 = n\lambda$ である。真空中での波数を k_0 とすると

$$d\phi = \frac{2\pi}{\lambda_0} n\,dr = k_0\,n\,dr \tag{1.43}$$

となる。ここで屈折率 n は，位置 r の関数となっている。

　点 A から点 B まで光路に沿って積分すると，B の A に対する位相遅れ ϕ は

$$\phi = k_0 \int_A^B n\,dr = k_0\,L_{\mathrm{OP}} \tag{1.44}$$

となる。長さ L_{OP} は，点 A から点 B までの**光路長**（optical path length）または**光学的距離**（optical distance）と呼ばれる。光路長は，ある距離を光が実際に進むのに要する時間と同じ時間に，真空中を光が進む距離である。光がどのような媒質中を伝わったかに無関係に，位相遅れが得られる。

　等方性媒質中であるならば，屈折率 n は位置によらず一定であるから，光は直進する。このとき点 A から点 B までの幾何学的距離を L とすると，光路長は次式となる。

$$L_{\mathrm{OP}} = nL \tag{1.45}$$

1.4.2　反射と屈折

　異なった屈折率 n_1, n_2 をもつ透明媒質が**図 1.11** のように境界平面に接しているとする。境界面に媒質 I から光波を入射させると，一部は進行方向を変えて媒質 II に進み，一部は反射する。それぞれを屈折光，反射光と呼ぶ。また境界面に立てた法線と入射光との作る面を入射面という。三つの光線はこの入射面内にある。

　入射角を θ_1, 屈折角を θ_2, 反射角を θ_3 とすると，これらの角度には一定の

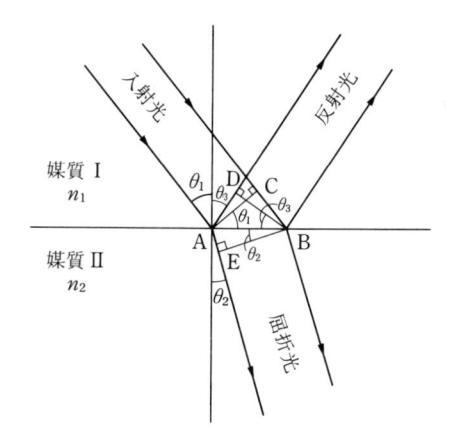

図 1.11 境界面での反射と屈折

関係がある。等方性媒質中においては，屈折率が一定であるから，光速は一定値をもつ。媒質I中では c/n_1，媒質II中では c/n_2 となる。入射光と反射光とは同一媒質中であるから，入射光と反射光の速度は等しい。このとき幾何学的距離 CB と AD とが等しく，AB が共通であるから

$$\theta_1 = \theta_3 \tag{1.46}$$

が成り立つ。これを**反射の法則**（law of reflection）という。

屈折光は入射光と異なった媒質中を伝搬し，入射光と屈折光とで速度が異なる。光波が媒質I中の CB 間を伝搬する時間は，媒質II中の AE を伝搬する時間に等しい。つまり光路長が等しく

$$n_1 \text{CB} = n_2 \text{AE} \tag{1.47}$$

であるから

$$n_1 \sin \theta_1 = n_2 \sin \theta_2 \tag{1.48}$$

となる。これを**屈折の法則**（law of refraction）あるいは**スネルの法則**（Snell's law）という。

屈折光や反射光の進行方向は反射・屈折の法則で与えられたが，つぎにそれらの振幅を求めよう。入射光の電場が振動する方向と境界面との関係は，幾何学的に異なる。このため反射・屈折光の振幅は偏光成分によって異なる。振動が入射面に平行な方向をp偏光，垂直な方向をs偏光と呼んでいる。**図 1.12**

24 　1. 光の基礎的性質

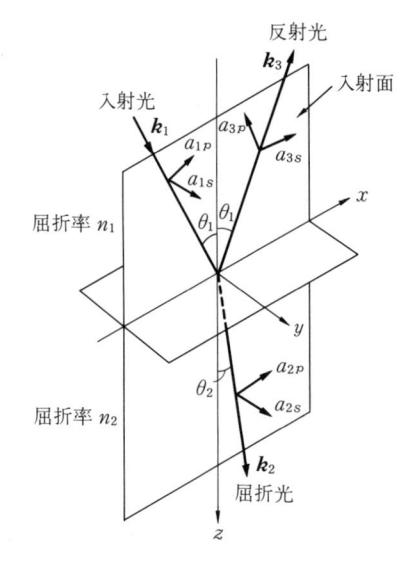

図 1.12 偏光成分の定義

に示すように入射光の振幅を二つの成分に分けて a_{1p}, a_{1s}, 屈折光の振幅成分を a_{2p}, a_{2s} および反射光の振幅成分を a_{3p}, a_{3s} とする．屈折光や反射光の振幅は，入射光との振幅比で与えられる．

反射光に対する振幅反射率を r，透過光に対する振幅透過率を t とすると，各偏光成分について

$$t_p = \frac{a_{2p}}{a_{1p}} = \frac{2\sin\theta_2 \cos\theta_1}{\sin(\theta_1+\theta_2)\cos(\theta_1-\theta_2)} \tag{1.49 a}$$

$$t_s = \frac{a_{2s}}{a_{1s}} = \frac{2\sin\theta_2 \cos\theta_1}{\sin(\theta_1+\theta_2)} \tag{1.49 b}$$

$$r_p = \frac{a_{3p}}{a_{1p}} = \frac{\tan(\theta_1-\theta_2)}{\tan(\theta_1+\theta_2)} \tag{1.49 c}$$

$$r_s = \frac{a_{3s}}{a_{1s}} = -\frac{\sin(\theta_1-\theta_2)}{\sin(\theta_1+\theta_2)} \tag{1.49 d}$$

となる（演習問題1.4を参照）．この関係は**フレネルの公式**（Fresnel's formulas）と呼ばれている．入射角 θ_1 と屈折角 θ_2 は，屈折率が与えられているとすると，スネルの法則からいずれか一方の角度から他方の角度が決まる．図 1.13 は屈折率が $n_1 < n_2$ を満たすとき，入射角 θ_1 に対する振幅反射率と振幅

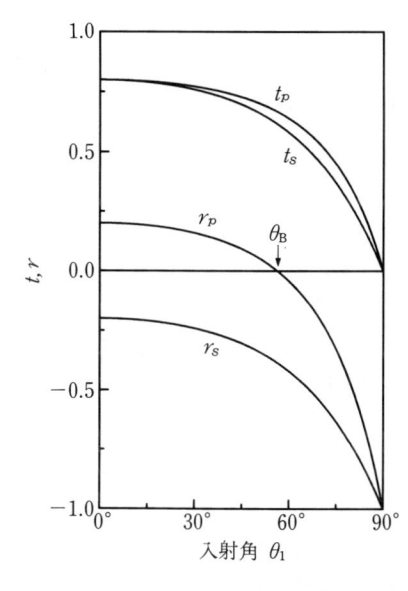

図 1.13 振幅透過率と振幅反射率 ($n_1=1, n_2=1.5$)

透過率の計算例である。屈折光に対しては振幅透過率がつねに正であるから,いずれの偏光成分に対しても入射光の位相に等しい。振幅反射率は負の値を示すことがあるが,入射光に対して反射光の位相が π だけ飛ぶことを表す。

また式（1.49c）および図1.13からわかるように

$$\theta_1 + \theta_2 = \frac{\pi}{2} \tag{1.50}$$

とするとき $r_p=0$ となる。この条件での入射角を**ブルースター角**（Brewster angle）といい

$$\theta_B = \tan^{-1}\left(\frac{n_2}{n_1}\right) \tag{1.51}$$

と与えられる。p偏光成分は反射せず,完全に透過する。反射光はs偏光成分のみとなる。

つぎに屈折光と反射光のエネルギー透過率と反射率を求める。これらは通常,単に透過率,反射率と呼ばれている。**図 1.14** に示すように反射光に対しては,入射角と反射角とが等しく同一媒質であるから,エネルギー密度に変化がない。しかし屈折光に対しては,屈折角が異なり,媒質中の光速も異なるか

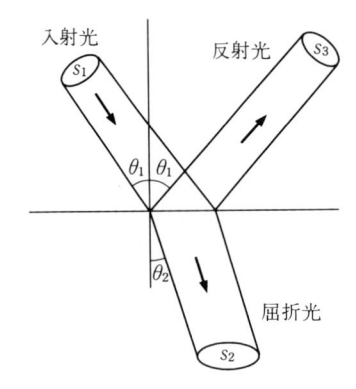

図 1.14 反射・屈折光のエネルギー

ら，エネルギー密度が変化する。境界面上における単位時間当り，単位面積当りのエネルギー密度を考慮すると，各偏光成分の透過率 T と反射率 R とは

$$T_p = \frac{n_2 \cos \theta_2}{n_1 \cos \theta_1} \frac{a_{2p}^2}{a_{1p}^2} = \frac{\sin 2\theta_1 \sin 2\theta_2}{\sin^2 (\theta_1 + \theta_2) \cos^2 (\theta_1 - \theta_2)} \tag{1.52 a}$$

$$T_s = \frac{n_2 \cos \theta_2}{n_1 \cos \theta_1} \frac{a_{2s}^2}{a_{1s}^2} = \frac{\sin 2\theta_1 \sin 2\theta_2}{\sin^2 (\theta_1 + \theta_2)} \tag{1.52 b}$$

$$R_p = \frac{a_{3p}^2}{a_{1p}^2} = r_p^2 = \frac{\tan^2 (\theta_1 - \theta_2)}{\tan^2 (\theta_1 + \theta_2)} \tag{1.52 c}$$

$$R_s = \frac{a_{3s}^2}{a_{1s}^2} = r_s^2 = \frac{\sin^2 (\theta_1 - \theta_2)}{\sin^2 (\theta_1 + \theta_2)} \tag{1.52 d}$$

と与えられる。さらに

$$T_p + R_p = 1 \tag{1.53 a}$$

$$T_s + R_s = 1 \tag{1.53 b}$$

であり，エネルギーが保存されている。

垂直入射の場合 ($\theta_1 = \theta_2 = 0$) は，p 偏光と s 偏光とは区別がつかなくなり

$$T_p = T_s = \frac{4 n_1 n_2}{(n_1 + n_2)^2} \tag{1.54 a}$$

$$R_p = R_s = \frac{(n_1 - n_2)^2}{(n_1 + n_2)^2} \tag{1.54 b}$$

である。屈折率の違いが大きいほど，反射率が大きくなる。空気中に置かれたガラスの反射率を求めると，$n_1 = 1$，$n_2 = 1.5$ として 4％となる。

1.4.3 全反射

屈折率が大きい媒質から小さい媒質に入射光が進むとしよう。屈折率が $n_1 > n_2$ を満たす境界面に対するフレネルの公式を**図 1.15**に示す。入射角を大きくし，屈折角が $\pi/2$ 以上になると，屈折光がなくなる。$\theta_2 = \pi/2$ とする入射角を臨界角 θ_c といい

$$\theta_c = \sin^{-1}\left(\frac{n_2}{n_1}\right) \tag{1.55}$$

で与えられる。入射角が臨界角より大きいとき，スネルの法則を適用すると，屈折角は形式的に

$$\cos\theta_2 = i\left[\left(\frac{n_1}{n_2}\right)^2 \sin^2\theta_1 - 1\right]^{1/2} = i\,Q(\theta_1)$$

と表せる。屈折角 θ_2 は実数として存在しなくなる。これを**全反射**（total reflection）という。

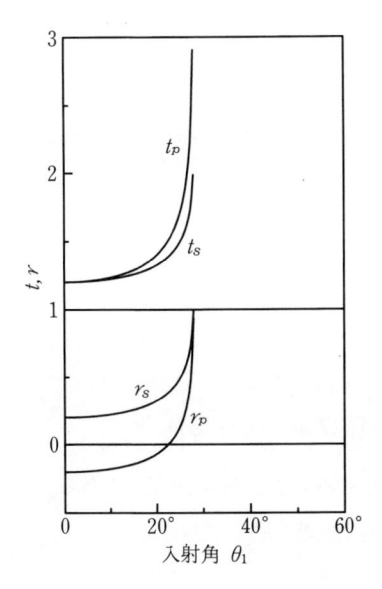

図 1.15 振幅透過率と振幅反射率 ($n_1 = 1.5, n_2 = 1.0$)

全反射を起こしているとき，屈折光は存在しないが，媒質IIへの電場のしみ出しが起こる。媒質II中での電場 $E_2(r,t)$ は，図1.12に示す座標系を用い，式 (1.9) を参考にすると

$$E_2(r,t) = a_2 \exp\{i[(x\,k_2\sin\theta_2 + z\,k_2\cos\theta_2) - \omega t + \phi_2]\}$$
$$= a_2 \exp[-k_2 Q(\theta_1)z]\exp\left[i\left(\frac{n_1}{n_2}x\,k_2\sin\theta_1 - \omega t + \phi_2\right)\right]$$
(1.56)

となる。$k_2 = 2\pi/\lambda_2$ は媒質II中での波数であり，$[k_2 Q(\theta_1)]^{-1}$ は波長 λ_2 程度の長さである。変数 z は振幅にのみ含まれるから，媒質II中では z 軸方向に進む進行波が存在しない。しかし境界面に沿った x 軸方向に進む進行波が存在し，振幅は境界面から深くなるにつれて指数関数的に急激に減少する。これをエバネッセント波という。

1.4.4 吸 収

屈折率は，媒質によっては複素数で与えられることがある。この屈折率を複素屈折率という。実部を式 (1.42) で与えた実数 n とし，虚部を実数 n_1 とすると

$$n_c = n + in_1 \tag{1.57}$$

と表せる。n_1 は**消衰係数** (extinction coefficient) と呼ばれる。複素屈折率をもつ媒質に光が入射するとする。$z=0$ での入射光を

$$E_1(z=0,\,t) = a\exp[i(-\omega t + \phi)]$$

とし，媒質中を z 軸方向に伝搬するとする。位置 z での電場は，式 (1.44)，(1.45) を参考にして

$$E_2(z,t) = a\exp[i(k_0 n_c z - \omega t + \phi)]$$
$$= a\exp(-k_0 n_1 z)\exp[i(k_0 n z - \omega t + \phi)] \tag{1.58}$$

となる。ここで λ_0 を真空中での波長とするとき，$k_0 = 2\pi/\lambda_0$ である。光波は z 軸方向に進む進行波であるが，振幅が指数関数的に減少する。

光強度は，$\alpha = 2k_0 n_1$ とすると

$$I_2(z) = |E_2(z,\,t)|^2 = I_1 \exp(-\alpha z) \tag{1.59}$$

となる。ランバート則といわれている。ここで媒質に入射する光強度を

$$I_1 = |E_1(z=0, t)|^2 = a^2$$

とした。また α は**吸収係数**（absorption coefficient）と呼ばれる。

不透明な誘電体（電気的には絶縁体）による吸収作用は，複素屈折率の虚部によって表される。透明媒質では虚部がきわめて小さい。複素屈折率を用いても反射・屈折の法則やフレネルの公式が形式的に成り立つ。ただし，全反射で示したように屈折角も複素数となり，普通の意味での屈折角を表さない。完全導体は大きな吸収を示すが，反射がきわめて大きくなり，完全な反射体となる。

1.4.5 分　　散

媒質が気体であれば式（1.42）はよく成立するが，一部の気体や液体，固体に対して成り立たない。例えば水とすると $\sqrt{\varepsilon_r}=9$ であるが，実際に屈折率を測定すると $n=1.3$ 程度である。これは媒質の誘電率が物質固有でなく，入射する光波の周波数（波長）に依存するからである。周波数依存性は，物質内の古典的な原子振動論によって説明される。

屈折率の波長依存性を**分散**（dispersion）といい，例を**表1.2**に示す。例えばガラスで作ったプリズムは，波長によって屈折率が異なる。スネルの法則に従って屈折角が決まるから，プリズムを通過した光は波長によって進行方向が異なる。伝搬距離が長くなると，波長分離が生じる。太陽光をプリズムに通すと，遠方ではっきりとした虹が観測できる。

これまでは，媒質は等方的であるとしてきた。屈折率が非等方性の媒質も多

表1.2　種々の媒質の屈折率（理科年表による）

波　長 〔nm〕	水 (20 ℃)	石英ガラス (18 ℃)	方解石(18 ℃)	
			常 光 線	異常光線
303.4	1.358 1	1.486 9	1.719 6	1.513 6
404.7	1.342 8	1.469 7	1.681 3	1.496 9
546.1	1.334 5	1.460 2	1.661 6	1.487 9
589.3	1.333 0	1.458 5	1.658 4	1.486 4
656.3	1.331 1	1.456 4	1.654 4	1.484 6

くある。表1.2に示す方解石は軸方向によって屈折率が異なる。これを複屈折現象という。1.3.3項に示した移相子はこの現象を利用する。

1.5 結像素子

光学における最も基本的作用は，像を結ぶことである。この作用素子の代表例はレンズである。光を光線として扱って，レンズによる結像作用を求める。

1.5.1 結像レンズ

反射・屈折を利用し，光の進行方向を変える光学素子がある。平面反射鏡，凸面鏡，凹面鏡，凸レンズ，凹レンズなどである。光線は境界面で反射・屈折するが，光線を追跡することによって光学素子の作用を調べることができる。光線は，細いビームであり波動性を考慮すると回折により広がるが，周波数が十分高いとして広がらないとする。光線は幾何学的に扱えるので，この方法による体系を**幾何光学**（geometrical optics）という。

屈折を利用した単レンズを取り上げ，光線によってその性質を調べよう。単レンズは二つの境界面が異なった曲率をもつ球面からなる。そこでまず，一つの球面状の境界面があるときを考える。球面の曲率中心Cを通る軸を光軸，光軸が球面と交わる点を頂点，光軸を含む平面を子午面という。光線が子午面を通る例を**図1.16**に示す。点Cを中心とした曲率半径 ρ の球状境界面がある。境界に対して左側媒質の屈折率を n_1，右側媒質の屈折率を n_2 とする。境界上の点Aから光軸上の点Pに向かって，光線を入射角 θ_1 で入射させる。光線はスネルの法則によって境界面で屈折角 θ_2 方向に屈折し，点P′に到達する。

図において，角度と長さに方向性をもたせるため，符号を付けて表すとする。さらに三角関数の計算を簡単にするため，近似的に

$$\sin\theta = \theta$$

が成立するとする。子午面内の光線において，光線と光軸とのなす角が小さ

1.5 結像素子

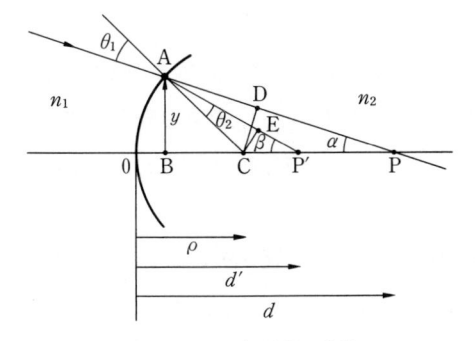

図 1.16 子午面内の光路

く，光線と光軸との距離が光学系の寸法（曲率半径やレンズの口径など）に比べて小さいときによく成立する．近軸光線近似と呼ばれている．

近軸光線近似を用いると△ABCについて

$$y = \rho \sin(\theta_1 + \alpha) \quad \rightarrow \quad y = \rho(\theta_1 + \alpha) \tag{1.60 a}$$

と置ける．△ACDと△CDPにおいてCDは共通であるから

$$\rho \sin \theta_1 = (d - \rho) \sin \alpha \quad \rightarrow \quad \theta_1 = \frac{\alpha(d - \rho)}{\rho} \tag{1.60 b}$$

である．△ACEと△ECP′においてCEは共通であるから

$$\rho \sin \theta_2 = (d' - \rho) \sin \beta \quad \rightarrow \quad \theta_2 = \frac{\beta(d' - \rho)}{\rho} \tag{1.60 c}$$

となる．スネルの法則より

$$n_1 \sin \theta_1 = n_2 \sin \theta_2 \quad \rightarrow \quad n_1 \theta_1 = n_2 \theta_2 \tag{1.60 d}$$

となる．∠ACBについて

$$\alpha + \theta_1 = \beta + \theta_2 \tag{1.60 e}$$

が成り立つ．境界面に対して成立する光線の性質は，これら五つの基本式から公式として導かれる．

ここではレンズによる結像に関する例を示す．角度に関する変数を消去し，整理すると

$$n_1 \left(\frac{1}{\rho} - \frac{1}{d} \right) = n_2 \left(\frac{1}{\rho} - \frac{1}{d'} \right) \tag{1.61}$$

となる(演習問題 1.5 を参照)。曲率半径 ρ で定義された境界面があるとき，屈折する前の光線を決めるパラメータと屈折後の光線を決めるパラメータとが，左右両辺に分離され，しかも同じ表現で表されている。これをアッベ(Abbe)の不変量という。多くの境界面を通過した光線を容易に導くことができる。

アッベの不変量を利用して，境界面が多数ある場合を扱う。同一光軸上に球面中心が多数ある系を共軸球面系という。最も簡単な二つの球面からなる単レンズ系を図 1.17 に示す。アッベの不変量は第 1 境界面について

$$n_1\left(\frac{1}{\rho_1}-\frac{1}{d_1}\right)=n_2\left(\frac{1}{\rho_1}-\frac{1}{d_1'}\right) \tag{1.62 a}$$

と与えられ，第 2 境界面について

$$n_2\left(\frac{1}{\rho_2}-\frac{1}{d_2}\right)=n_3\left(\frac{1}{\rho_2}-\frac{1}{d_2'}\right) \tag{1.62 b}$$

と形式的に与えられる。第 1 境界面を通過した光線は，その境界面の頂点から光軸上距離 d_1' の位置に向かう(図 1.16 を参照)。この光線は第 2 境界面の入射光線となり，第 2 境界面の頂点から光軸上距離 d_2 の位置に向かう光線と同じである。このことが，上の二つの式を結びつける。

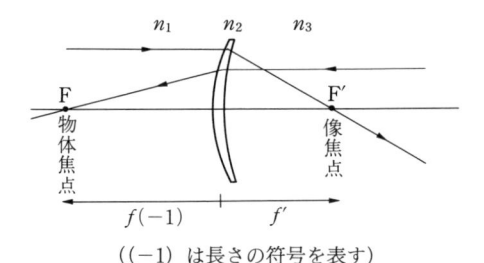

((−1)は長さの符号を表す)

図 1.17 薄肉レンズの焦点距離

二つの球面による頂点間距離をゼロと近似したレンズを考えよう。このレンズは薄肉レンズと呼ばれる。レンズの厚みは $d_1'-d_2$ であるから，薄肉レンズでは

$$d_2 = d_1' \tag{1.63}$$

が成り立つ。この条件で式(1.62 a)，(1.62 b)をまとめると

$$\frac{n_3}{d_2'} - \frac{n_1}{d_1} = \frac{n_2 - n_1}{\rho_1} + \frac{n_3 - n_2}{\rho_2} \tag{1.64}$$

となる。

図1.17において光軸に平行な入射光が，レンズ通過後に光軸と交わる点 F′ を像焦点という。レンズから F′ までの距離を像空間焦点距離あるいは焦点距離という。レンズ後方から光軸に平行な光線を入射させたとき，光軸と交わる点 F を物体焦点，レンズから F までの距離を物体空間焦点距離という。

ここで $d_1 = \infty$ とすると $d_2' = f'$ となり，$d_2' = \infty$ とすると $d_1 = f$ となる。この条件を式(1.64)に適用すると

$$\frac{n_3}{d_2'} - \frac{n_1}{d_1} = -\frac{n_1}{f} = \frac{n_3}{f'} \tag{1.65 a}$$

$$\frac{n_3}{f'} = -\frac{n_1}{f} = \frac{n_2 - n_1}{\rho_1} + \frac{n_3 - n_2}{\rho_2} \tag{1.65 b}$$

と得られる。

薄肉レンズが空気中に置かれているとすると，$n_1 = n_3 = 1$ である。文字表現を単純化し $d_1 \to d_1$, $d_2' \to d_2$, $n_2 \to n$ と置き換えると

$$-\frac{1}{d_1} + \frac{1}{d_2} = \frac{1}{f'} \tag{1.66}$$

$$\frac{1}{f'} = -\frac{1}{f} = (n-1)\left(\frac{1}{\rho_1} - \frac{1}{\rho_2}\right) \tag{1.67}$$

となる。式(1.66)はよく知られたレンズの公式である。また式(1.67)から明らかなように，空気中に置かれた薄肉レンズの焦点距離は，曲率半径 ρ_1 と ρ_2 との差で決まり，焦点距離の大きさ f と f' は等しい。

薄肉レンズを通過する光線は以下のようにまとめられる。

ⅰ) レンズの中心（頂点）を通る光線は真っすぐ通過する。

ⅱ) レンズの前面から平行光線束を入射させたとき，それらの光線束はレンズ通過後に後焦平面上のある1点を通る。その点は，平行光線束のうちでレンズ中心を通る光線が，後焦平面と交わる点である。（注：焦点位置で光軸に垂直な平面を焦平面という。）

34　　1. 光の基礎的性質

iii) 前焦平面のある 1 点から出射した光線束はレンズ通過後，平行な光線束となる．平行な光線束の進む方向は，点光源とレンズ中心とを結ぶ延長線に平行である．

この薄肉レンズの性質から，レンズ前方 d_1，光軸からの高さ h_1 に点光源があるとき，そこから発生する光線（光波）のうち，レンズを通過した光線は位置 d_2，高さ h_2 に集光することがわかる（**図 1.18**）．距離 d_1 の位置で光軸に垂直な面内の光強度分布は，距離 d_2 の位置で光軸に垂直な平面に転写され，倒立像が得られる．このように像を結ぶことを結像という．結像倍率は

$$M = \frac{h_2}{h_1} = \frac{d_2}{d_1} \tag{1.68}$$

で表される．

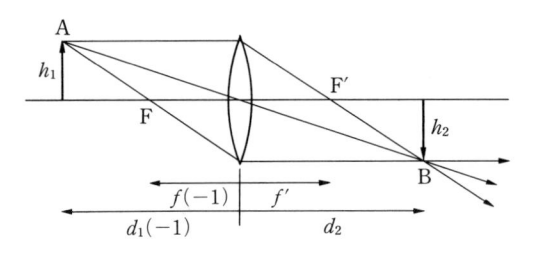

図 1.18 レンズによる結像作用

薄肉レンズはレンズを理想化したが，実際のレンズは厚みがある．厚肉レンズに対して**図 1.19**に示すように，二つの境界面の頂点の代わりに物体主点 H と像主点 H′ を定義する．またレンズに向かう光線のうちで，レンズ通過後の光線が入射光線と平行となる光線がある．これら 2 光線が光軸と交わる位置，

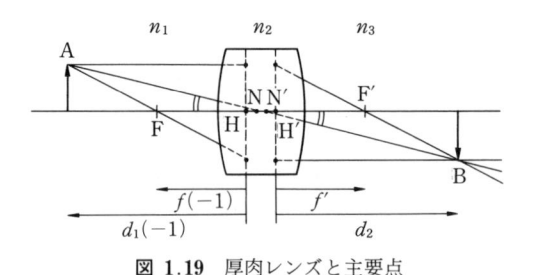

図 1.19 厚肉レンズと主要点

すなわち物体節点 N と像節点 N′ を定義する．共軸球面レンズ系に対して，これら主点と節点とが存在し，厚肉レンズの光学的性質を代表できる．ここで厚肉レンズが空気中に置かれているとき，すなわち $n_1 = n_3$ のとき，主点と節点とは一致する．

さらに物体までの距離や物体焦点距離を物体主点から測るとし，像焦点距離と像までの距離を像主点から測ると約束する．このとき近軸光線近似のもとで，薄肉レンズと同じように，レンズの公式および光線の性質ⅰ），ⅱ），ⅲ）（図 1.18 を参照）が成り立つ．この主点，節点，焦点はレンズの特性を表し，主要点といわれる．

共軸光学系で利用される組合せレンズについても，対応する主点，節点が定義でき，それらを用いれば薄肉単レンズと同様に扱うことができる．

1.5.2 レンズの明るさ

レンズの特性を表す要素に明るさがある．物体からの光エネルギーをできるだけ多く集め，像を明るくする必要がある．レンズの口径には有効な大きさがあり，また開口絞りを設けその口径を制限することがある．入射側から見た開口絞りの像を入射ひとみ，出射側から見たその像を出射ひとみという．

写真機（通常のカメラ）は，大きな物体をレンズによって縮小し，ある決まったサイズのフィルムなどに結像させる．このとき像側で明るさが定義される．像面に到着する光エネルギーは，像面からひとみを見たときに張る立体角に依存する．単レンズに開口絞りが密着しているとする．レンズの焦点距離を f，開口絞りの直径を D とすると，その比を F 値あるいは F 数といい

$$F_\mathrm{N} = \frac{f}{D} \tag{1.69}$$

と表される．像面の明るさは F_N の 2 乗に反比例する．F 値が小さいほど明るい像が得られる．口径の大小によらず，同じ F 値のレンズは同じ明るさとなる．

顕微鏡などは，小さな物体を拡大する．このため，有効なエネルギーは光軸

上の物点からひとみをみたときに張る立体角に比例する。最大の角度を 2θ とし，物体側空間の屈折率を n とするとき，**開口数**（NA：numerical aperture）が

$$\mathrm{NA} = n \sin \theta \tag{1.70}$$

と定義される。したがって NA が大きければ明るいレンズとなり，対物レンズの特性を表すのに利用される。また顕微鏡は，分解能を上げる必要があり，大きな NA のレンズが要求される。

レンズの特性を表す重要な要素に，**収差**（aberration）がある。近軸光線近似では光軸近傍の光線だけを扱い，$\sin \theta = \theta$ の近似式を用いた。物体やレンズの口径が大きいと，この近似は必ずしも成り立たず，理想的な像が得られない。この理想からのずれを収差という。収差は球面収差，コマ収差，非点収差，像面湾曲，歪曲収差に分類される。収差を低減させるために，何枚もの異なったガラス材料によるレンズを組み合わせる工夫を行っている。

演 習 問 題

1.1 式 (1.25) を導け。
1.2 式 (1.28) を導け。
1.3 誘電率の単位は〔F/m〕，透磁率の単位は〔H/m〕である。誘電率と透磁率との積の単位が〔$\mathrm{s}^2/\mathrm{m}^2$〕となることを示せ。
1.4 フレネルの公式の式 (1.49) を導け。
1.5 式 (1.61) を導け。
1.6 図 1.18 の点 A からレンズに向かって，任意の方向へ進む光線を示せ。

2 光波の干渉

電磁波の中で可視光は振動数があまりに高く,波そのものを検出できないところに,問題がある。検出できるのは光強度である。光波の振幅・位相の性質を,検出可能な光強度との関係から調べる。

光波を最も直接的に観測できるのは,波動の干渉効果による。本章では,光波を多重に重ね合わせると生じる干渉現象を示す。

2.1 2光波干渉

最も単純な波は平面波である。この波が二つあるとして重ね合わせると,光強度は時間的にも空間的にも変化する。本節では強度変化を伴う光波の性質を示す。

2.1.1 2光波の重ね合わせ

二つまたはそれ以上の光波が重なり合うと,強め合ったり,弱め合ったりする。干渉作用といわれている。それぞれの光波が平面波であるとすると

$$E(\boldsymbol{r}, t) = a \exp[i(\boldsymbol{kr} - \omega t + \phi)] \tag{2.1}$$

と表される。たがいに直交した振動方向をもつ波は干渉しない。このため振幅をスカラー量で表した。指数部は位相である。$\boldsymbol{kr}$ は伝搬距離による位相変化,ωt はある位置での時間経過による位相変化,ϕ は初期位相である。

干渉現象を扱うとき,空間に関する位相を吟味しておく必要がある。位相 $\boldsymbol{kr}$ は座標原点の位置 $\boldsymbol{r}=0$ を通過した光波が,ベクトル $\boldsymbol{r}$ の位置まで伝搬す

ることによる位相遅れを表す。二つの光波が共に基準となる原点を通過するとはいえず，もう少し一般的な表現としよう。

2光波の重ね合わせは，図 2.1 のように表せる。位置ベクトル r_1, r_2 にある点 Q_1, 点 Q_2 から，初期位相 ϕ_1, ϕ_2 の平面波が発生しているとする。位置ベクトル r の点 P で干渉光強度を観測する。ここでベクトル $r-r_1$ を導入しよう。このベクトルは，点 Q_1 を起点とした点 P までの位置ベクトルである。したがって式 (2.1) でのベクトル r をベクトル $r-r_1$ に置き換えることができる。このとき $k_1(r-r_1)$ は，点 Q_1 を通過する平面波が点 P まで伝搬したときの位相遅れを表す。点 Q_2 を通過する平面波についても同様に置く。

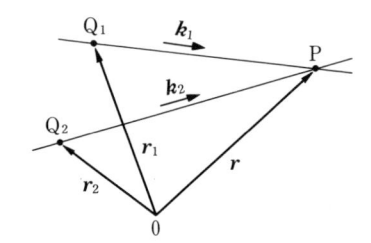

図 2.1　2光波の干渉

観測点 P，時刻 t における二つの平面波は

$$E_1(r,t) = a_1 \exp\{i[k_1(r-r_1) - \omega_1 t + \phi_1]\} \qquad (2.2\,\text{a})$$

$$E_2(r,t) = a_2 \exp\{i[k_2(r-r_2) - \omega_2 t + \phi_2]\} \qquad (2.2\,\text{b})$$

と表される。合成波は，それぞれの電場が加算される。**重ね合わせの原理** (principle of superposition) と呼ばれている。観測される光強度は

$$\begin{aligned}
I(r,t) &= |E(r,t)|^2 = |E_1(r,t) + E_2(r,t)|^2 \\
&= |E_1(r,t)|^2 + |E_2(r,t)|^2 + E_1^*(r,t)E_2(r,t) \\
&\quad + E_1(r,t)E_2^*(r,t) \\
&= I_1 + I_2 + 2\sqrt{I_1 I_2}\cos[k_2(r-r_2) - k_1(r-r_1) \\
&\quad - (\omega_2 - \omega_1)t + (\phi_2 - \phi_1)]
\end{aligned} \qquad (2.3)$$

となる。ここで $I_1 = a_1^2$, $I_2 = a_2^2$ とした。第 1 項と第 2 項とはそれぞれの光波が単独に存在したときの光強度であり，直流項である。第 3 項は干渉項であ

り，変動する．干渉光強度は単に光強度の和ではなく，強くなったり弱くなったりする．この現象を**干渉**（interference）という．

干渉項は2光波の位相差によって変化する．位相差は

$$\Delta\phi_r = \boldsymbol{k}_2(\boldsymbol{r}-\boldsymbol{r}_2) - \boldsymbol{k}_1(\boldsymbol{r}-\boldsymbol{r}_1) \tag{2.4a}$$

$$\Delta\phi_t = -(\omega_2-\omega_1)t \tag{2.4b}$$

$$\Delta\phi_Q = (\phi_2-\phi_1) \tag{2.4c}$$

で表される．2光波の初期位相が相対的に不規則に変化するならば，干渉項全体が不規則に変化する．このため干渉光強度の測定では，初期位相差 $\Delta\phi_Q$ がはっきり確定した定数であるとして扱う．本章ではその値を $\Delta\phi_Q=0$ とする．この条件で，空間に関する位相差 $\Delta\phi_r$ と時間に関する位相差 $\Delta\phi_t$ とから，干渉の性質を求める．

2.1.2　光路長差による干渉（同一周波数，同一伝搬方向）

干渉項を特徴づける位相差は，時間と空間に関係している．初期位相差を $\Delta\phi_Q=0$，時間に関する位相差を $\Delta\phi_t=0$ として，時間的な位相変化を考慮しない．1.4.1項で示した光路長を用いて空間的な位相遅れを求め，2光波による干渉効果を調べよう．

図2.1中に示す点 Q_1，点 Q_2 から観測点Pまでをベクトル $\boldsymbol{L}_1=\boldsymbol{r}-\boldsymbol{r}_1$，$\boldsymbol{L}_2=\boldsymbol{r}-\boldsymbol{r}_2$ とすると，光強度は式 (2.3) を用いて

$$I(\boldsymbol{r},t) = I_1+I_2+2\sqrt{I_1I_2}\cos(\boldsymbol{k}_2\boldsymbol{L}_2-\boldsymbol{k}_1\boldsymbol{L}_1) \tag{2.5}$$

と表せる．干渉項は時間的に変動しない．$\boldsymbol{L}_1$ は点 Q_1 を起点として点Pに向かうベクトルである．等方性媒質中では，光は直進し，$\boldsymbol{k}_1$ はその進行方向を示すベクトルである．これら二つのベクトルは同じ向きであり，$\boldsymbol{k}_1\boldsymbol{L}_1=kL_1$，$\boldsymbol{k}_2\boldsymbol{L}_2=kL_2$ と表すことができる．ここで $|\boldsymbol{k}_1|=|\boldsymbol{k}_2|=k$ とした．また $k=k_0n$ であるから

$$I(\boldsymbol{r}) = I_1+I_2+2\sqrt{I_1I_2}\cos[k_0n(L_2-L_1)] \tag{2.6}$$

となる．干渉光強度は光路長差 $n(L_2-L_1)$ によって変化する．

具体例として，**図2.2**に**マイケルソン干渉計**（Michelson interferometer）を示す。光源 A から出射した平面波は，ビームスプリッタ上の点 B で振幅が二つに分割される。一方は着目している物体鏡 C にまで進み反射され，他方は参照鏡 D で反射される。それぞれを**物体光**（object light），**参照光**（reference light）と名付け，区別する。これらの光波は再びビームスプリッタに到達し，物体光は反射され，参照光は透過し，平行光となって検出器まで伝搬する。検出器 E では，それら平行な光波を光強度として観測する。

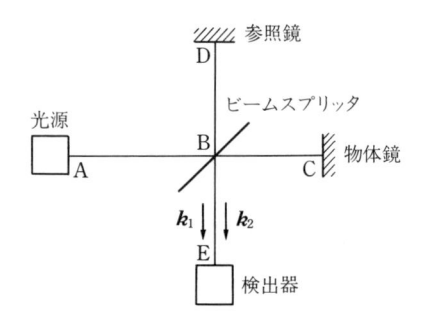

図 2.2 マイケルソン干渉計

図中の分割点 B は，図2.1の点 Q_1，点 Q_2 に対応する。同一光源からの平面波を単に振幅分割したから，点 B での物体光と参照光の初期位相差 $\Delta\phi_Q$ はつねにゼロとなる。伝搬媒質が空気であるとすると，屈折率を $n=1$ とすることができ，光路長はその幾何学的距離に等しい。長さ L_1 は共通点 B を起点として点 C までの距離および点 C から点 B を通り点 E までの距離の和であり，長さ L_2 は B→D→B→E の距離である。物体鏡と参照鏡が静止しているとする。幾何学的距離の差 (L_2-L_1) は一定であるから，干渉光強度 $I(r,t)$ は時間的に一定である。光路長差 $n|L_1-L_2|$ が，波長の整数倍ならば明るく，半整数倍ならば暗い。

もし物体鏡 C を光軸方向に連続的に動かすと，光路長差が変化する。式(2.6) からわかるように，光強度は**図2.3**に示すように正弦波状に変化する。平均強度は I_1+I_2 であり，振幅は $2\sqrt{I_1 I_2}$ である。周期的に変化する強度分布を**干渉じま**（interference fringe）と呼ぶ。このことを利用すると，点 C の

図 2.3 干渉光強度

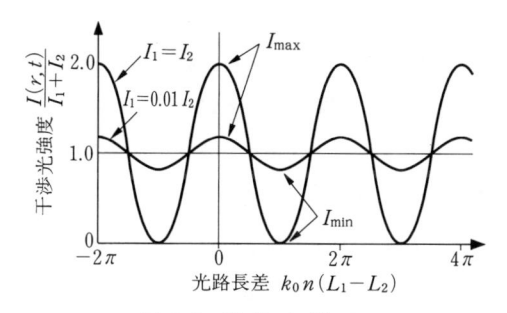

位置を正確に決めることができる。光路長差が半波長ずれると明であった強度が暗に反転する。点 C が波長に比べてどの程度ずれたかがわかる。光強度の変化を約 100 分の 1 程度まで検出できるとし，波長 $\lambda=0.6\,\mu\mathrm{m}$ の赤色レーザ光を用いて検出すると，鏡 C の位置を距離分解 3 nm で測定できる。

干渉じまの明暗差は測定精度に影響を与える。それはコントラスト C で評価され

$$C = \frac{I_{\max}-I_{\min}}{I_{\max}+I_{\min}} = \frac{2\sqrt{I_1 I_2}}{I_1+I_2} \tag{2.7}$$

と与えられる。ここで $I_{\max}$ と $I_{\min}$ は干渉光強度の極大値と極小値である。コントラストは干渉じまの明りょうさを表し，**可視度**（visibility）という呼び名もある。

コントラストは 2 光波の強度比 I_1/I_2 に依存する。図 2.3 では $I_1/I_2=1$ と $I_1/I_2=0.01$ の場合を示してある。コントラスト C は 0 から 1 までの値をとり，$I_1=I_2$ のとき最大値 $C=1$ を示し，干渉じまは最も明りょうとなる。

一方，強度比が大きいとき，例えば $I_1/I_2=0.1$ ならば $C=0.575$，$I_1/I_2=0.01$ ならば $C=0.198$ である。強度比が大きいとしても，コントラストはあまり低下しない。このことは干渉実験において，障害となることがある。

例えばビームスプリッタが平行平板のガラス板であるとする。片面は，振幅分割する反射膜がコーティングされ，強い反射光 I_2 が得られる。他の片面は，不要であるが存在する。表面反射（フレネル反射）がわずかあり，1.0％程度

とする。この反射光強度 I_1 は弱い ($I_1/I_2=0.01$) としても，強い光波と干渉することによって，干渉じまのコントラストは約 0.2 となる。信号の干渉じまに，不要な干渉じまが重なって現れることになる。

2.1.3 周波数差による干渉 （同一伝搬方向）

観測位置において 2 光波の進行方向は平行であるが，周波数がわずか異なっているとしよう。このとき $\bm{k}_1=\bm{k}_2=\bm{k}$ が成立する。初期位相差を $\Delta\phi_Q=0$ とすると，式 (2.3) は

$$I(\bm{r},t)=I_1+I_2+2\sqrt{I_1I_2}\cos\left[\bm{k}(\bm{L}_2-\bm{L}_1)-(\omega_2-\omega_1)t\right] \tag{2.8}$$

となる。観測位置が固定しているとすると，$\bm{k}(\bm{L}_2-\bm{L}_1)$ はある一定値を保つ。角周波数差 $\Delta\omega$ が有限の大きさをもつため，位相差 $\Delta\phi_t$ が時間的に変化する。合成波が時間的に変化することを，うなり（ビート）という。うなりの周波数は**ビート周波数**（beat frequency）と呼ばれている。

図 2.4 はビート現象を利用した光ヘテロダインレーザドップラー速度計の原理図である。速度ベクトル $\bm{v}$ で移動する物体に，$\bm{k}_{\text{in}}$ 方向から角周波数 ω_{in} のレーザ光を照射する。物体による反射・散乱光のうち，$\bm{k}_1$ 方向へ進む物体光を観測するとする。物体光はドップラー効果により，角周波数が

$$\omega_1=\omega_{\text{in}}+(\bm{k}_1-\bm{k}_{\text{in}})\bm{v} \tag{2.9}$$

にシフトする（演習問題 2.1 を参照）。

一方，ビームスプリッタ BS_1 によって振幅分割された参照光は，鏡とビームスプリッタ BS_2 によって反射され，$\bm{k}_2$ 方向に伝搬し，検出器に到達する。

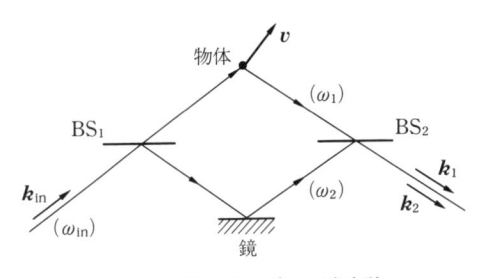

図 2.4 光ヘテロダイン速度計

この参照光の角周波数 ω_2 はレーザ光の角周波数と等しいから，$\omega_2=\omega_{\text{in}}$ である。二つの光波がたがいに平行となるように，ビームスプリッタ BS_2 を調整すると観測位置では，$\boldsymbol{k}_1 // \boldsymbol{k}_2$ の条件が満たされる。光強度は，ビート角周波数

$$\Delta\omega = \omega_1 - \omega_2 = (\boldsymbol{k}_1 - \boldsymbol{k}_{\text{in}})\boldsymbol{v} \tag{2.10}$$

で変動する。ビート周波数を測定すれば，$(\boldsymbol{k}_1 - \boldsymbol{k}_{\text{in}})$ 方向の速度成分が求められる。

例えば，図2.2のマイケルソン干渉計で物体鏡Cが光軸方向に速度 v で移動しているとする。鏡Cへの照明光と反射光とは同一方向で向きが反対であるから，$\boldsymbol{k}_{\text{in}} // \boldsymbol{v} // -\boldsymbol{k}_1$ である。このため，$\omega_1 = \omega_{\text{in}} - 2kv$ となる。変動する光強度からビート周波数を測定すれば，$|\Delta\omega| = 2kv$ の関係を用いて速度が求められる。光検出器や電気的周波数分析器を用いて，正確に測定できる最大ビート周波数を $100\,\text{MHz} = 10^8\,\text{Hz}$ 以下とする。波長 $\lambda = 0.6\,\mu\text{m}$ のレーザ光を用いるとすると，物体の速度を $30\,\text{m/s}$ まで求めることができる。

2光波の周波数が異なると，波数も異なることが考えられる。光周波数は $10^{15}\,\text{Hz}$ の高い周波数であるが，測定できるビート周波数はたかだか $1.0\,\text{GHz}$ 程度までである。この比は非常に小さく，10^{-6} 程度である。したがってビート周波数による波数の変化はきわめて小さく，$|\boldsymbol{k}_1| = |\boldsymbol{k}_2|$ が成り立っているとしてもさしつかえない。

2.1.4 干渉パターン

二つの平面波があり，伝搬方向と周波数が共に異なるとするとき，干渉光強度を調べよう。式 (2.3) において位置ベクトル $\boldsymbol{r}_1$，$\boldsymbol{r}_2$ は，図2.1中の点 Q_1，点 Q_2 に対応するから，固定点とすることができる。また2光波の波数ベクトルは，それぞれ一定である。そのため観測の中心位置を座標原点 ($\boldsymbol{r} = 0$) とし，そこでの位相をゼロとなるように

$$-(\boldsymbol{k}_2\boldsymbol{r}_2 - \boldsymbol{k}_1\boldsymbol{r}_1) + (\phi_2 - \phi_1) = 0$$

とすることができる。観測位置では，$\boldsymbol{k}_1 \neq \boldsymbol{k}_2$，$\omega_1 \neq \omega_2$ であるから，式 (2.3) は

$$I(\boldsymbol{r}, t) = I_1 + I_2 + 2\sqrt{I_1 I_2}\cos[(\boldsymbol{k}_2 - \boldsymbol{k}_1)\boldsymbol{r} - (\omega_2 - \omega_1)t] \tag{2.11}$$

と表せる。

いま二つの平面波が図 2.5 に示すように，2θ の角度で交差しているとする。波数ベクトルは，方向と向きが異なるだけで，2.1.3 項に示した同じ理由で大きさが等しい。つまり 2 光波の平均波長を λ とするとき，$|\boldsymbol{k}_1|=|\boldsymbol{k}_2|=k=2\pi/\lambda$ とする。交差領域で 2 光波が重ね合わされると，干渉じまが発生する。

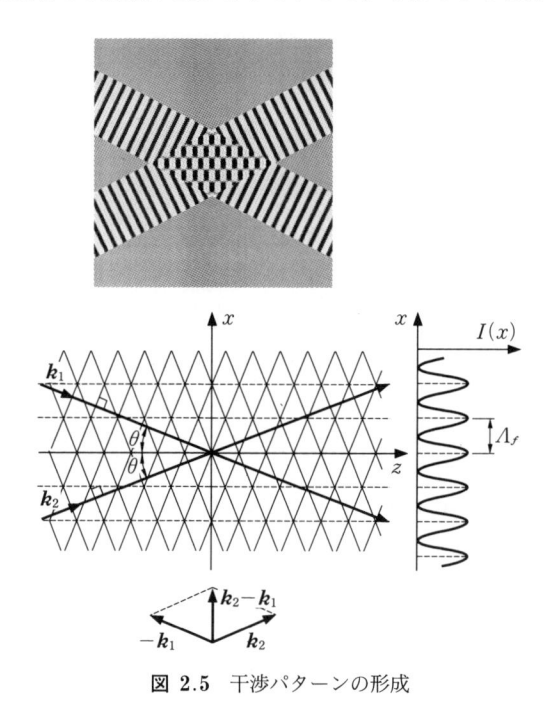

図 2.5 干渉パターンの形成

位相を直交座標系で表すと

$$(\boldsymbol{k}_2-\boldsymbol{k}_1)\boldsymbol{r}=kx\sin\theta+kz\cos\theta-[-kx\sin\theta+kz\cos\theta]$$
$$=2kx\sin\theta \tag{2.12}$$

となる。干渉項は z 軸方向には一定である。干渉じまによる光強度変化は x 軸方向に生じる。干渉じま間隔 Λ_f は

$$\Lambda_f=\frac{\lambda}{2\sin\theta} \tag{2.13}$$

2.1 2光波干渉

となる。$\theta=15°$, $\lambda=0.6\,\mu\mathrm{m}$ とすると，干渉じま間隔は$1.16\,\mu\mathrm{m}$ となる。明るい部分は図中の破線で示すように，2光波の2等分線に平行（z軸に平行）なしま模様となる。この空間に形成されるしま模様を**干渉パターン**（interference pattern）という。

干渉じまの等位相面は，式（2.11）で与えられる位相を一定値と置き

$$(\boldsymbol{k}_2-\boldsymbol{k}_1)\boldsymbol{r}-(\omega_2-\omega_1)t=\mathrm{constant}$$

とすると得られる。しまの移動速度 V_f はこの等式を時間微分することによって得られる。図中に示すように（$\boldsymbol{k}_2-\boldsymbol{k}_1$）は上向きのベクトルであり，$V_f$の正方向を x 軸の正方向にとると

$$V_f=\frac{\omega_2-\omega_1}{|\boldsymbol{k}_2-\boldsymbol{k}_1|} \tag{2.14}$$

となる。

$\omega_2-\omega_1=0$ ならば干渉じまは静止する。xy面に写真フィルムなどの感光材料を置けば，干渉じまを記録できる。$\omega_2-\omega_1>0$ ならば，干渉じまはx軸の正方向に速度 V_f で移動する。差周波数が大きければ，しまは速く移動する。もしこの交差領域に微小な静止した反射体があるとすると，反射光強度は周期 $\lambda/(2V_f\sin\theta)$ で変動する。反射体がある一定速度で動くとして，しまの移動方向と同じならば，反射光強度の周期は長くなる。逆に反対方向に動くならば，周期は短くなる。このことを利用して，物体の移動方向も識別する差動形レーザドップラー速度計が実用化されている。

2.1.5 定在波

2.1.4項において，$\omega_2=\omega_1=\omega$ の場合に干渉じまは静止していた。この現象をもう少し詳しく考察しよう。2光波はxz面内を進行する進行波である。図2.5を参考にして，直交座標系で表すと

$$E_1(r,t)=a\exp[i(-kx\sin\theta+kz\cos\theta-\omega t)] \tag{2.15 a}$$
$$E_2(r,t)=a\exp[i(kx\sin\theta+kz\cos\theta-\omega t)] \tag{2.15 b}$$

となる。2光波ともz軸の正方向へ進む進行波の成分をもつ。x成分は

2. 光波の干渉

$$E_{x1}(r,t) = a_x \exp[i(-kx\sin\theta - \omega t)] \qquad (2.16\,\text{a})$$

$$E_{x2}(r,t) = a_x \exp[i(kx\sin\theta - \omega t)] \qquad (2.16\,\text{b})$$

と表される。それぞれは x 軸に沿って負方向および正方向へ進む進行波である。

これら対向して進む2光波成分の合成波は

$$\begin{aligned}E_x(r,t) &= E_{x1}(r,t) + E_{x2}(r,t) \\ &= 2a_x \cos(kx\sin\theta)\exp(-i\omega t)\end{aligned} \qquad (2.17)$$

となる。$\exp(-i\omega t)$ は時間的な振動を表す。$\cos(kx\sin\theta)$ は振幅が空間的に余弦関数に従って分布していることを示す。つまり二つの進行波を対向させた干渉波は，時間的に振動するが，空間を伝搬しない光波となっている。このような波を**定在波**（standing wave）と呼んでいる。

図 2.6 は定在波の様子を示している。振幅がゼロであるところを節，振幅が極大値をとるところを腹と呼ぶ。光強度は腹の部分で強く，図 2.5 に示したように x 軸に沿った干渉じまとなる。x 成分の光強度を表すと

$$I_x = |E_x(r,t)|^2 = 2a_x^2[1+\cos(2kx\sin\theta)] \qquad (2.18)$$

となり，周期は式 (2.13) と同じ結果を与える。

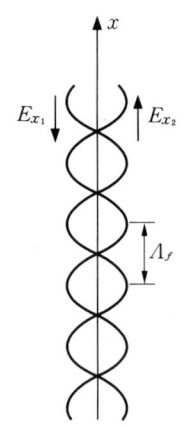

図 2.6 定 在 波

2.2 干渉条件

光波は,重ね合わせの原理により,つねに合成波として表される。ところがその合成波を正確に観測できないことが多い。観測するには合成波の変動特性ばかりでなく,観測条件によっても影響を受ける。変動が観測される状態を干渉現象といい,観測できる条件を時間的空間的な観点から示す。

2.2.1 2波長光波の干渉

一つの光源からの光波を二つに分割し,たがいに平行にして $\bm{k}_1 /\!/ \bm{k}_2$ としたとしても,周波数がわずかでも異なり $\omega_1 \neq \omega_2$ であるならば,干渉じまが時間的に変動することを学んだ。周波数が異なるが,連続した光波によって形成される干渉じまを検出しよう。

2光波は振幅が一定の平面波であり,角周波数が ω_1, ω_2 であるとする。観測される干渉光強度は,ビート現象によって時間的に変化する。観測時間を T とし,平均値を記号 $\langle \cdots \rangle$ で表すと

$$\langle I(\bm{r},t) \rangle = I_1 + I_2 + \frac{2\sqrt{I_1 I_2}}{T} \int_0^T \cos\left[-(\omega_2 - \omega_1)t\right] dt \tag{2.19}$$

となる。観測時間がビート周波数の変動周期よりも十分長いと,干渉項は平均化され

$$\langle I(\bm{r},t) \rangle = I_1 + I_2 \tag{2.20}$$

となって,干渉じまは観測されない。もしも観測時間をきわめて短くできるならば,強度変動をいつでも検出でき,2光波が干渉しているとすることができる。このように光波が干渉するかどうかは,それを観測できるかどうかによる。

二つの波長をもつ可視光を一般に用いられる分光器で分解できるのは,波長差が 0.1 nm 程度である。波長が接近した二つの光が,同一方向からやってきたとする。例えば,それらの波長を $\lambda_1 = 500.0$ nm, $\lambda_2 = 500.1$ nm であるとす

る。この光を周波数で表すと $f_t=\omega/2\pi=c/\lambda$ であるから，差周波数は $(\omega_2-\omega_1)/2\pi=120\,\text{GHz}$ となる。干渉項は高い周波数で時間的に変動している。

極端に考えて，観測時間が光検出器の応答時間であるとする。10^{-9} 秒程度まで高速に応答する検出器であるとしても，時間的に変動する干渉じまは，120 周期にわたって平均化されるため，観測されない。一般には十分長い時間の平均強度で評価される。したがって光学では，波長が異なる二つの光波は干渉しないとして扱う。

一般の光源からの光波は，異なった周波数の光波が多く混じっている。可観測量で与えられる時間的干渉性は**時間コヒーレンス**（temporal coherence）と呼ばれている。

2.2.2 ヤングの干渉実験

最も代表的なヤング（Young）の干渉実験を例にとって，空間的に離れた位置での干渉性を調べよう。**図 2.7** に示すように，$\xi\eta$ 面内の点 S，位置 ξ に点光源がある。この点光源から，単一周波数，初期位相 ϕ の球面波が放出しているとする。この光波は距離 R を伝搬し，xy 平面上の点 P_1，点 P_2 に到着する。空間的に d だけ離れた 2 点での光波に干渉性があるかどうかは，それらの光波を重ね合わせることによって知ることができる。そこで点 P_1，点 P_2 に幅の狭いスリットを設け，XY 平面上で観測するとする。

簡単のため，伝搬によって振幅が減少しないとする。点 P_1，点 P_2 での複素振幅は

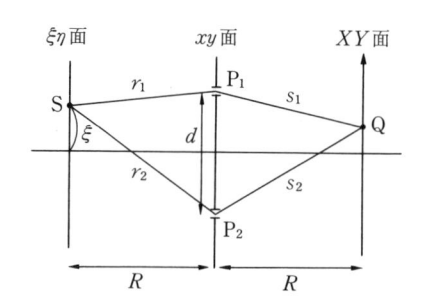

図 2.7 ヤングの干渉実験

$$u_{P1} = a\exp[i(kr_1+\phi)] \tag{2.21a}$$
$$u_{P2} = a\exp[i(kr_2+\phi)] \tag{2.21b}$$

となる。ただし時間に関する項 $\exp(-i\omega t)$ を省略した。観測点 Q に到達する光波の複素振幅と干渉光強度は

$$u_Q = u_{P1}\exp(iks_1) + u_{P2}\exp(iks_2) \tag{2.22}$$
$$I_Q = |u_Q|^2 = 2a^2 + 2a^2\cos[k(r_2-r_1+s_2-s_1)] \tag{2.23}$$

となる。$d \ll R$,$\xi \ll R$ とすると

$$r_2 - r_1 = \frac{\xi d}{R}$$
$$s_2 - s_1 = \frac{Xd}{R}$$

と近似できる。

位置 ξ で発光した光が二つのスリットを通過し,点 Q,位置 X での光強度は

$$I_Q(\xi\,;X) = 2a^2\left\{1+\cos\left[\frac{kd}{R}(\xi+X)\right]\right\} \tag{2.24}$$

となる。図 2.8 に示すように,干渉光強度は明暗を繰り返すしま模様となる。この干渉じまは点 P_1 と点 P_2 を結ぶ線に垂直な方向に形成され,しま間隔は $\lambda R/d$,しまのコントラストは 1 である。コントラストが高いとき,xy 面上で間隔 d 離れた位置での光波 u_{P1} と u_{P2} は,干渉性が高いという。

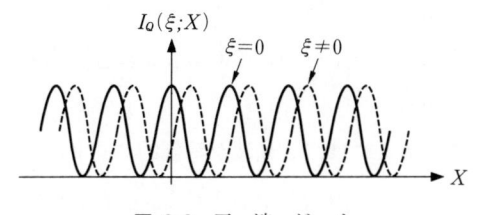

図 2.8 干渉じま

これらの光波は,なぜ高い干渉性をもつのだろうか。u_{P1} と u_{P2} とには式 (2.21) に示したように,発光点での初期位相 ϕ が含まれているが,まったく同一である。そのため干渉じまを表す式 (2.24) では,初期位相が相殺されて

消失する。たとえ光波が単一周波数でなく，初期位相が時間的に不規則に変化しているとしても，干渉じまの形成に影響を与えない。点光源からの光波は，点 P_1 での位相が決まれば，点 P_2 での位相が確定する。位相差が確定している光波は，たがいに干渉性が高い。

つぎに点光源の位置を ξ に移動させ，発生する干渉じまを観測するとしよう。点光源の位置が変わると，干渉じまの明線の位置も変わる。点光源の位置が $\xi=0$ と $\xi=\lambda R/(2d)$ とにあるとき，両者の干渉じまの明暗は逆転する。これら二つの点光源が同時に存在すると，干渉じまは完全に消える。実際の光源は有限の大きさをもち，多くの独立した点光源の集合である。u_{P1} と u_{P2} との位相関係は，2点間の距離 d が増大するとともに不明確となる。このため，光源の大きさが大きいとき，コントラストは d とともに低下し，u_{P1} と u_{P2} とは干渉性がなくなる。空間的に離れた点 P_1 と点 P_2 とにおける光波の可干渉性は**空間コヒーレンス**（spatial coherence）と呼ばれている。

2.2.3 光波の分割

2.1 節では，2光波が単一周波数，同一偏光方向であるとして，干渉現象を扱った。しかも初期位相差を一定であるとして扱った。通常の光源は，膨大な数の微小光源からランダムに放出される光波の集まりである。全体として考えると振幅，位相，偏光が時間的に変動している。偏光は偏光子を通すことによって，容易に同一偏光方向の光波を取り出し，干渉性を高めることができる。振幅と位相については，少々やっかいである。干渉性を高めるのに，光学システムを工夫する必要がある。

空間的可干渉性を高めるには，2光波が等価的に同一の点光源から放出しているように，光波を分割する方法が用いられる。分割法に波面分割法と振幅分割法とがある。波面分割法の代表例は，前項に示したヤングの干渉実験である。このほかにも図 2.9 に示すフレネルの複鏡，図 2.10 に示すフレネルの複プリズムなどがある。いずれも斜線部分が干渉領域である。点光源 S から球面波が発生する。球面波の一部をそれぞれ取り出し，干渉させる。フレネルの

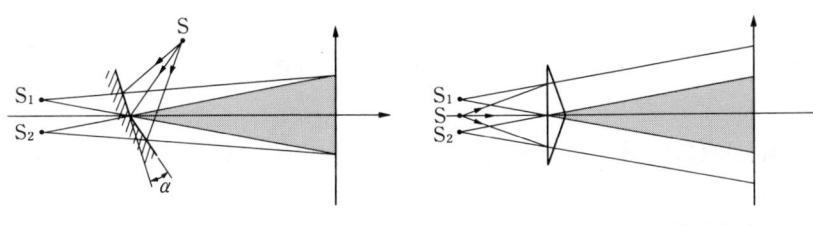

図 2.9 フレネルの複鏡　　　　　図 2.10 フレネルの複プリズム

複鏡では微小角 a をもつ2枚の鏡を用いる。図からわかるように虚像 S_1, S_2 の点光源を作り，それぞれから発生した球面波が，スクリーンを照らすことと同等となる。点 S_1, S_2 は同一点光源と見なされるから，空間的可干渉性が高く，図の斜線部分のスクリーン上では干渉じまが観測される。フレネルの複プリズムにおいても同様に二つ頂角をもったプリズムの屈折作用を利用して，点光源 S_1, S_2 を作っている。

　一つの微小光源からの光波は，空間的に可干渉性がある。しかし一つの微小光源からの光波でも，光源から2点までの伝搬距離（光路長）が異なり，光路長差が大きいとしよう。一般の光源からの光波は，単一周波数でなく，位相差は一定とならない。ランダムに変動するため，干渉じまを観測することができない。この時間的可干渉性を高めるには，光路長差が大きくならないように光学システムを工夫する必要がある。ところが 1960 年代に発明されたレーザ光は，ほとんど単一周波数であり，理想に近い連続した正弦波状の光波である。2光波の光路長差を考慮する必要がなくなった。

　レーザ光を利用すると，光波の分割は図 2.2 や図 2.4 に示したように，単にビームスプリッタを用いて振幅分割すれば実現できる。レーザ光は点光源からの光と見なせるから空間的可干渉性がよく，また単色性がよいため時間的可干渉性がよい。干渉実験が容易になり，干渉を利用した高精度，高精密な測定法が実用化している。

2.3 多光波干渉

振幅分割による多光波干渉について調べよう。図 2.11 に示すように，空気中にガラス板が置かれている。入射光はガラス板の両面で反射・透過が繰り返され，多光波が発生する。空気の屈折率を 1，ガラスの屈折率を n とする。光線は，点 S から境界面 I 上の点 A_1 に，入射角 θ で入射する。一部は反射し，点 N およびレンズを通って，観測点 Pr に到達する。点 A_1 に入射した光の一部は屈折角 θ' でガラス中を伝搬する。この光波は境界面 II 上の点 B_1 に到達し，一部は反射し，点 A_2 を通って観測点 Pr に到達する。点 A_1, A_2, A_3, … から出射するたがいに平行な光波は，レンズによって観測点 Pr に集められ干渉する。同様に点 B_1, B_2, B_3, … を通過した多光波が観測点 Pt で観測される。

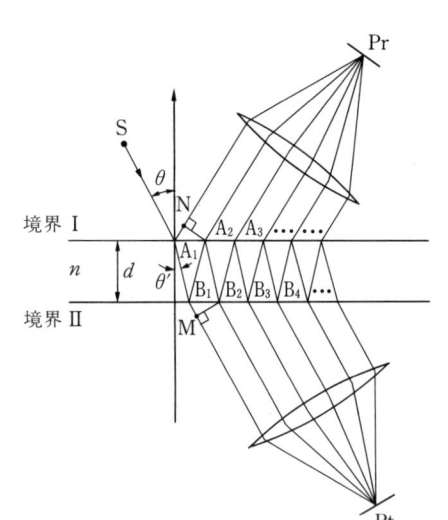

図 2.11 繰返し反射による多光波干渉

まず，多光波を構成する各光波の性質を求めよう。ガラス板の両面が平行であると，$B_1 \to A_2 \to B_2$, $B_2 \to A_3 \to B_3$, $B_3 \to A_4 \to B_4$ などの繰返し反射による光路長の増分は等しい。隣り合う光波の光路長差を ΔL_{OP} とすると

2.3 多光波干渉

$$\Delta L_{\mathrm{OP}} = n(\mathrm{B_1A_2 + A_2B_2}) - \mathrm{B_1M}$$

$$= \frac{2d}{\cos \theta'}(n - \sin \theta' \sin \theta) \tag{2.25}$$

と与えられる。さらにスネルの法則 $\sin \theta = n \sin \theta'$ を用いると，隣り合う光波の位相遅れ δ は，真空中での波数 k_0 を用いて

$$\delta = k_0 \Delta L_{\mathrm{OP}} = 2k_0 nd \cos \theta' \tag{2.26}$$

となる。

反射・屈折による振幅の大きさはフレネルの公式に従い，透過率と反射率とで与えられる。空気からガラスへ光波が入射するとき，境界面での振幅透過率，振幅反射率を t，r とする。また逆にガラスから空気へ光波が入射するとき，境界面での振幅透過率，振幅反射率を t'，r' とする。入射面に垂直な偏光成分（s偏光）と平行な偏光成分（p偏光）とに区別すると，$n>1$ であるから式 (1.49) を用いて

$$r'_p = -r_p, \quad r'_s = -r_s \tag{2.27}$$

および

$$t_p t'_p + r_p^2 = 1, \quad t_s t'_s + r_s^2 = 1 \tag{2.28}$$

が成り立つ（演習問題2.2を参照）。式 (2.27)，(2.28) をストークス (Stokes) の定理という。

さて観測点 Pt での多光波による干渉光強度を式 (2.26)〜(2.28) を利用して求めよう。Δ_t を点 $\mathrm{A_1}$ から点 $\mathrm{B_1}$ およびレンズを通って観測点 Pt にまで伝搬することによる位相遅れとする。点 $\mathrm{A_1}$ での入射光の電場を E_i とすると，観測点における第 m 番目の光波は，各偏光成分について

$$E_{tm} = tt' r^{2m} \exp(im\delta) \exp(i\Delta_t) E_i$$

$$= tt'[r^2 \exp(i\delta)]^m \exp(i\Delta_t) E_i \quad (m = 0, 1, 2, \cdots) \tag{2.29}$$

となる。m について等比級数で与えられる。k 個の光波の合成波は

$$E_t = \sum_{m=0}^{k-1} E_{tm}$$

$$= tt' \frac{1 - r^{2k} \exp(ik\delta)}{1 - r^2 \exp(i\delta)} \exp(i\Delta_t) E_i \tag{2.30}$$

2. 光波の干渉

となる。$k \to \infty$ とした全エネルギー透過率は，各偏光成分について

$$T = \frac{|E_t|^2}{|E_i|^2} = \frac{|1-r^2|^2}{1+r^4-2r^2\cos\delta} \tag{2.31}$$

となる（演習問題 2.3 を参照）。ここで

$$F = \frac{4r^2}{(1-r^2)^2} \tag{2.32}$$

と置くと

$$T = \frac{1}{1+F\sin^2(\delta/2)} \tag{2.33}$$

と表される。$\delta = 2m\pi (m=0,1,2,\cdots)$ とすると，透過率は最大値を示し，$T_{\max}=1$ となる。$\delta = m\pi$ とすると透過率は最小値を示す。

全エネルギー透過率は表面反射率 r^2 に依存し，図 2.12 に示す。横軸の位相遅れ δ は d, θ', n によって変化させるとする。表面反射率がきわめて高くても，位相遅れが $\delta = 2m\pi$ を満足すると，光波は素通りする。干渉効果により透過光はそれぞれの光波が強め合うからである。

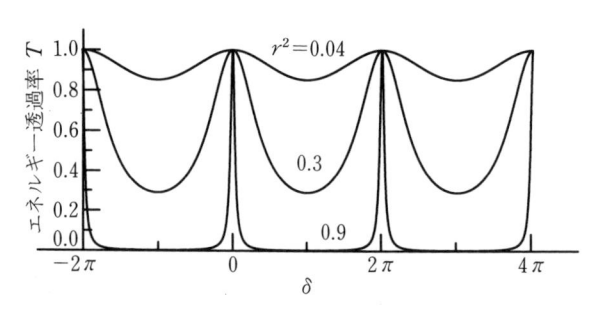

図 2.12　多光波干渉の透過率

多光波による干渉効果を調べるために，干渉する光波数 k を制限する。$r^2=0.9$ とするとき，図 2.13 となる。干渉する光波数が少ないと，たとえ干渉条件 $\delta = 2m\pi$ を満足しても，透過率は大きく低下する。逆に条件を厳密に満足しなくても，相対的に透過するようになる。k を大きくしていくと，干渉条件ではピーク強度が極端に大きくなり，干渉条件よりわずかでも異なるとまったく透過しなくなる。

2.3 多光波干渉

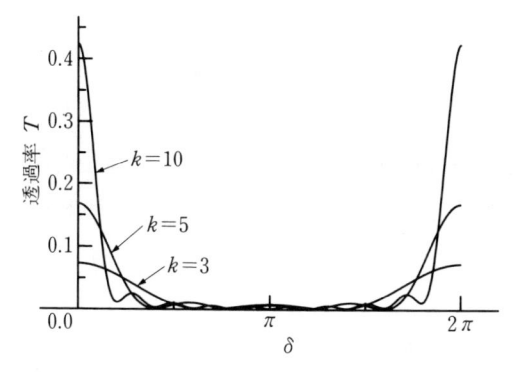

図 2.13 $r^2=0.9$ における有限光波による干渉

つぎに観測点 Pr での反射光強度を調べよう。隣り合う光波の位相遅れは，透過光に対するときと同じ値 δ である。点 A_1 から点 N を通って観測点 Pr まで伝搬することによる位相遅れを $\varDelta_r$ とし，点 A_1 での入射光の電場を E_i とすると，観測点 Pr での電場は

$$E_{r0} = r \exp(i\varDelta_r) E_i \tag{2.34 a}$$

$$E_{rm} = tt' r'^{2m-1} \exp(im\delta) \exp(i\varDelta_r) E_i \quad (m=1,2,3,\cdots) \tag{2.34 b}$$

と表される。合成波は各光波を加算することによって

$$E_r = \left[r + \frac{tt'r' \exp(i\delta)}{1-r'^2 \exp(i\delta)} \right] \exp(i\varDelta_r) E_i \tag{2.35}$$

となる。エネルギー反射率 R は

$$R = \frac{F \sin^2(\delta/2)}{1 + F \sin^2(\delta/2)} \tag{2.36}$$

となる。反射率は境界面の振幅反射率および位相遅れ δ に依存する。透過率と反射率とを加算すると

$$T + R = 1 \tag{2.37}$$

となり，エネルギーが保存されている。

2.4 干 渉 素 子

多光波干渉現象を利用すると，干渉条件によっては透過率や反射率を極端に高くすることができる。この特性を利用した有用な干渉素子がある。本節ではいくつかの素子を示す。

2.4.1 干渉分光素子

多光波干渉の性質を利用すれば，透過率を1とすることができ，ある波長の光のみを選択的に通過させることができる。光を波長によって選択することを分光という。**ファブリー・ペロー干渉計**（Fabry-Perot interferometer）を図 **2.14** に示す。光学的に平面であるガラス板の片面を高反射率にし，2枚をたがいに平行に対向させる。この1対をエタロンと呼んでいる。このエタロン板により多光波干渉が実現される。

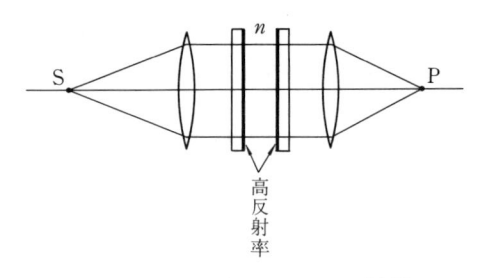

図 2.14 ファブリー・ペロー干渉計

入射光は波長 λ_a，$\lambda_b = \lambda_a + \Delta\lambda$ をもつ2種類の光波であるとする。波長が異なる光波は干渉しない。透過光強度はそれぞれの波長について多光波干渉による強度を求め，それらの和をとることによって得られる。位相差 δ は式 (2.26) で与えられ，$\delta = 2m\pi$ で最大透過率を示す。波長 λ_a の光波に対して，最大透過率を得るとき，しま次数

$$m = \frac{2n}{\lambda_a} d \cos \theta' \tag{2.38}$$

が整数であるとする。ところが n, d, θ' の光学条件が同じならば，異なった波長 λ_b に対して整数とならない。この光波は，ほとんど透過しないことになる。$\lambda_a < \lambda_b$ としたから，各波長に対する位相差は $\delta_a > \delta_b$ となる。したがって，同じ次数に対して観測される干渉光強度は図 2.15 となる。

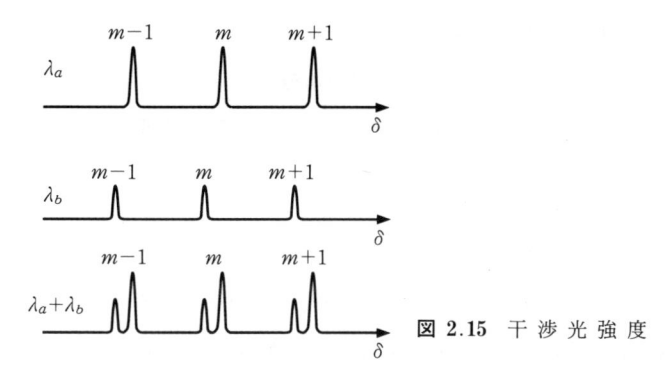

図 2.15 干渉光強度

基準となる光波（波長 λ_a）に対して，わずかに波長が長い光波（波長 λ_b）は，左のほうへピークがずれる。基準波長 λ_a に対して次数 $m+1$ のピークと波長 $\lambda_b = \lambda_a + \Delta\lambda$ に対して次数 m のピークとが重なるとする。

$$(m+1)\lambda_a = m(\lambda_a + \Delta\lambda) \tag{2.39}$$

を満足するから

$$\Delta\lambda = \frac{\lambda_a}{m} = \frac{\lambda_a^2}{2nd\cos\theta'} \tag{2.40}$$

となる。垂直入射とし，$\cos\theta' = 1$ と置くと

$$\Delta\lambda = \frac{\lambda_a^2}{2nd} \tag{2.41}$$

となる。$\Delta\lambda$ を**フリースペクトルレンジ**（free spectral range）という。多光波干渉法は，同じ波長の光でも次数 m により周期的に通過する。次数 m を特定できないから，分光作用は同一次数の条件が必要となる。$\Delta\lambda$ は入射光がもつ波長範囲の制限を与え，測定できる 2 波長差の最大範囲を表す。

同時に入射する光波のうち，基準波長 λ_a に対してどこまで接近した波長を分離できるかは，透過率の広がり幅に依存する。ピーク近傍では $\delta = 2m\pi$ を

満足するから，$\sin(\delta/2) = \delta/2 - m\pi$ と近似する．式 (2.33) は

$$T = \frac{4T_{\max}/F}{4/F + (\delta - 2m\pi)^2} \tag{2.42}$$

となり，ローレンツ形の形状をする．この形状の半値全幅を波長に変換すると

$$\delta\lambda = \frac{4}{\sqrt{F}} \frac{\lambda_a}{2\pi m} \tag{2.43}$$

となる．入射光を分光するときの波長分解幅である．

フリースペクトルレンジと波長分解幅との比を**フィネス** (finess) といい

$$\mathscr{F} = \frac{\Delta\lambda}{\delta\lambda} = \frac{\pi\sqrt{r^2}}{1 - r^2} \tag{2.44}$$

と与えられる（演習問題 2.4 を参照）．この値が大きければ大きいほど広い波長範囲を高い分解能で分光でき，分光性能を決める．フィネスはエタロン板の反射率 r^2 に依存するが，反射面の平面度，滑らかさ，平行度などから，フィネスは 100〜200 程度である．分光を行うとき，通常は入射角をゼロ，間隔 d またはエタロン板間に封入した気体の密度を変化させ，光路長差を変化させる．

2.4.2 干渉フィルタ

透明な誘電体を用いて厚さが波長程度の薄い膜を作る．光を入射させると，膜の両面で繰返し反射する多光波干渉が生じる．このような薄膜を**光学薄膜** (optical thin film) と呼ぶ．膜両面での反射率を大きくするには，アルミニウムや銀などの金属膜を蒸着する方法と，2 種類の誘電体薄膜を多層に蒸着する方法とがある．

金属膜を用いると，吸収のため透過率が小さくなり，最大透過率でも30〜40％となる．これに対して多層膜では 80〜90％を得ることができる．多光波干渉を利用すると，光学的厚さをわずか変えただけで，最大透過率を示す波長が大きく変化する．膜厚を正確に制御すると，白色光を入射させても，特定の狭い波長域の光だけを透過させる素子ができる．このような素子を**干渉フィルタ** (interference filter) という．

透過率を最大にする波長 λ は垂直入射の場合，式 (2.38) を用いると

$$nd = m\frac{\lambda}{2} \tag{2.45}$$

と得られる。膜厚による光路長 nd を半波長の整数倍にすれば，目的の光波を通過させることができる。この干渉フィルタでは，次数の異なる側帯波が同時に通過する。側帯波との分離を良くするには，フリースペクトルレンジを大きくする。そのため干渉じま次数の低い条件を選ぶ必要がある。多層膜フィルタで，分解波長を可視域とすると半値幅 5 nm 以下にすることができる。

2.4.3 反射防止膜

屈折率が異なる境界面に光が垂直入射したとき，エネルギー反射率は式 (1.54) で与えられた。空気中に置かれたガラス ($n=1.5$) の表面反射率は 4%，赤外光に対して透明な Ge ($n=4.0$) に対して 36% となる。表面反射は光学系の透過率を低下させ，結像系では反射光による像のコントラストを低下させる。また 2.1.2 項で述べたように，干渉実験ではわずかの反射光でも大きな障害となる。そのため光学素子の表面に薄膜を蒸着し，反射を防止する。このような薄膜を**反射防止膜**（anti-reflection coating）という。

基板上に光学薄膜が蒸着されている場合，その膜の前面と裏面とでは異なった反射率と透過率とをもつ。各境界面での振幅透過率，振幅反射率を図 2.16 に示すように定義しよう。単層膜の屈折率 n_1 を基板の屈折率 n_s より低くすれば，全体の反射率が減少する。そこで $n_0 < n_1 < n_s$ であるとする。繰返し反射

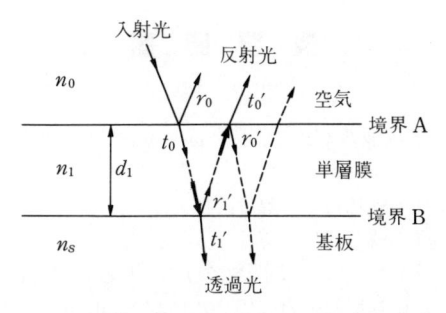

図 2.16 反射防止膜

の振幅反射率は，式 (2.35) と同様にして

$$\frac{E_r}{E_i} = \frac{r_0 + r_1 \exp(i\delta)}{1 + r_0 r_1 \exp(i\delta)} \tag{2.46}$$

と与えられる（演習問題2.5を参照）。ただし $n_0 < n_1 < n_s$ の条件により，境界Aでは式 (2.27) が，境界Bでは $r_1' = r_1$ が成り立つとした。全体のエネルギー反射率は $R = |E_r/E_i|^2$ から求める。垂直入射と仮定し，薄膜による位相遅れを δ とする。位相条件として

$$\delta = 2k_0 n_1 d_1 = (2m+1)\pi \quad (m = 0, 1, 2, \cdots) \tag{2.47}$$

を満足するとき，反射率はフレネルの公式を用いて

$$R = \left(\frac{n_0 n_s - n_1^2}{n_0 n_s + n_1^2}\right)^2 \tag{2.48}$$

と得られる。

無反射である反射防止条件は以下のようになる。屈折率については

$$n_1^2 = n_0 n_s \tag{2.49}$$

である。$n_0 = 1$（空気中）とすると，屈折率が $n_1 = \sqrt{n_s}$ である薄膜材料を選択すればよい。薄膜の光学的厚さについては式 (2.47) より $\lambda_1/4$ とする。しかし実際に単層膜を製作しようとすると，適当な材料がなく，屈折率が $n_1 = 1.38$ の MgF_2 が使われる。そのためガラス基板（$n_s = 1.52$）に対して屈折率の整合が十分でなく，中心波長でも約 1.3% の反射が残る。反射を無反射に近づけしかも反射に有効な波長域を広げるために，多層膜化が行われる。

演 習 問 題

2.1 ドップラーシフト周波数が式(2.9)の $\omega_1 = \omega_{in} + (\boldsymbol{k}_1 - \boldsymbol{k}_{in})\boldsymbol{v}$ で与えられることを示せ。
2.2 ストークスの定理の式(2.27)を導け。
2.3 エネルギー透過率の式(2.31)を導け。
2.4 フィネスが表面反射率 r^2 のみの関数で与えられる式(2.44)を導け。
2.5 光学的薄膜による振幅反射率の式(2.46)および反射防止条件の式(2.48)を導け。

3 光波の伝搬

電磁波は空間を伝搬するとともに広がる。山の裏側でも電波を受信できるのはこの理由による。この現象を回折という。一方，波は振幅と位相とで表される。波を情報伝達の媒体とすると，振幅と位相のどちらかに変調を与える。ラジオ放送にAM放送とFM放送があり，利用されている。

光波も同様に回折作用があり，情報の伝達媒体である。光波は周波数がきわめて高く，電波と比較して回折作用が小さく，伝搬の指向性も強い。このため振幅・位相の空間分布，すなわち画像情報を直接伝達することができる。本章では回折現象を説明し，空間的に変調を受けた画像情報が，回折現象を伴って伝達する性質を示す。また光波の振幅・位相情報を記録し再生する方法も示す。

3.1 回折現象の近似表示

光が波動性を示す特徴の一つは，回折現象があることである。この回折現象は，ホイヘンス（Huygens）やフレネル（Fresnel）によって，球面波は等方的に伝搬することと，光波は重ね合わせの原理に従うことによって説明された。本節では回折現象の基本的性質を示す。

3.1.1 回折現象

光波は，ある波面が光源となりつぎの波面を生成し，その波面がつぎの波面を生成する繰返しによって，空間を伝搬する。図3.1に示すように，点Oで球面波が発生しているとする。等位相面は点Oを中心とする球面状となる。

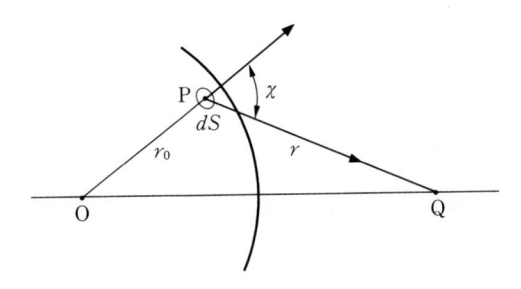

図 3.1　回　折　現　象

　点 P が球面上にあり，その近傍の微小領域から 2 次波が発生するとする。微小領域から発生する 2 次波は球面波となる。球面波は，空間を等方的に伝搬するので，観測点 Q 方向に進む光波成分が存在する。したがって点 Q に到達する光波は，点 P を含む球面上で発生するすべての光波成分の重ね合わせである。光波がこのように回り込む現象を**回折** (diffraction) という。

　点光源から距離 r を伝搬した球面波は

$$E_r(t) = \frac{a}{r} \exp[i(kr - \omega t + \phi)]$$

と表される。回折現象は時間の経過を扱わないので，光波を複素振幅で表す。時間的な振動項 $\exp(-i\omega t)$ の係数である複素振幅は

$$u = \frac{a}{r} \exp[i(kr + \phi)] \tag{3.1}$$

である。

　点 O を中心とした半径 r_0 の球面上の微小面積 dS（点 P 近傍）から，2 次波が発生している。点 Q に到達する 2 次波の複素振幅は，位相遅れを考慮して

$$du_Q = K(\chi) \frac{a}{r_0} \exp(ikr_0) \frac{1}{r} \exp(ikr) \, dS$$

となる。ここで点 O での初期位相を $\phi = 0$ とした。重要なことは，2 次波は図 3.1 の球面上すべてから発生し，進行方向を変える光波成分は複素振幅が減少し，その割合を**傾斜因子** (inclination factor) $K(\chi)$ で表したことである。つまり微小領域 dS から角度 χ 方向に進む光波成分は，複素振幅が元の球面波

3.1 回折現象の近似表示

の $K(\chi)$ 倍であるとして，その値を示した。

傾斜因子の値は，後になってキルヒホッフ（Kirchhoff）により，数学的に厳密に求められた。**図 3.2** に示すように点 O と点 Q の間にスクリーンがあり，点 P がスクリーンの開口内にある場合を考える。点 Q から回折点 P に向かう方向が，点 P における回折球面の法線方向（図中の **n** 方向；球面波が点 O から進む方向と逆方向）となす角度を χ とする。開口を通って点 Q に到達する回折光を

$$u_Q = \int \frac{1+\cos\chi}{i2\lambda} \frac{a}{r_0 r} \exp[ik(r_0+r)]dS \tag{3.2}$$

と求め，傾斜因子を厳密に与えた。積分は開口内の回折球面にわたって行う。これを**フレネル・キルヒホッフの回折式**（Fresnel-Kirchhoff diffraction formula）という。

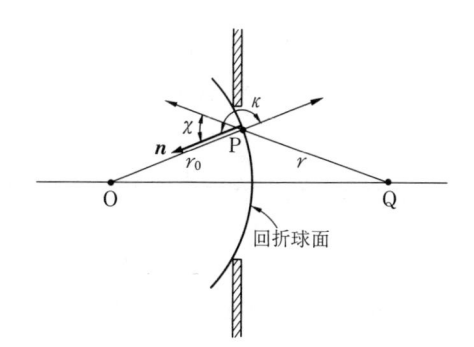

図 3.2 スクリーンを通過する回折波

開口の大きさが小さく，開口中心が光源 O と観測点 Q とを結ぶ直線上にあるとすると，$\cos\chi \sim 1$ と近似できる。ここで開口近傍における光波分布 u_P が

$$u_P = \frac{a}{r_0} \exp(ikr_0)$$

と表されることに着目する。式 (3.2) は

$$u_Q = \frac{1}{i\lambda} \int u_P \frac{1}{r} \exp(ikr) dS \tag{3.3}$$

となる。点 Q での光波は，開口面上で発生した u_P が伝搬した光波の合成で与えられる。たとえ開口面より左側での光波分布が未知であったとしても，開口

面上の複素振幅 u_P が与えられれば，観測点 Q に到達する回折光が求められる。

式 (3.3) の積分は点 O を中心とした回折球面上に沿って行うべきであるが，$\chi \sim 0$ と近似できるとしたから，スクリーン面と同一平面にわたって行う。このように式 (3.3) はいくつかの近似を用いて簡単化されたが，ごく一般的に成り立つ。この理由はつぎのように考えられる。可視光は周波数が高く，波動的な性質が顕著でなく，回折現象によって生じる回折光の広がりが小さい。回折角が小さいため，開口部分の複素振幅分布 u_P（振幅と位相）が与えられたとき，点 O と点 P とを結ぶ延長線上の近傍では，回折光 u_Q は式 (3.3) によって正確に表される。

これらをまとめると，図 3.3 および下記の式 (3.4) となる。発光面が $z=0$ の xy 面上の光軸近傍に分布する。その複素振幅は 2 次元分布するから，u_P の代わりに $g(x,y)$ と表す。この光波は回折現象により R だけ離れた観測面上 ($z=R$) の光軸近傍の点 (X,Y) に到達する。回折光の振幅分布を $u(X,Y)$ と表すと

$$u(X,Y) = \frac{1}{i\lambda} \int g(x,y) \frac{1}{r} \exp(ikr)\, dxdy \tag{3.4}$$

となる。回折現象を扱う基本式である。ここで r は光源面上の点 (x,y) と観測面上の点 (X,Y) との距離であり，指数部はそこを光波が伝搬することによる位相遅れである。

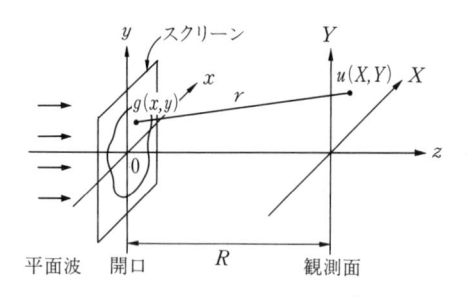

図 3.3 光波の伝搬

3.1.2 フラウンホーファー回折

図3.3に示したように，位置 $z=0$ に開口面がある．平面波を z 軸に沿って照射すると，光波は開口で回折され観測面 $(z=R)$ に到達する．観測面での複素振幅は式(3.4)の回折式で与えられる．しかしながらこの式は，簡単そうに見えるが積分を実行することが難しい．積分に含まれる変数 r は，開口内の各位置 (x, y) から観測点 (X, Y) までの距離であるからである．

そこで開口の大きさや観測領域が，距離 R に比べて十分小さいとする．$|X-x| \ll R$, $|Y-y| \ll R$ の条件で，r を直交座標系で表すと

$$r = R \left\{ 1 + \left[\frac{(X-x)^2 + (Y-y)^2}{R^2} \right] \right\}^{1/2}$$

$$= R + \frac{X^2 + Y^2}{2R} - \frac{Xx + Yy}{R} + \frac{x^2 + y^2}{2R} + \cdots \quad (3.5)$$

のように，x, y についてべき級数に展開される．

第4項以上を無視し，第3項までを式 (3.4) に代入する．R が定数のため比例係数 $\exp(ikR)/(i\lambda R)$ は，観測面上で一定である．この係数を無視して

$$u(X, Y) = \exp\left[\frac{ik(X^2 + Y^2)}{2R}\right] \iint g(x, y) \exp[-i2\pi(\mu x + \nu y)] dx dy$$

$$= c_{XY} \mathscr{F}[g(x, y)] \quad (3.6)$$

となる．この近似式で扱うことができる回折現象を，**フラウンホーファー回折** (Fraunhofer diffraction) という．

回折光は複素振幅分布 $g(x, y)$ のフーリエ変換で与えられる．表現を簡単化するため，フーリエ変換作用を表す演算子 $\mathscr{F}[\cdots]$ を用いた．また

$$\mu = \frac{X}{\lambda R}, \quad \nu = \frac{Y}{\lambda R} \quad (3.7)$$

とし，変数 (X, Y) を (μ, ν) に変数変換して表した．式 (3.6) からわかるように，この新しい変数はフーリエ変換における周波数に対応し，変換された座標軸を**空間周波数軸** (spatial frequency axis) と呼ぶ．

また係数を

$$c_{XY} = \exp\left[\frac{ik(X^2 + Y^2)}{2R}\right] \quad (3.8)$$

と置いた。この係数は，観測位置が XY 面内で座標原点から離れるにつれて，回折光の位相がしだいに遅れることを示す。

光波分布 $g(x, y)$ のフーリエ変換形を $G(\mu, \nu)$ とすると，式 (3.6) は
$$u(X, Y) = c_{XY}\, G(\mu, \nu) \tag{3.9}$$
と表すことができる。回折光の強度分布は
$$I(X, Y) = |u(X, Y)|^2 = |G(\mu, \nu)|^2 \tag{3.10}$$
となる。光強度を求めるとき，係数 c_{XY} はつねに消える。そのためフラウンホーファー回折式では，この係数を省略することが多い。

式 (3.10) はつぎのことを示す。光波 $g(x, y)$ はいろいろな空間周波数成分をもつが，ある空間周波数 (μ, ν) をもつ成分は，式 (3.7) で与えられる位置 (X, Y) に到達する。すなわち観測面には，光源面での光波の空間周波数スペクトルが光強度分布として現れる。

3.1.3 フレネル回折

回折式を式 (3.5) の第 4 項まで扱い，厳密化しよう。定係数を無視すると
$$u(X, Y) = \iint g(x, y) \exp\left\{\frac{ik}{2R}[(X-x)^2 + (Y-y)^2]\right\} dx dy \tag{3.11}$$
となる。この近似で表される回折現象を**フレネル回折** (Fresnel diffraction) という。さらにこのフレネル回折式をフーリエ変換形式で表すと
$$u(X, Y) = c_{XY}\mathscr{F}\left\{\exp\left[\frac{ik}{2R}(x^2 + y^2)\right] g(x, y)\right\} \tag{3.12}$$
となる。式 (3.6) と比較してわかるように，フレネル回折は光波の発生位置 (x, y) によって生じる位相遅れをさらに補正した結果である。

低い近似のフラウンホーファー回折式を利用できれば，回折現象が簡単に扱える。フラウンホーファー近似の成立条件を求めよう。式 (3.5) の r は光波の伝搬距離であり，その大きさが R からのずれ量として展開されている。第 4 項の大きさが 1/4 波長より小さいとき，つまり $(x^2 + y^2)/(2R) < \lambda/4$ であるとき，第 4 項以上の高次項を無視することができ，フラウンホーファー近似

が成り立つ．

例えば $z=0$ 面にある開口が，1辺 D の正方形であるならば

$$R > \frac{2D^2}{\lambda} \tag{3.13}$$

が成り立つ．$D=1.0\,\mathrm{mm}$ の回折物体を，緑色光（波長 $\lambda=0.5\,\mu\mathrm{m}$）で照射したとする．観測位置が $R>4\,\mathrm{m}$ であれば，フラウンホーファー回折近似で扱ってもよいことになる．このことからフラウンホーファー回折近似を用いるには，回折物体が非常に小さい必要がある．

3.2 振幅変調による光波の伝搬

光波による情報の伝達は，振幅または位相を変調する形で伝達される．本節では，振幅変調された光波の伝搬を具体例で示す．

3.2.1 矩形開口

画像の単純なモデルは，振幅が透過あるいは非透過の2値に変調されることである．**図3.4**に示すようにスクリーンに矩形開口があると，光軸（z軸）に沿って伝搬する平面波は振幅が変調される．観測面での回折パターンを調べよう．観測位置は式（3.13）を満足するフラウンホーファー領域にあるとする．また矩形開口を簡単な透過関数で表すため，つぎに示す**矩形関数**（rectangle function）を導入する．

$$\mathrm{rect}\left(\frac{x-d}{a}\right) = \begin{cases} 1 & (d-\frac{a}{2} \leq x \leq d+\frac{a}{2}) \\ 0 & (その他の領域) \end{cases} \tag{3.14}$$

この関数は**図3.5**に示すように，点 $x=d$ を中心として幅 a の区間だけ関数の値が1であり，他の区間はゼロである．

矩形関数を開口の振幅透過関数 $t(x,y)$ として用い，光軸に平行に平面波 u_in を照射する．簡単化のため振幅1，初期位相0の平面波とする．平面波は

図 3.4 矩形開口による回折

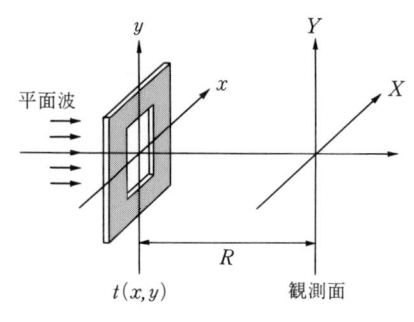

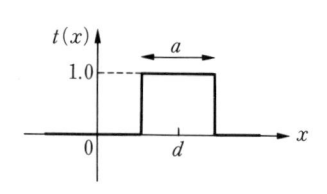

図 3.5 矩 形 関 数

$$u_{\text{in}}(z) = \exp(ikz)$$

である。平面波の振幅と位相は，xy 平面にわたって一定であるから

$$u_{\text{in}}(z=0) = 1 \tag{3.15}$$

である。

透過関数 $t(x,y)$ を通過した直後の複素振幅 $g(x,y)$ は

$$g(x,y) = t(x,y)\, u_{\text{in}}(z=0)$$

$$= \text{rect}\left(\frac{x}{a}\right) \text{rect}\left(\frac{y}{b}\right) \tag{3.16}$$

と表される。フラウンホーファー回折パターンは式(3.6)と式(3.16)を用いて

$$u(X,Y) = c_{XY} \iint \text{rect}\left(\frac{x}{a}\right) \text{rect}\left(\frac{y}{b}\right) \exp\left[-i2\pi(\mu x + \nu y)\right] dx dy$$

$$= c_{XY}\mathscr{F}\left[\text{rect}\left(\frac{x}{a}\right)\right] \mathscr{F}\left[\text{rect}\left(\frac{y}{b}\right)\right] \tag{3.17}$$

となる。係数 c_{XY} は式 (3.8) で与えられている。x 成分は

$$\mathscr{F}\left[\text{rect}\left(\frac{x}{a}\right)\right] = \int_{-a/2}^{a/2} \exp(-i2\pi\mu x)\, dx$$

$$= \frac{\exp(i\pi\mu a) - \exp(-i\pi\mu a)}{i2\pi\mu}$$

$$= a\frac{\sin(\pi\mu a)}{\pi\mu a}$$

$$= a\,\text{sinc}(\mu a) \tag{3.18}$$

と計算され，sinc 関数で表される†。式 (3.17) は

$$u(X, Y) = abc_{XY} \,\text{sinc}\,(\mu a)\,\text{sinc}\,(\nu b) \tag{3.19}$$

となる。ここで式 (3.7) より，座標軸は $\mu = X/(\lambda R)$, $\nu = Y/(\lambda R)$ である。

図 3.6 に示すように，振幅が負の値をもつことがある。$\exp(i\pi) = -1$ を考慮すると，これは光波の位相が π だけ飛んでいることを示す。さらに $m = 0, \pm 1, \pm 2, \cdots$ とすると，$X = m\lambda R/a$ の位置で $u(X, Y) = 0$ となる。回折光の強度分布は

$$I(X, Y) = (ab)^2 \,\text{sinc}^2\left(\frac{a}{\lambda R}X\right)\text{sinc}^2\left(\frac{b}{\lambda R}Y\right) \tag{3.20}$$

となる。図 3.7 は XY 面での矩形開口による回折パターンである。波長 λ が長くなるとともに，また開口の大きさ a, b が小さくなるとともに，回折パターンが広がる。

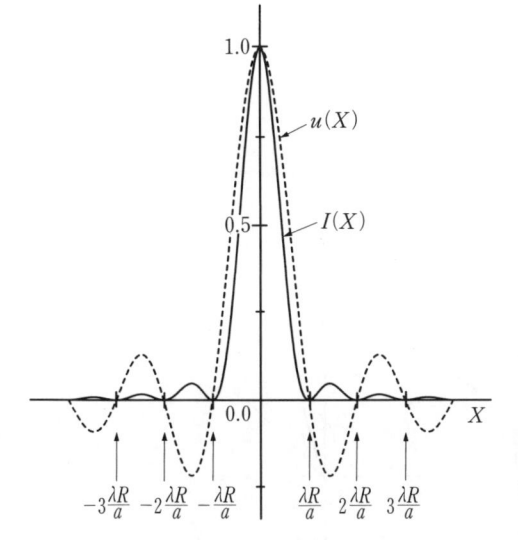

図 3.6　矩形開口による回折像の振幅分布 $u(X)$ と強度分布 $I(X)$

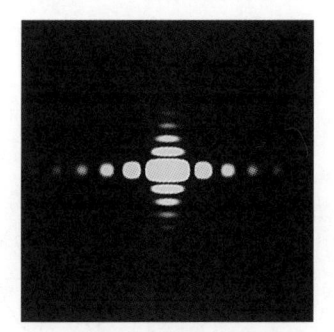

図 3.7　矩形開口による回折パターン

---

† sinc 関数は $\text{sinc}\,x = \sin \pi x/(\pi x)$ と表すことに注意せよ。

3.2.2 円形開口

開口が半径 a の円形であるとき,回折像を求めよう。開口面に平面波を照射する。開口面を通過した直後の光波分布 $g(x,y)$ は開口関数そのもので置き換えられる。この光波が距離 R だけ伝搬したとき,フラウンホーファー回折光は直交座標系で与えると

$$u(X,Y) = \iint g(x,y) \exp\left[-\frac{ik(xX+yY)}{R}\right]dxdy$$

となる。ただし,係数 c_{XY} を省略した。

開口関数は円形であるから,極座標系に変換して計算する。図 3.8 に示すように,開口面と観測面の座標を

$x = \rho \cos\theta, \quad y = \rho \sin\theta$

$X = r \cos\alpha, \quad Y = r \sin\alpha$

と表す。この変換では

$xX + yY = \rho r[\cos\theta \cos\alpha + \sin\theta \sin\alpha]$

$\qquad\qquad = -\rho r[\cos(\theta - \alpha \pm \pi)]$

$dxdy = \rho d\rho d\theta$

となるから,回折パターンは

$$u(r,\alpha) = \int_0^a \int_0^{2\pi} \exp\left[\frac{ik}{R}\rho r \cos(\theta - \alpha \pm \pi)\right]\rho d\rho d\theta \tag{3.21}$$

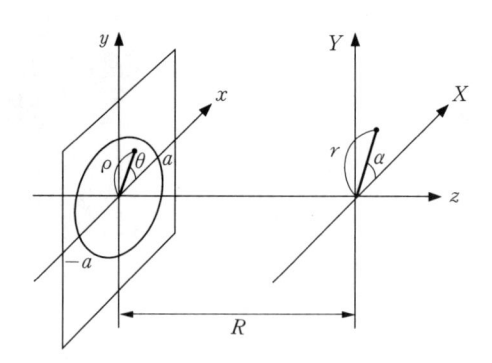

図 3.8 円形開口による回折

と表される。

最初に θ に関する積分を行う。定数 $(a\pm\pi)$ に対して関数 $\cos(\theta-a\pm\pi)$ を θ について 0 から 2π まで積分した値は，単に $\cos\theta$ を 0 から 2π まで積分した値に等しい。また n 次のベッセル関数 $J_n(z)$ に関する数学公式

$$J_n(z) = \frac{i^{-n}}{2\pi} \int_0^{2\pi} \exp(iz\cos\theta) \cos(n\theta) d\theta$$

を利用する。$n=0$ とすると式 (3.21) は

$$u(r,\alpha) = 2\pi \int_0^a J_0\left(\frac{k}{R}\rho r\right) \rho d\rho$$

と表される。

つぎに ρ について積分を実行しよう。ベッセル関数に関する公式

$$z^{n+1} J_n(z) = \frac{d}{dz}\left[z^{n+1} J_{n+1}(z)\right]$$

において，$n=0$ を適用することによって

$$u(r,\alpha) = \pi a^2 \frac{2 J_1(kra/R)}{kra/R} \tag{3.22}$$

と求められる。この振幅分布を図 3.9 に示す。関数 $J_1(z)/z$ は $z=3.833$, 7.016, 10.174, …のときゼロとなる性質がある。

回折光強度分布は図 3.10 となる。この回折パターンはエアリー像(Airy

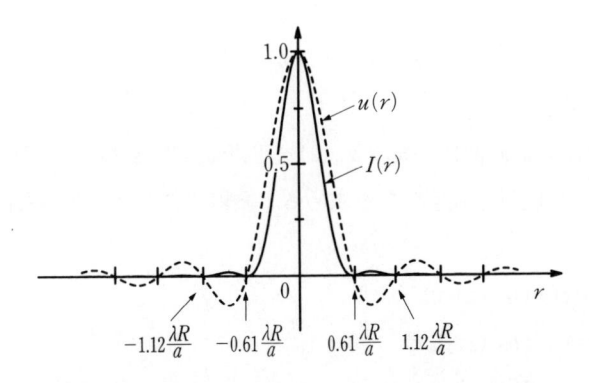

図 3.9 円形開口による回折像の振幅分布 $u(r)$ と強度分布 $I(r)$

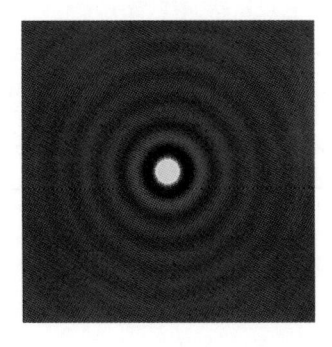

図 3.10 円形開口による回折パターン

pattern）と呼ばれている。第1暗輪の半径は

$$r = 0.610 \frac{\lambda R}{a} \tag{3.23}$$

と与えられる。開口半径 a が小さいと，回折広がりが大きくなる。

3.2.3 正弦波振幅格子

開口面に振幅透過率 $t(x)$ の画像があるとする。振幅透過率は1次元方向に周期 Λ_g で変化する正弦波状である。空間周波数は

$$\mu_g = \frac{1}{\Lambda_g} \tag{3.24}$$

となる。画像の空間周波数 μ_g は，周期的な変化が単位長さ当りに何回繰り返すかで与えられる。可視光域では回折広がりが小さいため，1mm 当りで表すのが通例である。

開口関数 $t(x)$ の画像に平面波 $u_{\text{in}}(z)$ を垂直に入射させる。このとき開口面から距離 R での回折光強度分布を求める。振幅変調された開口面直後の振幅分布は

$$\begin{aligned} g(x) &= t(x) u_{\text{in}}(z=0) \\ &= 1 + \cos(2\pi\mu_g x) \\ &= 1 + \frac{1}{2}[\exp(i2\pi\mu_g x) + \exp(-i2\pi\mu_g x)] \end{aligned} \tag{3.25}$$

と表される。$g(x)$ が実関数となるのは，入射する平面波の位相は変調され

ず，開口面で一定であるとしたからである。

式 (3.25) を式 (3.6) に代入する。係数 c_{XY} を省略して表すと

$$u(X, Y) = \iint \exp[-i2\pi(\mu x + \nu y)]dxdy$$

$$+ \frac{1}{2}\iint \exp\{-i2\pi[(\mu - \mu_g)x + \nu y)]\}dxdy$$

$$+ \frac{1}{2}\iint \exp\{-i2\pi[(\mu + \mu_g)x + \nu y)]\}dxdy$$

$$= \delta(\mu)\delta(\nu) + \frac{1}{2}\delta(\mu - \mu_g)\delta(\nu) + \frac{1}{2}\delta(\mu + \mu_g)\delta(\nu) \quad (3.26)$$

となる。ここで $\delta(\mu)$，$\delta(\nu)$ はデルタ関数であり，5.1.3項(2)に示すフーリエ変換の性質

$$\iint \exp[-i2\pi(\alpha x + \beta y)]dxdy = \delta(\alpha, \beta)$$

を利用した。

強度分布は

$$I(X, Y) = |u(X, Y)|^2$$

$$= \delta(\mu)\delta(\nu) + \frac{1}{4}\delta(\mu - \mu_g)\delta(\nu) + \frac{1}{4}\delta(\mu + \mu_g)\delta(\nu) \quad (3.27)$$

であり，**図 3.11** に示す。第1項は直進的に進む光波成分で，$\mu=0$，$\nu=0$ すなわち原点に輝点が生じる。これを0次回折光という。第2，3項は $\mu=\pm\mu_g$，$\nu=0$ にのみ値をもち，±1次回折光という。強度分布は，入力画像の空

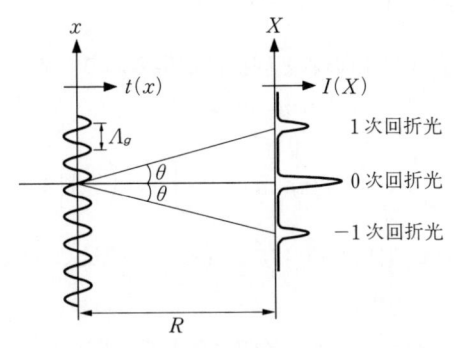

図 3.11 正弦波振幅格子による回折

間周波数成分を表す．

空間周波数で表した座標軸を，式 (3.7) を用いて直交座標軸 (X, Y) に変換すると，±1 次回折光は

$$X = \pm \mu_g \lambda R, \quad Y = 0 \tag{3.28}$$

の位置に現れる．入力画像の空間周波数が μ_g であると，光波はわずかな角度であるが，方向を変える．この角度を回折角という．±1 次光の回折角を θ とすると，可視光による回折角は小さいから

$$\theta \sim \tan\theta = \frac{X}{R} = \pm\lambda\mu_g = \pm\frac{\lambda}{\Lambda_g} \tag{3.29}$$

となる．回折角は入力画像の空間周波数 μ_g と波長 λ とに比例する．

例えば周期 $\Lambda_g = 10\,\mu\mathrm{m}$ の正弦波格子（空間周波数 $\mu_g = 100\,\mathrm{lines/mm}$）に赤色レーザ光（$\lambda = 600\,\mathrm{nm}$）を照射すると，回折角は $\theta = 0.06\,\mathrm{rad} = 3.4$ 度となる．複雑な画像は短い周期成分を多く含み，この画像による回折広がりは大きくなる．

3.2.4　矩形波振幅格子

図 3.12 に示すように，x 軸方向に幅 a，y 軸方向に幅 b の長方形開口が，x 軸に沿って間隔 d で N 個並んでいるとする．この格子状開口による回折像を求めよう．平面波を照射すると，開口関数が開口直後の複素振幅を与えるから

$$g(x,y) = \sum_{n=0}^{N-1} \mathrm{rect}\left(\frac{x-x_n}{a}\right)\mathrm{rect}\left(\frac{y}{b}\right) \tag{3.30}$$

と表される．式 (3.6) を用いると回折像が得られる．$x_n = nd$ とし，シフト定理（5.1.2 項を参照のこと）を用いると

$$u(X,Y) = \sum_{n=0}^{N-1} \exp(-i2\pi\mu nd)\, c_{XY}\mathscr{F}\left[\mathrm{rect}\left(\frac{x}{a}\right)\right]\mathscr{F}\left[\mathrm{rect}\left(\frac{y}{b}\right)\right]$$

となる．フーリエ変換項は式 (3.17) とまったく同じであり，単一の矩形開口による回折パターンを表す．

開口面に開口が多数あるとき，各開口による回折パターンを加算すればよ

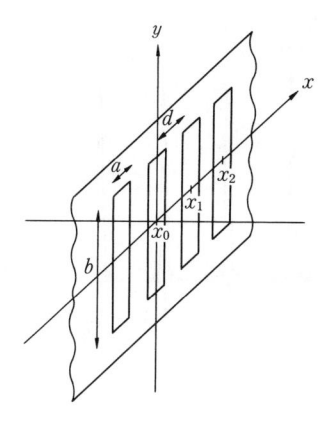

図 3.12 矩形波振幅格子

い。ただし各開口の中心位置が異なるから，各開口によって位相遅れが相対的に異なる。したがって全体の回折光は，この位相偏移を組み入れた各回折パターンの加算で与えられる。これをバビネ（Babinet）の定理という。

式 (3.19) で表される1個の矩形開口による回折パターンを u_0 とすると

$$u(X, Y) = u_0 \sum_{n=0}^{N-1} \exp(-i2\pi\mu nd)$$

$$= u_0 \frac{1 - \exp(-i2\pi\mu Nd)}{1 - \exp(-i2\pi\mu d)} \tag{3.31}$$

となる。第2式は等比級数の和であることを利用した。光強度は

$$I(X, Y) = |u(X, Y)|^2 = |u_0|^2 \frac{\sin^2(\pi\mu Nd)}{\sin^2(\pi\mu d)} \left| \frac{\exp(i\pi\mu d)}{\exp(i\pi\mu Nd)} \right|^2$$

$$= |u_0|^2 \frac{\sin^2(\pi\mu Nd)}{\sin^2(\pi\mu d)} \tag{3.32}$$

と求められる。X 方向の回折光強度を図 3.13 に示す。Y 方向の強度分布は単一矩形開口の回折光強度 $|u_0|^2$ と同じである。

回折パターン全体の広がりは，入力像のうち高い空間周波数をもつ $|u_0|^2$ で決定される。つまり X 方向の最大広がり幅は $1/a$ に比例する。強度分布の微細構造は，開口の構造を決める低い空間周波数成分の Nd によって変化する。正弦波格子による回折パターンと異なって，0次,±1次の回折光以外に，高次の回折成分が現れている。矩形波格子の透過関数には，高次の空間周波数成分

$$\frac{1}{N^2}\frac{\sin^2(\pi\mu Nd)}{\sin^2(\pi\mu d)}$$

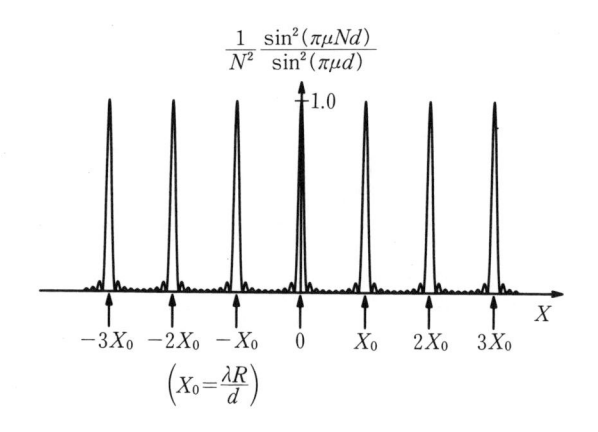

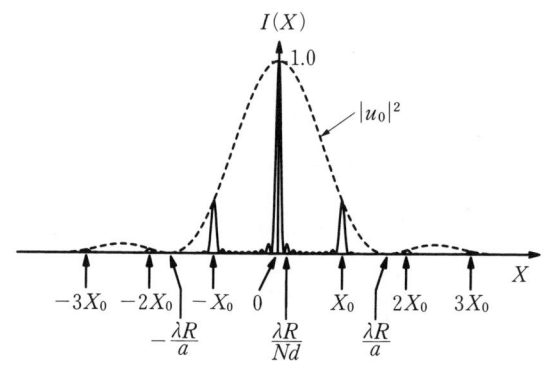

$\left(X_0 = \dfrac{\lambda R}{d}\right)$

図 3.13 回折像の強度分布

が存在するからである。

　回折光強度は $\pi\mu d = m\pi\,(m=0,\pm1,\pm2,\cdots)$ のとき，すなわち

$$X = m\frac{\lambda R}{d} \tag{3.33}$$

に鋭いピークをもつ。このピーク強度を考察しよう。式 (3.32) の正弦関数の引数である位相を

$$\pi\mu d = \theta = m\pi + \phi$$

とすると，ピーク位置は θ を $m\pi$ に近づけることである。このことは m を整数としたから，ϕ をゼロに近づけることに対応する。式 (3.32) に適用すると

$$\lim_{\theta \to m\pi} \frac{\sin^2(N\theta)}{\sin^2\theta} = \lim_{\phi \to 0} N^2 \frac{\sin^2(N\phi)}{(N\phi)^2} \frac{\phi^2}{\sin^2\phi}$$

$$= N^2$$

となる。したがって各ピークでの回折光強度は

$$I_{\text{peak}}(X, Y) = N^2 |u_0|^2 \tag{3.34}$$

となる。

例えば $N = 10^2$ とすれば，N^2 は 10^4 となり，きわめて大きな値となる。ほとんどの回折光が，m を整数とする $X = m\lambda R/d$ の位置に集中する。逆にこれ以外の位置での回折光強度は，相対的にほとんどゼロとなる。

このことは波長がわずかに異なっても回折方向が異なり，光波を波長によって分離できることを示す。これを利用した回折格子分光法がある。波長が $\Delta\lambda$ だけ変化したとき，回折角の変化を $\Delta\theta$ とする。分解能はそれらの比で与えられるから，$\theta = X/R$ と近似すると，式 (3.33) より

$$\frac{\Delta\theta}{\Delta\lambda} = \frac{m}{d} \tag{3.35}$$

となる。格子間隔 d が小さいほど，回折次数が大きいほど分解能が向上する（演習問題 3.1 を参照）。

回折方向はどんな現象から生じているのであろうか。間隔 d の二つの穴がある開口面に平面波を照射し，距離 R の観測面上で干渉光を観測することを考えよう。図 3.14 のように θ 方向に進む回折波は，光路長差が波長の整数倍で強め合うから

$$d \sin\theta = m\lambda \tag{3.36}$$

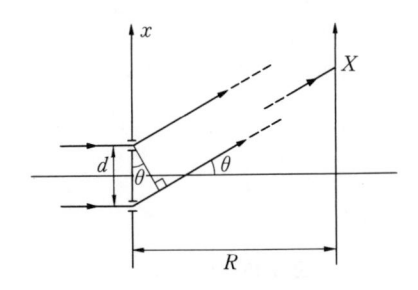

図 3.14　回折方向のモデル化

が成り立つ。観測位置が光軸から位置 X にあり，$X \ll R$ であるとすると，$\sin\theta = X/R$ が近似的に成り立つ。式（3.36）に代入すると

$$X = m\frac{\lambda R}{d}$$

が得られる。これは式（3.33）と同じ位置を示す。つまり矩形波振幅格子による回折像のエネルギーが集中する方向は，おたがいの穴からの回折波が干渉し，強め合う方向である。強め合う条件からわずかでもずれると，その穴が周期的にたくさんあるから，それらの多光波干渉によって，光強度はほとんどゼロとなる。

3.3 位相変調による光波の伝搬

光学素子の代表例にレンズがある。このレンズは，光波の位相を変調する素子でもある。位相変調素子としたときの光波の伝搬特性を示す。

3.3.1 レンズと位相変調関数

レンズは光の屈折作用（スネルの法則）を利用して，光線の進行方向を変える。理想的なレンズの表面形状を求めてみよう。図 3.15 に示すように，屈折率 n の平凸レンズが屈折率 1 の空気中に置かれているとする。このレンズの前側焦点距離を $OS = f$ とする。光軸上の点 O から出射した光波はレンズ通過後，光軸に平行に伝搬する平面波となり，点 Q，点 T での位相はたがいに等しい。レンズ内の点 P と点 H での位相もそろっている。$OP = \rho$ は OH の光学

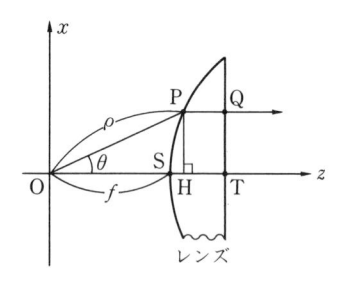

図 3.15 平凸レンズ

的距離と等しいから

$$\rho = f + n(\rho \cos\theta - f) \tag{3.37}$$

が成り立つ．レンズ表面の座標を(x, z)とすると

$$\rho = \sqrt{x^2 + z^2}, \quad \rho \cos\theta = z$$

である．式 (3.37) に代入し，ρ と θ を消去すると

$$\frac{(z-c)^2}{a^2} - \frac{x^2}{b^2} = 1 \tag{3.38}$$

となる．ここで定数 a，b，c を

$$a = \frac{f}{n+1}, \quad b = \left(\frac{n-1}{n+1}\right)^{1/2} f, \quad c = \frac{n}{n+1} f \tag{3.39}$$

と置いた．レンズ表面は双曲線関数で表され，理想的な無収差レンズである．

近軸光線近似が成り立つ場合を扱うとしよう．レンズの口径が小さく，x の取りうる範囲が，f に比べて十分小さいとする．このとき

$$\left(\frac{x}{b}\right)^2 \ll 1 \tag{3.40}$$

とすることができるから，式 (3.38) を近似して

$$z = a + c + \frac{a}{2b^2} x^2 \tag{3.41}$$

となる．レンズ表面は放物面となる．この近似が成り立つには，近軸光線近似が適用できるときであり，薄肉レンズに対応する．第1章ではレンズ表面を球面として扱ったが，理想的な無収差レンズとするには，式 (3.38) または式 (3.41) で表される表面形状である必要がある．

波動光学的に考えて，このレンズが位相をどれだけ変調するかを調べよう．図 3.15 において OT$=d_0$ とすると，レンズの厚さ $d(x)$ は

$$d(x) = d_0 - z$$
$$= d_0 - \left[a + c + \frac{a}{2b^2} x^2\right]$$

となる．

位置 x でのレンズの光学的厚さは $nd(x)$ であり，OS$=a+c=f$ である．z 軸に平行に入射した平面波は，レンズによって位相が

$$\phi_L(x) = k[(d_0-f) - d(x)] + knd(x)$$
$$= \phi_0 - \frac{k}{2f}x^2$$

の量だけ変化する。ここで $\phi_0 = kn(d_0-f)$ は定数である。

レンズは光軸に対して対称的であるから，y 方向も同じ関係が成り立つ。定数を無視すると，凸レンズによる位相変調は

$$\phi_L(x,y) = -\frac{k}{2f}(x^2+y^2) \tag{3.42}$$

と与えられる。レンズを通過した光波は，半径の2乗に比例して位相が進むことになる。このため入射平面波は図 3.16 のように，球面波となって焦点に集光する。無色透明なレンズは位相変調物体として扱うことができる。

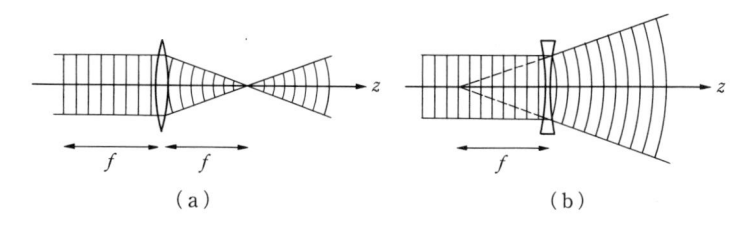

図 3.16 レンズを通過する光波（波面表示）

凹レンズに対しても同様に求められる。位相変調関数は

$$\phi_L(x,y) = \frac{k}{2f}(x^2+y^2) \tag{3.43}$$

となり，光軸から離れるに従って位相を遅らす。レンズに平面波を入射させると，焦点から発散する球面波となって伝搬する。

3.3.2　レンズによるフラウンホーファー変換作用

凸レンズによって位相変調された光波が，空間を伝搬する様子を調べよう。図 3.17 に示すように，xy 平面に開口面と焦点距離 f の凸レンズが密着してあり，後焦平面で回折像を観測する。レンズ直前の光波 $g(x,y)$ がレンズによって位相変調されるとする。焦点距離は一般に短いため，回折像を得るにはフ

3.3 位相変調による光波の伝搬

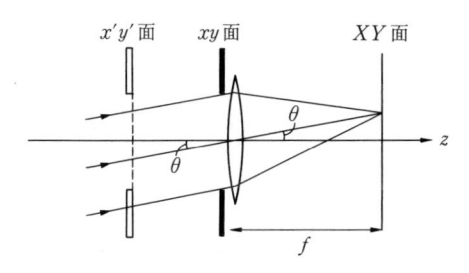

図 3.17 レンズによる回折

ラウンホーファー近似が成り立たず，フレネル回折近似を用いる．式 (3.12) において $R \to f$ と置き換えると，フーリエ変換を示す指数項がレンズの位相変調項と打ち消し合うので

$$u(X,Y) = c_{XY'}\mathscr{F}\left\{g(x,y)\exp\left[\frac{ik}{2f}(x^2+y^2)\right]\exp[i\phi_L(x,y)]\right\}$$

$$= c_{XY'}\mathscr{F}[g(x,y)]$$

$$= c_{XY'}\iint g(x,y)\exp[-i2\pi(\mu'x+\nu'y)]dxdy \qquad (3.44)$$

となる．この式はレンズを用いないで，十分離れた位置で観測するフラウンホーファー回折像と一致している．ただし $R=f$ と置いているので，空間周波数と係数 $c_{XY'}$ は

$$\mu' = \frac{X}{\lambda f}, \quad \nu' = \frac{Y}{\lambda f}, \quad c_{XY'} = \exp\left[\frac{ik}{2f}(X^2+Y^2)\right] \qquad (3.45)$$

である．レンズを用いたときの回折像は，フラウンホーファー回折式の R を f に置き換えると得られる．理想的なフラウンホーファー回折像は，無限遠で観測する必要があるが，レンズを通過させ焦平面で観測することと同じである．

　平面波を照射し，開口関数 $t(x,y)$ を与え，回折像を求めてみよう（図 3.17 を参照）．開口面に照射する平面波は，xz 面内を光軸に対して角度 θ で伝搬するとする．平面波であっても進行方向が光軸に斜めであると，xy 平面上には位相分布が生じる．位相分布は

$$\boldsymbol{kr} = kx\sin\theta + kz\cos\theta$$

である。位置 $z=0$ の xy 面における複素振幅は

$$u_{\text{in}}(z=0) = a \exp(ikx \sin\theta)$$

と表される。開口直後（レンズ直前）の振幅分布は

$$g(x,y) = t(x,y) u_{\text{in}}(z=0)$$
$$= \exp(ikx \sin\theta) \tag{3.46}$$

と置くことができる。ここで $t(x,y)=1$ とし，定数を省略した。レンズを通過し，位相変調された光波の観測面での回折像は式 (3.44) より

$$u(X,Y) = c_{XY}' \iint \exp\{i[(k\sin\theta - 2\pi\mu')x - 2\pi\nu' y]\}dxdy$$
$$= c_{XY}' \delta\left(\mu' - \frac{\sin\theta}{\lambda},\ \nu'\right) \tag{3.47}$$

となる。近軸光線近似としているから $\sin\theta = \theta$ とすると，焦平面上の点 $(f\theta, 0)$ に輝点が現れる。この位置は，光線が角度 θ でレンズ中心を通過したとき，焦平面を横切る位置である（図 3.17 を参照）。光軸に対して角度 θ をもつ平行光は，レンズ通過後，球面波となって焦平面上の 1 点に集光する。

以上の現象はつぎのようにも解釈できる。開口関数を式 (3.46) と等しい

$$t(x,y) = \exp(ikx \sin\theta)$$

とし，光軸に平行に平面波を照射した場合とまったく同じ結果を与える。このことを拡張する。レンズの手前（$x'y'$ 面）に開口関数 $t(x',y')$ があり，光軸に沿って平面波を照射したとしよう。開口関数の空間周波数を μ_g とすると，式 (3.29) より回折角は

$$\theta = \pm\lambda\mu_g = \pm\frac{\lambda}{\Lambda_g}$$

である。一方，この角度方向に伝搬する光波は，レンズを通過すると，焦平面上の $f\theta$ の位置に集光する。画像 $t(x',y')$ の特定の空間周波数成分は，つねに同じ位置に集光する。したがって平面波を光軸に沿って照射すると，入力画像がレンズの手前のどこにあっても，焦平面でのフーリエ変換像はまったく同じ分布をする。また開口関数がレンズの背後にある場合は，演習問題 3.2 に示してある。

3.3.3 レンズによる結像作用

レンズを位相変調素子としたとき，レンズによる結像作用を調べよう．図 3.18 に示すように $z=0$ にある画像（xy 面）を，$z=d_1$ に設置したレンズ（x_1y_1 面）を通し，$z=d_1+d_2$（XY 面）で観測するとする．観測位置はレンズの公式

$$\frac{1}{d_1}+\frac{1}{d_2}=\frac{1}{f} \tag{3.48}$$

を満足する結像位置である．d_1，d_2 が設定されたとき，波動光学的に観測面に到達する光波分布を求め，結像作用を確かめよう．

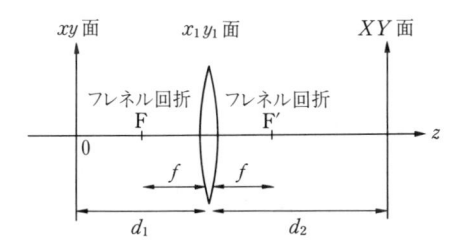

図 3.18 回折現象と結像作用

光波は物体面から回折現象を伴って自由空間を伝搬し，レンズに到達する．レンズで位相変調され，通過した光波は再び回折し観測面に到達する．この過程を逐次計算する．距離 d_1，d_2 が短いため，フレネル回折近似を用いる．レンズ面に到達する光波分布は式（3.11）より

$$u_1(x_1,y_1)=\iint g(x,y)\exp\left\{\frac{ik}{2d_1}[(x_1-x)^2+(y_1-y)^2]\right\}dxdy \tag{3.49}$$

と与えられる．レンズでは式（3.42）の位相変調を受ける．またレンズは薄いとしたから，レンズ直後の光波分布は同じ座標系を用いて

$$u_1'(x_1,y_1)=u_1(x_1,y_1)\exp\left[-\frac{ik}{2f}(x_1^2+y_1^2)\right] \tag{3.50}$$

となる．この光波は距離 d_2 だけフレネル回折し，観測面に到達する．観測面の光波分布は

$$u(X,Y)=\iint u_1'(x_1,y_1)\exp\left\{\frac{ik}{2d_2}[(X-x_1)^2+(Y-y_1)^2]\right\}dx_1dy_1 \tag{3.51}$$

となる。

式 (3.48), (3.49), (3.50) を式 (3.51) に代入し、整理すると

$$u(X, Y) = \exp\left[\frac{ik(X^2+Y^2)}{2d_2}\right] \iint g(x,y) \exp\left\{-ik\left[\left(\frac{x}{d_1}+\frac{X}{d_2}\right)x_1 \right.\right.$$
$$\left.\left. + \left(\frac{y}{d_1}+\frac{Y}{d_2}\right)y_1\right]\right\} \exp\left[\frac{ik(x^2+y^2)}{2d_1}\right] dx\,dy\,dx_1\,dy_1 \quad (3.52)$$

となる。さらに定数のフーリエ変換はデルタ関数で与えられる(5.1.3項を参照)ことを利用すると

$$u(X, Y) = \exp\left[\frac{ik(X^2+Y^2)}{2d_2}\right] \iint g(x,y) \delta\left(\frac{x}{d_1}+\frac{X}{d_2}, \frac{y}{d_1}+\frac{Y}{d_2}\right)$$
$$\times \exp\left[\frac{ik(x^2+y^2)}{2d_1}\right] dx\,dy \quad (3.53)$$

となる。デルタ関数の性質と式 (3.48) を用いて

$$u(X, Y) = \exp\left[\frac{ikd_1(X^2+Y^2)}{2d_2f}\right] g\left(-\frac{d_1}{d_2}X, -\frac{d_1}{d_2}Y\right) \quad (3.54)$$

となる(係数を省略)。観測面での光波分布が与えられる。

強度分布は

$$I(X, Y) = |u(X, Y)|^2 = \left|g\left(-\frac{d_1}{d_2}X, -\frac{d_1}{d_2}Y\right)\right|^2 \quad (3.55)$$

となる。倍率 $M = d_2/d_1$ の倒立像が得られる。これは幾何光学で得られた結像作用である。これらからわかるように、レンズを位相変調物体と考え、自由空間はフレネル回折による伝搬とすれば、幾何光学的に得られる現象をまったく同様に扱える。

3.3.4 正弦波位相格子による変調

音波は光波と異なって縦波であり、媒質中を疎密波として伝搬する。密な部分は屈折率が高く、疎である部分は屈折率が低くなる。音波が存在すると、わずかであるが、屈折率変化が周期的に形成される。透過光は位相が空間的に変調される。媒質は透明であるとして、光波の伝搬を調べよう。

図 3.19 に示すように x 軸に沿って音波が伝搬し、そこに角度 θ_0 方向から

3.3 位相変調による光波の伝搬

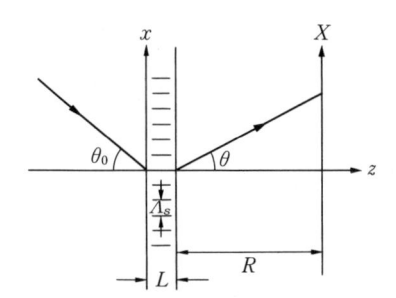

図 3.19 正弦波位相格子による回折

平面波を照射する。一般に音波の波長は長いので，短い波長の超音波を使用しているとし，光が照射されている領域は音波の波長 Λ_s より十分大きいとする。超音波セルの幅を L，媒質の平均屈折率を n，密度変化による屈折率変化を Δn とする。位相変化量は $\phi_0 = knL$，$\Delta \phi = k\Delta nL$ となる。ある瞬間では，変調された位相の空間分布は

$$\phi_s(x) = \phi_0 + \Delta \phi \sin\left(\frac{2\pi}{\Lambda_s} x\right) \tag{3.56}$$

と与えられる。

屈折率による位相変化がどの程度であるかを調べよう。位相変化の最大値を 2π とし $\Delta \phi = 2\pi$ と置くと，$\lambda = 0.5\,\mu\text{m}$，$L = 1.0\,\text{mm}$ のとき $\Delta n = 0.5 \times 10^{-3}$ となる。このようにほんのわずかな屈折率変化でも位相は 2π まで変化する。

入射光は平面波であり，入射角は θ_0 である。超音波面における入射光の複素振幅は

$$u_\text{in}(x) = \exp\left(-i2\pi \frac{\sin \theta_0}{\lambda} x\right) \tag{3.57}$$

である。この光波が超音波セルを通過した出射面直後での光波分布は

$$g(x) = \exp[i\phi_s(x)] u_\text{in}(x) \tag{3.58}$$

となる。m 次のベッセル関数を $J_m(\alpha)$ としたときの数学公式

$$\exp(i\alpha \sin \beta) = \sum_{m=-\infty}^{\infty} J_m(\alpha) \exp(im\beta) \tag{3.59}$$

を利用すると

$$g(x) = \exp\left(-i2\pi\frac{\sin\theta_0}{\lambda}x\right)\sum_{m=-\infty}^{\infty} J_m(\varDelta\phi) \exp\left(i2\pi\frac{m}{\varLambda_s}x\right) \quad (3.60)$$

となる。超音波を通過した直後の光波分布である。ここで定数を省略した。

回折光を距離 R で観測するとする。1次元フラウンホーファー回折光は、比例係数を無視すると式（3.6）より

$$u(X) = \int g(x) \exp\left(-\frac{ikX}{R}x\right)dx$$
$$= \sum_{m=-\infty}^{\infty} J_m(\varDelta\phi) \int \exp\left[i2\pi\left(\frac{m}{\varLambda_s} - \frac{\sin\theta_0}{\lambda} - \frac{X}{\lambda R}\right)x\right]dx$$

となる。この積分は式（3.47）と同じ形であり

$$u(X) = \sum_{m=-\infty}^{\infty} J_m(\varDelta\phi)\,\delta\left(\frac{m}{\varLambda_s} - \frac{\sin\theta_0}{\lambda} - \frac{X}{\lambda R}\right) \quad (3.61)$$

となる。$\varDelta\phi$ は超音波の振幅に比例した量であるから、定数である。**図 3.20** に示すように、$J_m(\varDelta\phi)$ は次数 m と $\varDelta\phi$ を与えれば一定値となる。さらに $\varDelta\phi$ の大きさによって、発生する回折光の次数 m による光強度も決まる（演習問題3.3を参照）。

回折方向はデルタ関数によって決まる。すなわち

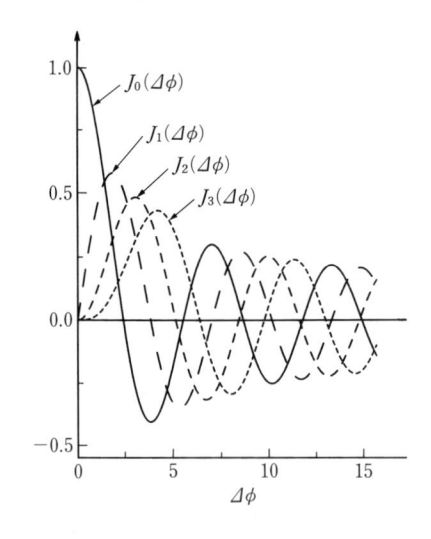

図 3.20　ベッセル関数 $J_m(\varDelta\phi)$

$$\frac{X}{R} = m\frac{\lambda}{\Lambda_s} - \sin\theta_0 \tag{3.62}$$

方向に光が集中することになる。この回折角を θ としよう（図3.19を参照）。フラウンホーファー回折では X/R が十分小さく，$\sin\theta \sim X/R$ が近似的に成り立つ。入射角 θ_0 と回折角 θ とが等しい条件で，$\theta_0 = \theta = \theta_{\mathrm{BR}}$ と定義すると，式 (3.62) は

$$2\sin\theta_{\mathrm{BR}} = m\frac{\lambda}{\Lambda_s} \tag{3.63}$$

となり，ブラッグ（Bragg）の法則が得られる。m を整数とするとき，角度 θ_{BR} はブラッグ角と呼ばれ，極端に強い回折光が現れる。

この現象はつぎのように解釈される。間隔 Λ_s の位相格子に光が入射すると，各格子で反射される。ある格子で反射された光波と隣り合った格子で反射された光波との光路長差は $2\Lambda_s \sin\theta_{\mathrm{BR}}$ である。光路長差が波長 λ の整数倍であると，2光波はたがいに強め合う。格子は周期的に多くあり，ブラッグ角からはずれると，多光波干渉により極端に弱め合う。

超音波の音圧によって大きさ $\Delta\phi$ が決まり，図3.20によって各次数による回折光強度が決まる。また超音波の周波数によって空間周波数 $1/\Lambda_s$ が決まり，光の偏向方向が決まる。超音波による偏向角を制御できる光偏向器が開発されている。

3.4 光波の記録と再生

風景を見たとき，われわれは3次元的に存在することを認識する。ところがいったん写真に撮り，その画像を見ても，風景を3次元として認識しない。風景からの光波と写った風景画からの光波とで異なっている。フィルムに記録されているのは光波の振幅であり，位相情報が欠落しているからである。

物体光の位相も同時に記録することができれば，記録されたフィルムから再び元の光波を生み出せる。この考えに基づいて開発された技術を**ホログラフィ**

一法（holography）という．記録そのものは光強度であるから，位相を光強度として記録する必要がある．干渉作用を利用する方法が，1949年Gaborによって提案された．

本節では，ホログラフィーの原理，およびその性質を利用したホログラフィー干渉法を示す．

3.4.1 インラインホログラフィー法

最も単純な点物体の記録と再生を考えよう．図3.21に示すように光軸近傍に点物体があり，光軸に平行に平面波を照射する．点物体は散乱現象によって球面波を発生させる．一方，照射した平面波の大部分はそのまま通過する．フィルム面にはこの球面波と平面波が到達し，干渉パターンがフィルムに記録される．物体からの光波を物体光，平面波を参照光という．

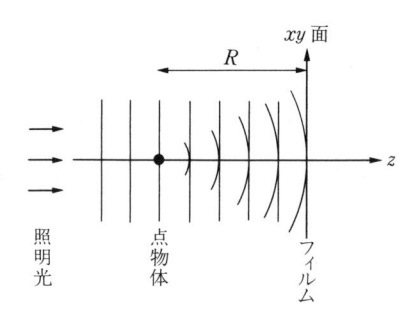

図 3.21 点物体のホログラム作成

フィルムは光軸に垂直に置かれ，点物体から距離 R にあるとする．物体光は球面波であり，点物体からの距離を r とすると

$$u_0(r) = \frac{a}{r} \exp(ikr) \tag{3.64}$$

と表される．この球面波は観測面上で位相分布をもつ．物体から点 (x, y) までの距離 r は，$x, y \ll R$ の条件で

$$r = R\left\{1 + \frac{1}{2}\left[\left(\frac{x}{R}\right)^2 + \left(\frac{y}{R}\right)^2\right]\right\}$$

と展開される．$z = 0$ のフィルム面上での複素振幅は定数を省略して

$$u_0(x,y) = \frac{a}{R}\exp(ikR)\exp\left[\frac{i\pi(x^2+y^2)}{\lambda R}\right]$$
$$= a_0 \exp\left[\frac{i\pi(x^2+y^2)}{\lambda R}\right] \tag{3.65}$$

と与えられる。ここで a_0 はフィルム原点での振幅とした。また参照光は平面波であるから，位相は xy 面にわたって一定である。したがって

$$u_R(x,y) = a_R \tag{3.66}$$

と置くことができる。a_0，a_R は実数である。

フィルム面での光強度は

$$I(x,y) = |u_0(x,y) + u_R(x,y)|^2$$
$$= a_0{}^2 + a_R{}^2 + 2a_0 a_R \cos\left[\frac{\pi(x^2+y^2)}{\lambda R}\right] \tag{3.67}$$

となる。$x^2+y^2=\rho^2$ とすると，強度分布は**図 3.22** のように半径 ρ の同心円状となる。

図 3.22 干渉光強度分布

フィルムを現像し，透過率 $t(x,y)$ が $I(x,y)$ に比例するとすると

$$t(x,y) = \beta I(x,y)$$
$$= t_b + \beta a_0 a_R \exp\left[\frac{i\pi(x^2+y^2)}{\lambda R}\right] + \beta a_0 a_R \exp\left[-\frac{i\pi(x^2+y^2)}{\lambda R}\right] \tag{3.68}$$

となる。これを**ホログラム** (hologram) という。t_b および係数 βa_R は定数である。第2項に，式 (3.65) で表される物体光の位相と振幅が記録されている。

90　　3. 光 波 の 伝 搬

つぎに**図 3.23** のように，ホログラムに参照光と同じ平面波を照射する。この照明光を再生照明光という。この光波は $z=0$ で

$$u_c(x,y) = a_c \tag{3.69}$$

であるとする。ホログラムが参照光と同じ光で照明されると，ホログラム直後の光波分布 $g(x,y)$ は

$$\begin{aligned}
g(x,y) &= t(x,y)\,u_c(x,y) \\
&= a_c t_b + \beta a_c a_0 a_R \exp\left[\frac{i\pi(x^2+y^2)}{\lambda R}\right] + \beta a_c a_0 a_R \exp\left[-\frac{i\pi(x^2+y^2)}{\lambda R}\right] \\
&= a_c t_b + \beta a_c a_R u_0(x,y) + \beta a_c a_R u_0^*(x,y)
\end{aligned} \tag{3.70}$$

となる。

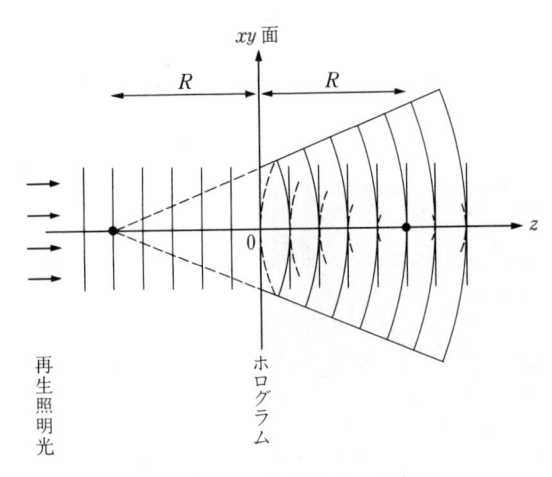

図 3.23　ホログラムからの再生波

さて光波が $z=0$ の面で発生すると，その光波は $z>0$ 領域に回折しながら伝搬する。第1項は透過光を表し，減衰しているが光軸に沿って進む平面波を表す。第2項は $\beta a_c a_R$ が定数であるから式(3.65)と同じ球面波 $u_0(x,y)$ が再生されている。すなわち点物体があった位置（$z=-R$）を点光源とする球面波である。$z>0$ 領域で観測すると，$z=-R$ に点物体があるように見える。この物体像は実際に存在しないから**虚像**（virtual image）である。第3項は共役波面であるから，ホログラム右側へ距離 R に集光する球面波である。も

し $z=R$ の位置にフィルムを置くと点像が写る。これを**実像**（real image）という。

物体として点物体を仮定したが，2次元，3次元物体であったとしても同様に示すことができる。この方式は参照光と物体光が同一方向であるから，インライン（in-line）ホログラフィー法という。図3.23からわかるように，再生した光波は三つともほぼ同一方向である。この重なりのため，第2項のみを必要とするときでも，他の項が同時に測定されてしまう。観測像のコントラストが悪くなる。

3.4.2 オフアクシスホログラフィー法

ホログラムから像を再生するとき，三つの回折波を分離するために考え出された方法が，オフアクシス（off-axis）ホログラフィー法である。図3.24に示すように物体を光軸近傍に置き，参照波は光軸と異なった方向から照明する。フィルム面での物体光と参照光の複素振幅は

$$u_0(x,y) = a_0(x,y) \exp[i\phi(x,y)] \tag{3.71 a}$$

$$u_R(x,y) = a_R \exp(i\boldsymbol{k}\boldsymbol{r})$$
$$= a_R \exp(-i2\pi\mu_R x) \tag{3.71 b}$$

となる。物体は2次元あるいは3次元であるとし，その回折波はフィルム面上で振幅と位相が共に $a_0(x,y)$，$\phi(x,y)$ のように分布するとした。

参照光は平面波であるが，xy 平面を入射角 θ_R で照射している。フィルム面

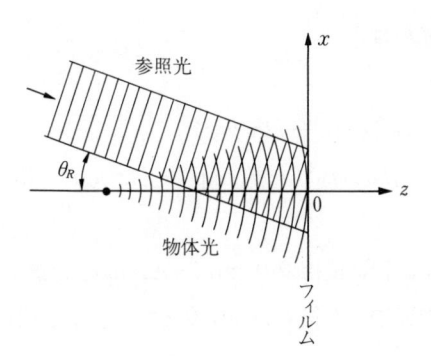

図 3.24 ホログラムの作成

上 ($z=0$) での位相は

$$\bm{kr} = -kx \sin \theta_R$$

となる。その空間周波数は

$$\mu_R = \frac{\sin \theta_R}{\lambda} \tag{3.72}$$

と与えられる。

フィルム面上での光強度分布は

$$\begin{aligned}
I(x,y) &= |u_0(x,y) + a_R \exp(-i2\pi \mu_R x)|^2 \\
&= |u_0(x,y)|^2 + a_R^2 + a_R u_0(x,y) \exp(i2\pi \mu_R x) \\
&\quad + a_R u_0{}^*(x,y) \exp(-i2\pi \mu_R x)
\end{aligned} \tag{3.73}$$

となる。感光したフィルムを現像すると，振幅透過率は

$$t(x,y) = \beta I(x,y) \tag{3.74}$$

となる。ホログラムにはキャリヤとして，空間周波数 μ_R の干渉じまが存在する。この点がインラインホログラフィー法との違いである。

ホログラフィー法においてレーザ光を物体に照射するが，同じレーザ光を分割して参照光とする必要がある。これは物体からの回折光と参照光が時間的にも空間的にもコヒーレントな条件を満足させ，式 (3.73) の干渉項をコントラスト良く記録するためである。

式 (3.74) によって得られたホログラムを，元の光学系のフィルム面に設置し，参照光と同じ方向から再生照明光 $u_c(x,y)$ を照射する。

$$u_c(x,y) = a_c \exp(-i2\pi \mu_R x) \tag{3.75}$$

と表すと，ホログラム面直後の光波は

$$\begin{aligned}
g(x,y) &= t(x,y) u_c(x,y) \\
&= \beta a_c [|u_0(x,y)|^2 + a_R^2] \exp(-i2\pi \mu_R x) \\
&\quad + \beta a_c a_R u_0(x,y) + \beta a_c a_R u_0{}^*(x,y) \exp(-i4\pi \mu_R x)
\end{aligned} \tag{3.76}$$

となる。

第1項は減衰した透過光を表す。特に位相項の $\exp(-i2\pi \mu_R x)$ は式 (3.75) と同じであるから，ホログラムを通過した後も方向を変えない。第2項は物体

光 $u_0(x,y)$ と定数 $\beta a_c a_R$ との積であるから，物体光そのものである。したがって $z>0$ を伝搬する光波は，元の物体からの物体光が伝搬していることと等しい。この光波は物体の虚像を形成する。物体は光軸近傍にあるとしたから，物体光は光軸近傍を伝搬する。第3項は物体光の共役波 $u_0^*(x,y)$ である。伝搬とともに集光し，実像を形成する。第3項には関数 $\exp(-i4\pi\mu_R x)$ が積で与えられている。光波の空間周波数が $2\mu_R$ のように2倍となっている。式(3.29)に示したように，回折角が2倍となる。このため第3項の実像は $2\theta_R$ の角度方向に生じることになる。これらをまとめると**図3.25**となる。

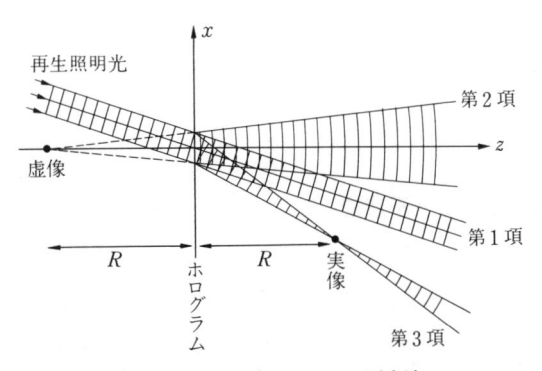

図 3.25 ホログラムによる再生波

一般に第2項は第3項に比べて明るい光強度が得られる。フィルムに厚みがあるため，再生像の明るさは照明光の入射角によって左右される。フィルムの断面は物体光と参照光の干渉じまが厚み方向にでき，強く感光する。このしまは**図3.26**に示すように，物体光と参照光が交わる角度を2等分する面内にある。こうしてできたホログラムに光を照射する。感光した干渉じまは小さな鏡と見なすことができる。これは2.1.4項や3.3.4項を参考にすれば明らかである。したがって，再生照明光は層状の微小鏡による反射方向に特に強い。

　明るい再生像を得るためには，ホログラムを作るときに置いた位置に戻し，使用した参照光をそのまま再生照明光として使えば，第2項が強く発生する。第3項はこの角度からずれるから弱い回折光となる。同じ理由から，第3項を強く発生させるには，ホログラムを反転してフィルム面に置くか，あるいは再

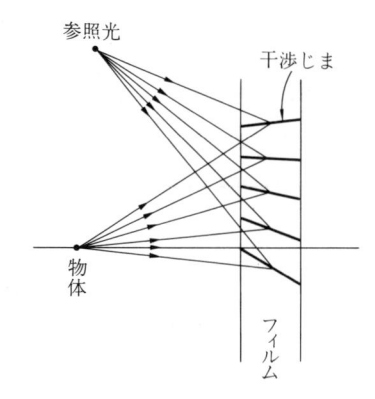

図 3.26 フィルム内での干渉じま

生照明光を参照光と対向するように，反対方向から照射することによって得られる。

3.4.3 ホログラフィー干渉法

オフアクシスホログラフィー法を用いれば，3次元情報を含んだ物体光を再生することができる。この物体光を用いれば，物体の変位，変形，回転などを高精度に計測することができる。ある時刻の物体光を記録する。この物体光は別の時刻に再生することができ，干渉計測が可能となる。この方法を**ホログラフィー干渉法**（holographic interferometry）という。ホログラフィー干渉法には二重露光法，実時間法，時間平均法がある。

最も基本的な二重露光法を取り上げる。記録，再生は以下のように行う。

1） 物体に光を照射し，物体光と参照光をフィルムに記録する。
2） 物体が変形した後で，2回目の光を照射し，干渉光強度を同じフィルムに記録する。
3） このフィルムを現像し，ホログラムを作成する。
4） 撮影に用いた光学系のフィルム面にホログラムを設置する。
5） 参照光と同じ光を照射する。
6） 変形前と変形後の二つの像が同時に再生される。

物体の変形前と変形後とは異なった時刻に起こった現象である。異なった時

3.4 光波の記録と再生

刻に発生した光波は干渉しない。しかし変位前と変位後の物体光を二重にホログラムとして記録し，同時刻に再生すると，たがいに干渉する。この再生像には干渉じまが現れる。この干渉じまから物体の変形量が求められる。この方法はフィルムに物体を二重に記録することから二重露光法と呼ばれている。

以上の操作過程を定量的に示そう。**図 3.27** の光学系を用いて，片持ばり (cantilever) の変形量を測定するとする。ある時刻 t_1 にレーザ光を照射し，変位前の物体光 $u_{01}(x,y)$ を発生させ，変位後の物体光 $u_{02}(x,y)$ を時刻 t_2 に発生させるとする。それぞれの光波は

$$u_{01}(x,y) = a(x,y)\exp[i\phi(x,y)] \tag{3.77}$$

$$u_{02}(x,y) = a(x,y)\exp\{i[\phi(x,y)+\varDelta\phi(x,y)]\} \tag{3.78}$$

である。ここで変位はわずかであるとして，振幅はほとんど変化せず，位相のみが $\varDelta\phi(x,y)$ だけ変化するとした。ホログラフィー法は，これらの物体光を参照波と同時にフィルムに記録する。しかも時刻 t_1 と t_2 の2回，同じフィルムに記録する。このフィルムを現像し，ホログラムを作る。

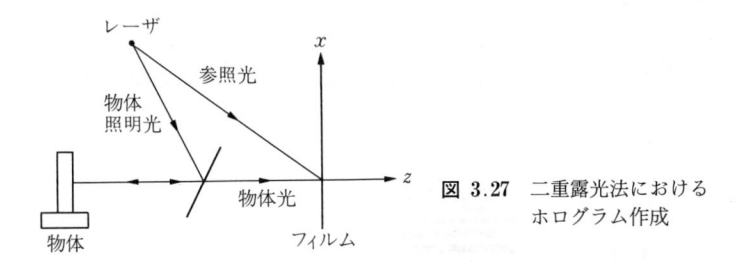

図 3.27 二重露光法におけるホログラム作成

ホログラムに参照光と同じ再生照明光を同じ方向から照射する。**図 3.28** の光学システムを用いて，再生物体光のみを観測する。再生される虚像の位置からレンズまでの距離を d_1，レンズから観測面までの距離を d_2 とする。観測位置 d_2 は式 (3.48) に示すレンズの公式を満足するものとする。観測面では変位前後の二つの物体像が同時に実像として得られる。再生光の光強度は

$$\begin{aligned}I(x,y) &= |u_{01}(x,y)+u_{02}(x,y)|^2 \\ &= 2a(x,y)^2\{1+\cos[\varDelta\phi(x,y)]\}\end{aligned} \tag{3.79}$$

となる。$a(x,y)^2$ が片持ばり表面の像である。$\{1+\cos[\varDelta\phi(x,y)]\}$ は干渉じ

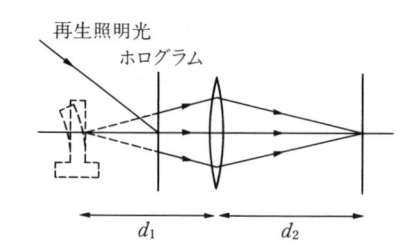

図 3.28 再生光の観測

まを表し，$\Delta\phi(x,y)=2m\pi$ のとき明るく，$(2m+1)\pi$ のとき暗いしま模様となる。このしま次数によって変位量が求められる。

例えば片持はりの変位が，x 軸に沿って分布し $d(x)$ であるとする。観測した結果を図 3.29 に示す。$k=2\pi/\lambda$ であるから

$$\Delta\phi(x,y)=\frac{2\pi}{\lambda}2d(x) \tag{3.80}$$

となる。片持はりの土台は動かないから，そこでの明るいしまを次数 $M=0$ とする。M 次のしまは $\Delta\phi(x,y)=2\pi M$ となるから

$$d(x)=M\frac{\lambda}{2} \tag{3.81}$$

となる。物体像の各位置での変位量がしま次数から求まる。

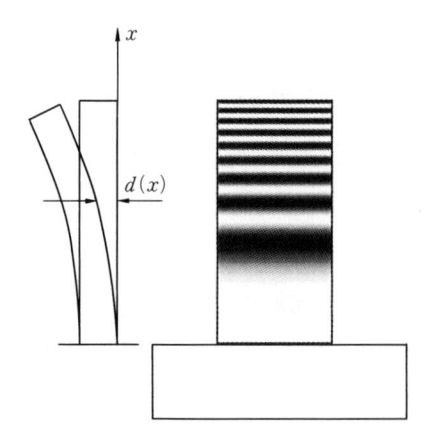

図 3.29 観測される物体像と干渉じま

演 習 問 題

3.1 大きさ 10×10 mm,1 mm 当り 1 200 本(空間周波数 1 200 lines/mm)の溝がある平面回折格子がある。波長 $\lambda=750$ nm の波長分解能を求めよ。

3.2 開口関数 $t(x_2,y_2)$ がレンズと後焦平面との間にある。光軸に沿って平面波をレンズに照射したとき,後焦平面での回折パターンを求めよ。ただし,レンズの焦点距離を f,開口関数と後焦平面との距離を d とする。

3.3 式(3.56)で与えられる正弦波位相格子の位相変調量 $\varDelta\phi$ が小さいとき,正弦波振幅格子による変調と同じ変調効果となることを示せ。またそのときの回折パターンを示せ。

4 光波の可干渉性

　光源はある有限の大きさをもっている。また発生する光波にはいろいろな波長を含んでいる。光波は，これらの合成波であり，一般に時間的にも空間的にも変動している。この変動の性質は，可干渉性（コヒーレンス）としてまとめられる。

　本章では，多数の波長が混じった光波の時間的可干渉性と，有限の大きさをもつ光源が放出した光波の空間的可干渉性とを別々に扱う。さらに，これらの可干渉性と時間的空間的に変化する光強度との関係を示す。

4.1 多色光の表示法

　一般に使われる光源は，熱放射光源や放電光源などである。熱放射光源には，白熱電灯（タングステンランプ）がある。赤，緑，青色などの異なった波長の光が混じり，白色光に見える。放電光源には，高速道路を照明するナトリウム灯，屋外を照明する水銀灯などがある。これらからの光は色づいており，単色光を放っているように見えるが，よく調べてみるとレーザ光に比べていろいろな波長（周波数）の光が混じっている。レーザ光以外の一般の光は，多くの異なった波長を含んだ多色光である。本節では多色光の電場を表現しよう。

　光波は時間とともに空間を伝搬するので，空間のある1点における時間変化のみに着目する。振幅 a，角周波数 ω で振動する光波は実関数で表される。このことを明確にするために，本節では特に実関数で表される電場を $E^{(r)}(t)$ とする。空間に関する座標系を省略すると

$$E^{(r)}(t) = a \cos(-\omega t + \phi) \tag{4.1}$$

である。レーザ光は，理想的な単色光（単一周波数あるいは単一波長）であり，式 (4.1) で表される。

多色光はいろいろな周波数の光波からなる。周波数ごとの振幅を**スペクトル** (spectrum) という。角周波数 ω に対する振幅を $A(\omega)$，初期位相を $\phi(\omega)$ と表す。合成波の電場は，周波数ごとの電場を加算することによって得られる。スペクトル $A(\omega)$ が連続であると，この加算は ω についての積分で与えられる。また実在する光波は負の角周波数をもたず，正のみであることに注意すると，式 (4.1) に対応して

$$E^{(r)}(t) = \frac{1}{2\pi}\int_0^\infty A(\omega) \cos\left[-\omega t + \phi(\omega)\right] d\omega \tag{4.2}$$

と表すことができる。

ところで，ある関数 $v(t)$ のフーリエ積分は変数 ω を用いて

$$v(t) = \frac{1}{2\pi}\int_{-\infty}^\infty V(\omega) \exp(-i\omega t) d\omega \tag{4.3}$$

と表される。あるいはフーリエ積分定理を用いてフーリエ逆変換

$$V(\omega) = \int_{-\infty}^\infty v(t) \exp(i\omega t) dt \tag{4.4}$$

が成り立っている。ここで $V(\omega)$ は複素数であるから

$$V(\omega) = |V(\omega)| \exp\left[i\phi(\omega)\right] \tag{4.5}$$

である。変数 ω は，正負の符号領域で与えられている。

そこで関数 $v(t)$ を電場 $E^{(r)}(t)$ に対応させて，式 (4.2) で表された電場を負の周波数まで拡張することを考える。$v(t)$ は複素関数であるが，$E^{(r)}(t)$ は実関数である。実関数は虚部がゼロであるから，$v(t)$ が実関数であるためには，$v(t) = v^*(t)$ が成り立つことが必要である。この条件を適用すると

$$\int_{-\infty}^\infty V(\omega) \exp(-i\omega t) d\omega = \left[\int_{-\infty}^\infty V(\omega') \exp(-i\omega' t) d\omega'\right]^*$$

$$= \int_{-\infty}^\infty V^*(\omega') \exp(i\omega' t) d\omega'$$

$$= \int_{-\infty}^\infty V^*(-\omega) \exp(-i\omega t) d\omega$$

となる。つまり
$$V(\omega) = V^*(-\omega) \tag{4.6a}$$
となる。あるいは式 (4.5) を使うと
$$|V(\omega)| = |V(-\omega)|, \quad \phi(-\omega) = -\phi(\omega) \tag{4.6b}$$
の関係があれば，$v(t)$ は実関数となる。式 (4.6) を満足する $v(t)$ は，式 (4.2) の $E^{(r)}(t)$ と同様に実関数である。

さらに $v(t)$ と $E^{(r)}(t)$ とを等しくするには，どんな付加すべき条件が必要か求めよう。式 (4.6) を利用すると，式 (4.3) は
$$\begin{aligned}
v(t) &= \frac{1}{2\pi}\int_0^\infty V^*(\omega)\exp(i\omega t)d\omega + \frac{1}{2\pi}\int_0^\infty V(\omega)\exp(-i\omega t)d\omega \\
&= \frac{1}{2\pi}\int_0^\infty |V(\omega)|\{\exp[i\omega t - i\phi(\omega)] + \exp[-i\omega t + i\phi(\omega)]\}d\omega \\
&= \frac{1}{\pi}\int_0^\infty |V(\omega)|\cos[-\omega t + \phi(\omega)]d\omega
\end{aligned} \tag{4.7}$$
と展開される。式 (4.2) と比較すると
$$2|V(\omega)| = A(\omega) \tag{4.8a}$$
が得られ，式 (4.5) を用いて
$$2V(\omega) = A(\omega)\exp[i\phi(\omega)] \tag{4.8b}$$
となる。このとき $E^{(r)}(t)$ と $v(t)$ は，共に実関数であり，まったく等しいことになる。

以上をまとめると，多色光の電場は式 (4.2) の代わりに
$$\begin{aligned}
E^{(r)}(t) = v(t) &= \frac{1}{2\pi}\int_{-\infty}^\infty V(\omega)\exp(-i\omega t)d\omega \\
&= \frac{1}{2\pi}\int_{-\infty}^\infty \frac{A(\omega)}{2}\exp[-i\omega t + i\phi(\omega)]d\omega
\end{aligned} \tag{4.9}$$
と複素数で表すことができる。また，周波数ごとの光強度はパワースペクトルと呼ばれる。それを $S(\omega)$ とすると，式 (4.8a) より
$$S(\omega) = A^2(\omega) = 4|V(\omega)|^2 \tag{4.10}$$
という関係がある。これらの関係式が成立する条件は
$$A(\omega) = A^*(-\omega) = A(-\omega), \quad \phi(-\omega) = -\phi(\omega) \tag{4.11}$$

である。スペクトル $A(\omega)$ は実関数であり，式（4.6）と式（4.8）を用いた。

電場 $E^{(r)}(t)$ の複素表示は，式（4.9）のように正，負の周波数が存在する。ただし注意すべきことは，図 4.1 に示すように，現実のスペクトル $A(\omega)$ は正の周波数域にのみ存在する。複素数表示では同図（b）のように，正の周波数域でのスペクトルを振り分けて，大きさを1/2とし，正の周波数域とそれと対称的に負の周波数域にもあるとする。このようにして連続スペクトルをもつ光波は，$-\infty \sim +\infty$ の周波数に対して積分形式で表される。式（4.9）で表される電場を，**古典的複素信号**（complex classical field）という。

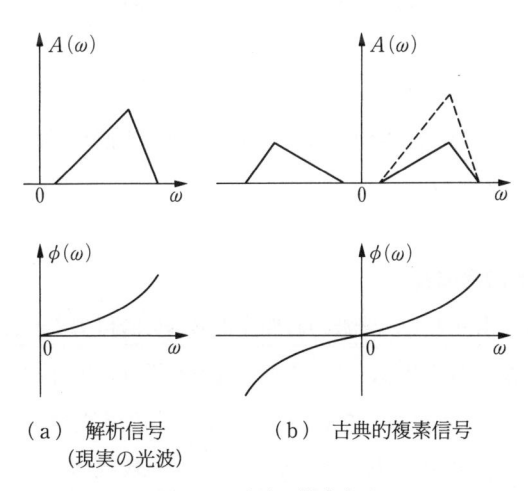

(a) 解析信号　　(b) 古典的複素信号
(現実の光波)

図 4.1　光波の複素表示

一方，式（4.1）の実関数 $E^{(r)}(t)$ で表された電場の複素表示は

$$E(t) = a \exp[i(-\omega t + \phi)] \qquad (4.12)$$

である。前章まで用いてきた電場の表示法である。この表示法における電場を多色光に適用すると，式（4.2）と同様に扱って

$$E(t) = \frac{1}{2\pi} \int_0^\infty A(\omega) \exp\{i[-\omega t + \phi(\omega)]\} d\omega \qquad (4.13)$$

となる。ここで $A(\omega)$ は実関数である。正の周波数域のみで表す電場を**解析信号**（complex analytic signal）という。古典的複素信号と異なって，解析信

号は負の周波数をもたない。

$A(\omega)$ と $\phi(\omega)$ が式 (4.11) を満足するとき，古典的複素信号と解析信号とは正確に対応している。古典的複素信号は数学的な扱いが便利であり，利用されることがある。しかし両者は共に複素数の表現であり，定義されている周波数領域が異なるだけである。さらに正の周波数のみ存在する解析信号は現実に即している。したがって，以下では多色光に対する電場を式 (4.13) の解析信号で表す。

4.2 時間コヒーレンス

点光源からは単一周波数の光波ではなく，多くの異なった周波数をもつ光波が同時に放出されている。本節では，これら多数の光波が伝搬した場合，合成された光波の性質を示す。

4.2.1 多色光の合成波

光源は点光源であるとし，光波の時間変化のみに着目する。まず最初に，波長が異なる2光波があるとし，それらの合成波を扱う。周波数が異なるから中心角周波数（平均角周波数）を ω_c とするとき，角周波数を $\omega_1 = \omega_c - \Delta\omega$，$\omega_2 = \omega_c + \Delta\omega$ とし，波数を $k_1 = k_c - \Delta k$，$k_2 = k_c + \Delta k$ とする。また2光波は，z 軸方向に伝搬する同じ偏光をもつ平面波とする。無限に続く正弦波状の電場は

$$E_1(z, t) = A_c \exp\{i[(k_c - \Delta k)z - (\omega_c - \Delta\omega)t + \phi_c - \Delta\phi]\} \quad (4.14\,\text{a})$$

$$E_2(z, t) = A_c \exp\{i[(k_c + \Delta k)z - (\omega_c + \Delta\omega)t + \phi_c + \Delta\phi]\} \quad (4.14\,\text{b})$$

となる。簡単のため，振幅を $A(\omega_1) = A(\omega_2) = A_c$，初期位相を $\phi(\omega_1) = \phi_c - \Delta\phi$，$\phi(\omega_2) = \phi_c + \Delta\phi$ とした。

合成波の電場はこれらを加算して

$$\begin{aligned}E &= E_1 + E_2 \\ &= 2A_c \cos(\Delta k z - \Delta\omega t + \Delta\phi) \exp[i(k_c z - \omega_c t + \phi_c)]\end{aligned} \quad (4.15)$$

(a) $E_1(t)$

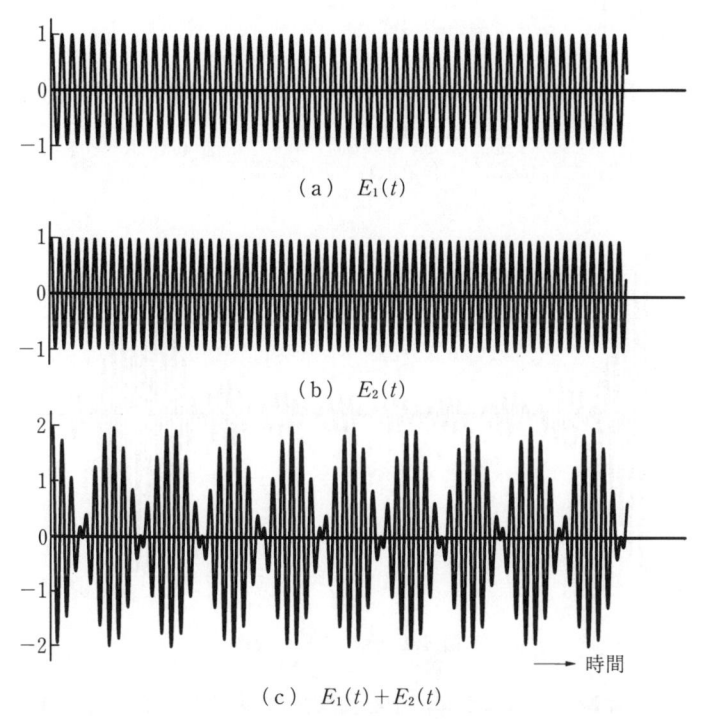

(b) $E_2(t)$

(c) $E_1(t)+E_2(t)$

図 4.2 光波の重ね合わせ

となる。合成波は単一の中心角周波数 ω_c で振動し，位相速度 $v_p=\omega_c/k_c$ で伝搬する。位置 $z=0$ での時間変化を**図 4.2** に示す。

合成波の振幅（包絡線）は，時間とともに余弦的に変化する。これをうなりと呼び，うなりの一塊を波連（波束）という。波連の移動速度を v_g とすると

$$v_g=\frac{\Delta\omega}{\Delta k} \quad \rightarrow \quad \frac{d\omega}{dk}=\frac{c}{n}\left(1+\frac{\lambda}{n}\frac{dn}{d\lambda}\right) \tag{4.16}$$

と表される（演習問題 4.1 を参照）。これを**群速度**（group velocity）といい，エネルギーの伝わる速さを表す。なお可視光域の屈折率 n は $dn/d\lambda<0$ である（表1.2を参照）。一般に群速度は位相速度よりも小さい。非分散性一様媒質中では，$dn/d\lambda=0$ であるから，光波の群速度は位相速度に等しい。

つぎに光波の数を増やし，周波数（波長）が異なる 9 種類の光波を合成す

104   4. 光波の可干渉性

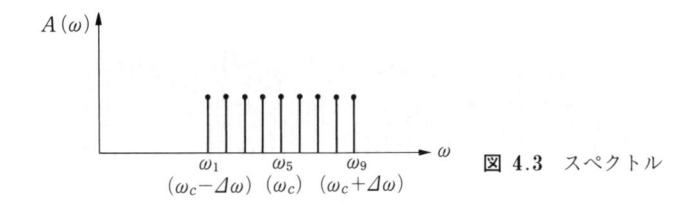

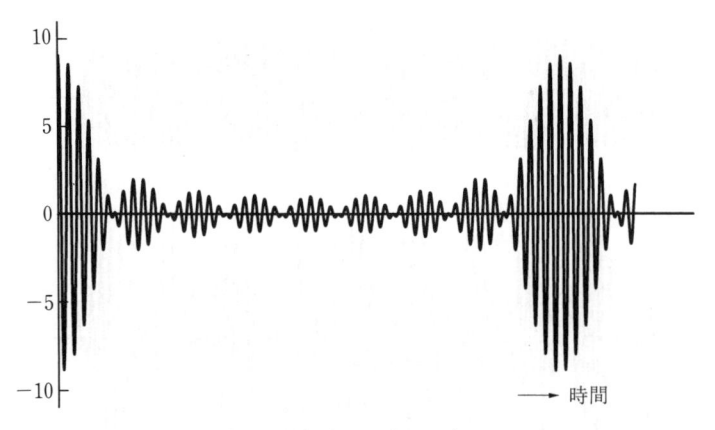

図 4.3 スペクトル

図 4.4 合成波

る。図 4.2 と比較できるように，中心角周波数 ω_c を同じ値とし，また $\Delta\omega$ も同じ値とする。$\omega_1 = \omega_c - \Delta\omega$ から $\omega_9 = \omega_c + \Delta\omega$ までに，等しい周波数間隔で 9 種類の光波があるとする。$\omega_5 = \omega_c$ であり，スペクトルを図 4.3 に示す。初期位相を $\phi(\omega_1) = \cdots = \phi(\omega_9) = 0$ としたとき，合成波を図 4.4 に示す。

すべての光波が同位相となる時刻 $t=0$ では，たがいに強め合い，振幅は大きい。大部分の時間領域ではたがいに打ち消し合い，振幅は小さい。同位相となる $t=0$ 近傍で，包絡線はパルス状となる。エネルギーはこのパルスに閉じ込められて位相速度と同じ速さで伝搬する。位相をたがいに等しく整えることができれば，エネルギーを集中させることができ，超短パルス（数フェムト秒のパルス幅）を発生させることができる。時間領域におけるこの現象は，空間領域での伝搬方向によるエネルギー集中（3.2.3 項参照）に対応している。

光波は 9 種類あるが，それらの初期位相 $\phi(\omega_1) \sim \phi(\omega_9)$ に対して，1 組のたがいにまったくデタラメな値を与えたとする。合成波は図 4.5 (a) となる。初

(a)

(b)

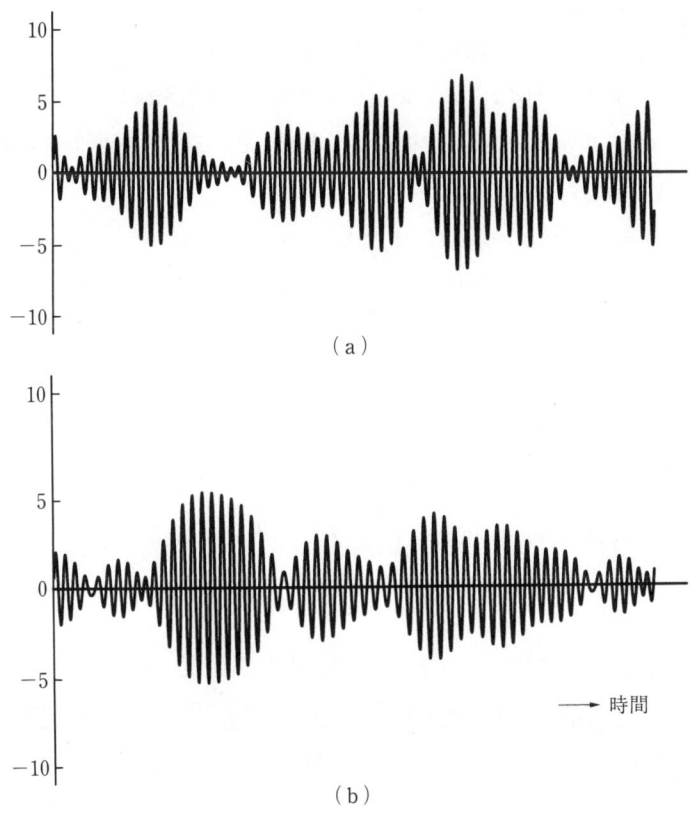

図 4.5　合　成　波

期位相が異なるだけであるから，スペクトルは図 4.3 と同じである．しかし与えた初期位相の値によって，強め合う時間帯が不規則となる．さらに図(a)と異なった別のデタラメな初期位相の組を与えると，合成波は図 4.5(b)となる．包絡線の不規則な様子が図 4.5(a)と(b)とでまったく異なる．一塊の波を波連としても，長さと振幅は一定ではなく，不規則である．連続スペクトルをもつ多色光の光波は，振幅とその持続時間が共にランダムである．

4.2.2 スペクトルと波連

　放電灯は同一種類の原子から構成され，各原子は光を短い時間に放出する．

また発光原子はきわめて多く,放電灯からの光波はそれらの合成波である。全体で連続光といっても,有限の長さをもつ光波の合成である。

式 (4.15) あるいは図 4.5 から類推して,異なった角周波数をもつ光波の合成波は,角周波数が単一の ω_c で振動し,振幅(包絡線)が時間的に変動すると見なせる。放電灯からの光波を

$$E(t) = a(t) \exp(-i\omega_c t) \tag{4.17}$$

と表す。ここで初期位相をゼロとした。光強度も時間的に変動し,$I(t) = a(t)^2$ と求められる。

時刻 t での電場 $E(t)$ と時刻 $t+\tau$ での電場 $E(t+\tau)$ とが,相対的にどの程度の相関関係をもっているかは,時間的な相関値から調べられる。不規則に変動する量の相関値は,時間 T にわたって平均する。単位時間当りの平均値を

$$\langle E^*(t) E(t+\tau) \rangle = \lim_{T \to \infty} \frac{1}{T} \int_{t-T/2}^{t+T/2} E^*(t') E(t'+\tau) dt'$$

$$= \int_{-\infty}^{\infty} E^*(t) E(t+\tau) dt \tag{4.18}$$

と表す。時間平均操作を $\langle \cdots \rangle$ とした。時間 T を波連の持続時間よりも十分大きくすれば,条件 $T \to \infty$ は十分達成される。同一関数の単なる時間差による相関であるから,時間領域での**自己相関関数**(autocorrelation function)あるいは**時間的コヒーレンス関数**(temporal coherence function)と呼ばれる。

発光原子が多数あり,合成される光波が十分多くあれば,合成波が不規則に変動しているとしても,定常的である。時刻 t の原点を変えたとしても,平均値は変化しない。$t=0$ と置くと自己相関関数 $\Gamma(\tau)$ は

$$\Gamma(\tau) = \langle E^*(0) E(\tau) \rangle \tag{4.19}$$

となり,時間差 τ だけの関数となる。さらに $\tau = 0$ と置くと

$$\Gamma(0) = \langle E^*(0) E(0) \rangle = \langle |E(0)|^2 \rangle = \langle I \rangle \tag{4.20}$$

となり,定常的に変動する光の平均強度を表す。

相関関数を平均強度で規格化し,$\gamma(\tau)$ とすると

$$\gamma(\tau) = \frac{\Gamma(\tau)}{\Gamma(0)} = \frac{\langle E^*(0) E(\tau) \rangle}{\langle I \rangle} \tag{4.21}$$

となる。これを時間的複素コヒーレンス度という。その大きさは $0 \leq |\gamma(\tau)| \leq 1$ の値をとり，時間コヒーレンス度という。時間差 τ について電場間の相関量を示す。$|\gamma(\tau)|=1$ の場合は，時間が τ だけ経過したとしても，電場の振幅と位相（複素振幅）が相対的に確定していることを示す。この光波をコヒーレント光という。$|\gamma(\tau)|=0$ の場合，ある時刻の電場に対して時間がわずか経過すると，電場はまったくデタラメな値をとる。この光波をインコヒーレント光という。また $0<|\gamma(\tau)|<1$ の光波を部分コヒーレント光という。

自己相関関数のフーリエ逆変換を考えよう。式 (4.17)，(4.18) を用いて

$$\iint_{-\infty}^{\infty} a(t) a(t+\tau) \exp[i(\omega-\omega_c)\tau] d\tau dt$$
$$= \left| \int_{-\infty}^{\infty} a(t) \exp[-i(\omega-\omega_c)t] dt \right|^2$$
$$= |A(\omega-\omega_c) \exp[i\phi(\omega-\omega_c)]|^2$$
$$= A^2(\omega-\omega_c) = S(\omega-\omega_c) \tag{4.22}$$

となる。自己相関関数のフーリエ逆変換はパワースペクトルを与える。**ウィナー・ヒンチンの定理**（Wiener-Khintchine theorem）と呼ばれる。

一般には

$$S(\omega) = \int_{-\infty}^{\infty} \langle E^*(0) E(\tau) \rangle \exp(i\omega\tau) d\tau \tag{4.23}$$

と表される。またパワースペクトルから自己相関関数を求めることができ

$$\Gamma(\tau) = \langle E^*(0) E(\tau) \rangle = \frac{1}{2\pi} \int_0^{\infty} S(\omega) \exp(-i\omega\tau) d\omega \tag{4.24}$$

となる[†]。

以上の扱いを，放電光源のナトリウム灯などのように，ほとんど単色に近い輝線スペクトルをもつ光波に適用する。中心角周波数を ω_c とし，時刻 $t=0$ に発光する原子に着目する。初期位相をゼロとし，振幅が時定数 $1/\sigma$ で減衰

[†] 本書では電場の表示として，時間軸に関する位相を負の符号で表した。時間軸に関するフーリエ変換と逆変換とは，空間軸におけるそれらとは逆となることに注意せよ。

する光波は

$$E(t) = \begin{cases} a \exp(-\sigma t) \exp(-i\omega_c t) & (t \geq 0) \\ 0 & (t < 0) \end{cases} \quad (4.25)$$

と与えられる．他の原子群による発光はデタラメな時刻に始まり，初期位相はランダムとなる．着目している原子とまったく独立に生じるから，それらの光波とはまったく無相関となり，相関値に影響を与えない．したがって時間的な自己相関値は

$$\Gamma(\tau) = \langle E^*(0) E(\tau) \rangle = \frac{a^2}{2\sigma} \exp(-\sigma|\tau|) \exp(-i\omega_c \tau)$$

$$= \langle I \rangle \exp(-\sigma|\tau|) \exp(-i\omega_c \tau) \quad (4.26)$$

と与えられる（演習問題 4.2 を参照）．ここで平均強度を $\langle I \rangle = \Gamma(0)$ とした．この自己相関関数を図 4.6 に示す．

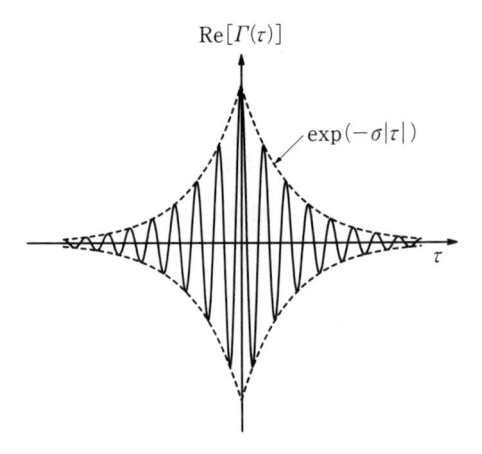

図 4.6 ローレンツ形スペクトルの自己相関関数

パワースペクトルは

$$S(\omega) = \langle I \rangle \frac{2\sigma}{(\omega - \omega_c)^2 + \sigma^2} \quad (4.27)$$

となり，スペクトル形状を図 4.7 に示す．角周波数 ω_c を中心とした半値半幅 σ の**ローレンツ形スペクトル**（Lorentzian spectrum）と呼ばれる．ローレン

$S(\omega)$

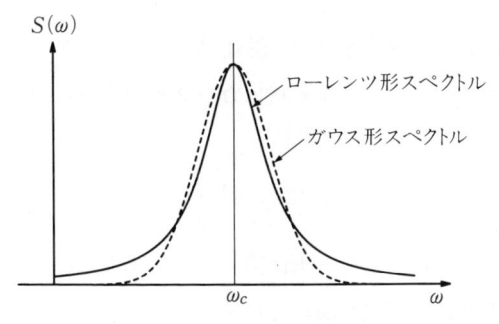

図 4.7 ローレンツ形スペクトル
とガウス形スペクトル

ツ形スペクトルの光波は式 (4.25) のように振幅が負指数形で減衰する。

振幅が単調減少を示すとき，持続時間は明確でない。いくつかの決め方があるが，一例を示す。**図 4.8** のように，相関強度 $|\gamma(\tau)|^2$ の τ についての面積値（積分値）が，大きさ $|\gamma(0)|^2 = 1$ と持続時間との積に等しくなるように決め，その持続時間を τ_c と約束する。すなわち

$$\tau_c = \int_{-\infty}^{\infty} |\gamma(\tau)|^2 d\tau = 2\int_{0}^{\infty} |\gamma(\tau)|^2 d\tau \tag{4.28}$$

とする。

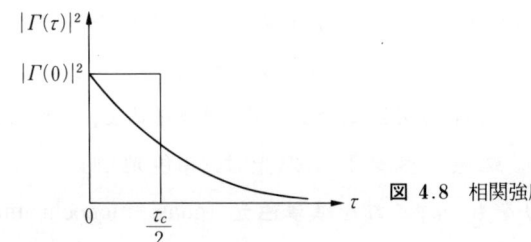

図 4.8 相関強度とコヒーレンス時間

ローレンツ形スペクトルに対して

$$\tau_c = \frac{1}{\sigma} \tag{4.29}$$

となる。τ_c は振幅が e^{-1} になる時間に等しく，スペクトルの半値半幅（自然幅）の逆数に等しい。この τ_c は**コヒーレンス時間**（coherence time）あるい

は相関時間と呼ばれる。

　放電光源からの光は，発光原子の並進運動に伴うドップラー効果などによりスペクトルが広がる。スペクトル形状は**ガウス形**（Gaussian spectrum）をとることが多く

$$S(\omega) = \langle I \rangle \frac{\sqrt{2\pi}}{\sigma} \exp\left[-\frac{(\omega-\omega_c)^2}{2\sigma^2}\right] \tag{4.30}$$

と与えられる。ガウス形スペクトルは図 4.7 に示すように釣り鐘形である。
　コヒーレンス関数は，式（4.24）を利用して

$$\Gamma(\tau) = \langle I \rangle \exp\left(-\frac{\sigma^2\tau^2}{2}\right)\exp(-i\omega_c\tau) \tag{4.31}$$

となる（演習問題 4.3 を参照）。包絡線はスペクトルと同じガウス形となる。コヒーレンス時間は式（4.28）を用いて

$$\tau_c = \frac{\sqrt{\pi}}{\sigma} \tag{4.32}$$

と与えられる。

　光波は光速 c で伝搬する。コヒーレンス時間 τ_c を空間の長さに換算すると $c\tau_c$ となる。これを**波連の長さ**（wave train）あるいは**コヒーレンス長**（coherence length：可干渉距離）という。Ne 原子の波長 632.8 nm 線に対するドップラー幅は 1.5×10^9 Hz，CO_2 分子の波長 10.6 μm 線に対するドップラー幅は 6×10^7 Hz 程度である。したがって τ_c は 10^{-9} 秒程度であり，波連の長さは約 30 cm 程度である。原子が光を放出する時刻はランダムであるので，これらの波連もランダムに存在する。輝線スペクトルの光は，単色光といっても $\sigma=10^9$ rad/s 程度の広がりをもつ。これを**準単色光**（quasi-monochromatic light）という。この光波はコヒーレンス長が数十 cm あるため干渉実験によく用いられる。

　多色光の合成波は図 4.5 のように不規則に変動しているが，モデル化した波連で表すと諸現象を考えやすくする。波連の平均長さは $c\tau_c$ である。また一つの波連がもつ振幅は一定であるが，波連が異なるとまったく異なる。光強度が強いことは，各波連の振幅が大きいことであり，波連が存在しない期間が狭ま

ることではない。太陽光のように強い光でも，波連が存在しない時間帯が一番多い。このため多色光の波連を，図 **4.9** のようにモデル化することができる。一つの波連は振幅，周波数，初期位相が一定の正弦波である。その長さはコヒーレンス長である。しかも波連によって初期位相がランダムであるから，異なる波連間の位相関係はまったく不規則である。

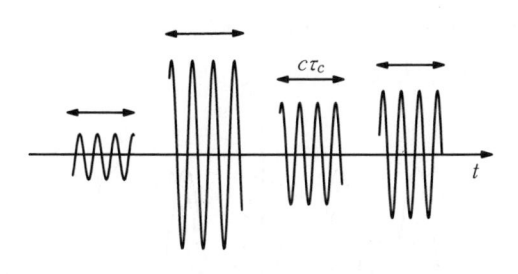

図 4.9 波連のモデル

4.2.3 白色光の干渉

幅広い連続スペクトルを示す白色光を扱う。白色光を図 **4.10** のマイケルソン干渉計に入射させ，干渉光強度を測定する。異なった波長をもつ光波の干渉じまは 2.2.1 項で示した理由で観測されない。観測されるのは，同一波長による光波の干渉じまである。したがって干渉じまは各波長について形成された干渉じまの強度を，波長ごとに加算することによって得られる。

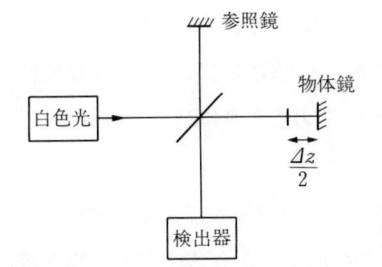

図 4.10 白色光の干渉

干渉計における腕の長さが異なり，光路長差が Δz であるとする。一方の鏡を光軸方向に動かし，Δz に対する干渉強度を測定する。干渉じま間隔 Λ_f は

$$\Lambda_f = \lambda \tag{4.33}$$

である。波長λによってしま間隔が異なり，干渉じまは図4.11のようになる。各波長ごとの干渉じまを加算すると，入射光全体に対する干渉じまが求まる。$\Delta z=0$ とすると，すべての波長について干渉じまは同位相である。重ね合わせると，$\Delta z=0$ で最大の干渉光強度が得られ，白色のしまとなる。これを0次の干渉じまという。しま次数が高くなるにつれて，波長によるしまの発生位置がずれ，重ね合わせても干渉じまは色づく。やがて色ごとの干渉じまが一様に混在するようになり，しまは消失する。

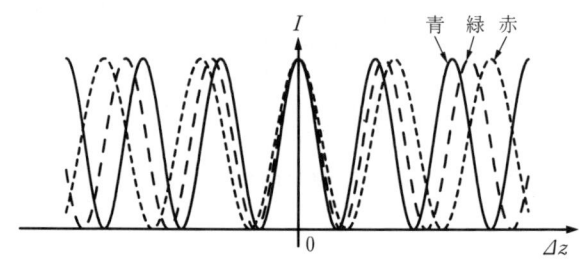

図 4.11 多色光の干渉じま

図4.12は白熱電灯（タングステンランプ）からの光を Δz に対して測定した例である。干渉じまが±2次ないし±3次まで観測されている。この現象は白色光の光波が，前項で示した長さが有限の波連によって構成されているとしても解釈できる。腕の長さが等しく光路長差が $\Delta z=0$ であるならば，同一波連が重なり合い完全に干渉する。しかし光路長差が波連の長さより長くなると，同一波連は重ならず，異なった波連が同時刻に到着する。異なった波連間の位相差はランダムである。したがって平均すると干渉じまは観測されない。干渉じまの包絡線は広がりをもち，その広がり幅はコヒーレンス長を表す(演習問題4.4を参照)。

用いた白熱電灯からの光波がガウススペクトルであるとすれば，スペクトル幅が求まる。図4.12に示す包絡線の広がりからスペクトル幅を求め，波連の長さに換算すると $c\tau_c=0.5\,\mu\mathrm{m}$ 程度である。波連の長さは白色光に対して約 $1.0\,\mu\mathrm{m}$ 程度，発光ダイオードから放出される赤色や緑色光に対して1.0～30 $\mu\mathrm{m}$ である。可干渉距離（時間コヒーレンス長）はきわめて短く，干渉実験で

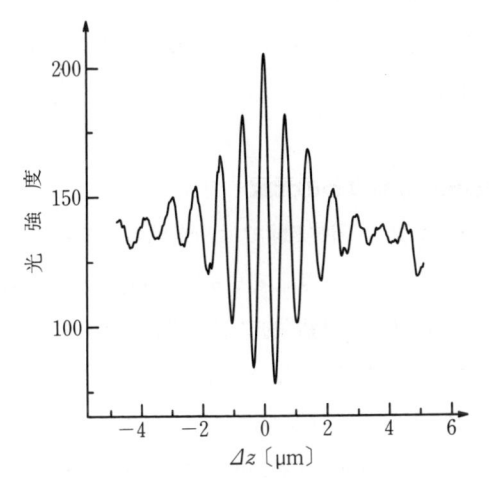

図 4.12 白色光による干渉じま

は光路長差をこの長さ以下にすることが難しい．このため多色光は時間的にインコヒーレント光である．一方，レーザ光は波連の長さが数百 m 以上あり，光路長差に注意しなくてもつねに干渉じまが測定される．レーザ光は完全にコヒーレントな光であるといえる．

インコヒーレント光の連続スペクトルを，マイケルソン干渉計によって求めることができる．干渉計の光路長差 Δz を変え，干渉光強度を測定する．この光路長差は時間差 $\tau = \Delta z/c$ に等しい．したがって測定された干渉光強度の変動成分（干渉項）は式（4.19）のコヒーレンス関数（自己相関関数）である．この測定値を式（4.23）に代入し，フーリエ逆変換すればスペクトル $S(\omega)$ が求められる．このスペクトル測定法を**フーリエ分光法**（Fourier spectroscopy）という．

4.3 空間コヒーレンス

光源は，一般に有限の大きさをもち，独立した点光源の集合である．しかも点光源の位置は規則的でなくランダムな配列であり，各点光源からは初期位相

がまったくデタラメな光波が放出されている。点光源からの光波は球面波として伝搬し、離れた位置における光波はこれらの合成波である。本節ではこの合成波の空間的な可干渉性を示す。

4.3.1 ランダム微小光源からの光波

2.2.2項に示したヤングの干渉実験では、光源として点光源を用いた。このことにより、光源から離れた2点（スリット）間での光波は、完全に干渉した。点光源の初期位相がたとえ時間的に不規則な変化をしたとしても、たがいにコヒーレントであった。ところが、光源が有限の大きさをもつと可干渉性が失われる。本項ではこの空間的可干渉性（空間コヒーレンス）を扱う。

図4.13に示すように、$\xi\eta$平面内に単一角周波数ωをもつ光波を放出する微小光源が多数個分布しているとき、距離Rだけ離れた平面上における合成波を調べる。微小光源はM個ランダムに分布し、複素振幅がたがいに不規則な光波を発生している。第m番目の微小光源から放出した光波は、位置xの観測点Pで$E_m(x,t)$と表わされるとする。mが異なると、その振幅a_mと位相φ_mはまったく異なった値を示す。このとき点Pでの合成波は

$$E(x,t) = \sum_{m=1}^{M} E_m(x,t) = \sum_{m=1}^{M} a_m \exp(i\varphi_m) \exp(-i\omega t)$$
$$= u(x) \exp(-i\omega t) \qquad (4.34\,\text{a})$$

と与えられる。ここで

$$u(x) = a(x) \exp[i\phi(x)] \qquad (4.34\,\text{b})$$

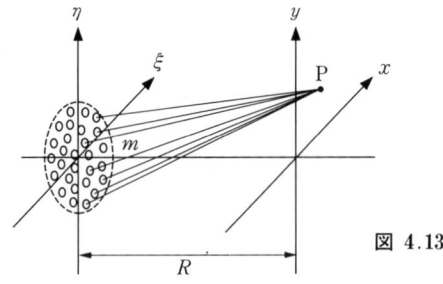

図4.13 多数の点光源からの光波

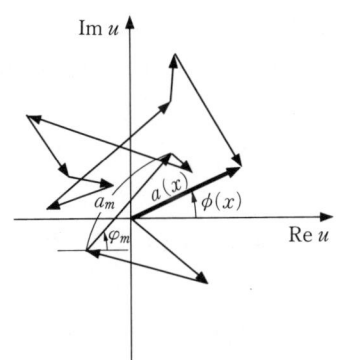

図 4.14　複素平面上での光波
の重ね合わせ

である.合成波の複素振幅 $u(x)$ は,図 4.14 のように,複素振幅を複素平面上にベクトルで表し,ベクトル加算すると得られる.終端のベクトルの大きさと角度とが,$a(x)$,$\phi(x)$ である.

観測面における合成波の複素振幅分布を調べよう.観測位置 x を移動すると,a_m は大きく変化しないとしても,各微小光源の位置はランダムな配列であるから,φ_m の変化分は微小光源によってまったく不規則である.これらの合成で与えられる複素振幅 $u(x)$ は,位置 x によって不規則に変化する.さらに独立した微小光源がきわめて多数個存在するから,複素振幅はガウス分布に従って変動し,しかもその変動は空間的に定常である.つまり複素振幅は,xy 面上のある領域内において,平均値ゼロの円形ガウス分布

$$P(u) = \frac{1}{\pi \langle I \rangle} \exp\left[-\frac{|u|^2}{\langle I \rangle}\right] \tag{4.35}$$

を示す(図 4.15).位相 $\phi(x)$ は 0 から 2π まで一様に分布し,振幅 $a(x)$ は

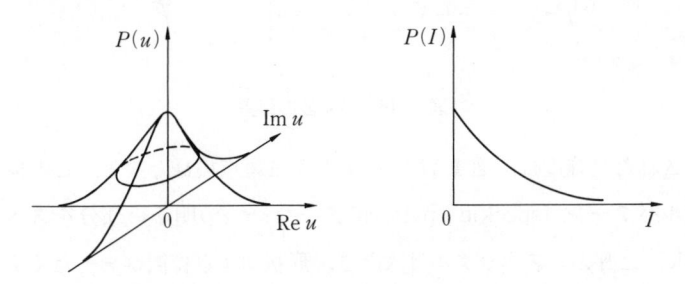

図 4.15　電場と強度の分布

ガウス分布を示す。このような光波は**ガウス光**（Gaussian light）と呼ばれ，一般の光源からの光波はガウス光である。光強度は $I=|u|^2$ であるから

$$P(I)=\frac{1}{\langle I \rangle}\exp\left[-\frac{I}{\langle I \rangle}\right] \tag{4.36}$$

となる。光強度は負指数分布を示す。

　図4.16 の光学系を用いて，光強度分布を観測するとしよう。微小光源が集合した光源は，すりガラス板にレーザ光を照射することによって得られる。すりガラス表面はミクロ的には凸凹しており，透過光の位相がガラス板の厚みに比例して変調される。このため出射光の位相は場所 ξ によってまったくデタラメである。すりガラス表面が光学的に十分粗い（光学的粗面）とすると，位相は $0\sim 2\pi$ まで一様に分布する。またすりガラス板の厚みは，微小な領域内では一定であるとすることができ，粗面はこの微小領域の集合と見なせる。さらに光源全体の大きさはレーザ光を照射する領域である。これにより多数の微小光源からなる光源が実現できる。さらに時間コヒーレンスを考慮しないために，レーザ光を用いる。

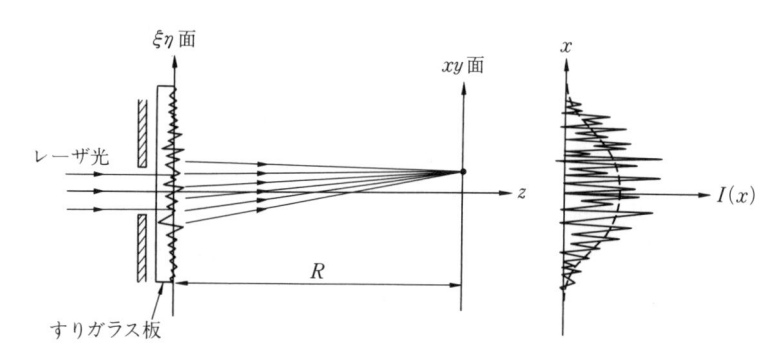

図 4.16　多光波の伝搬

　観測された光強度は，図 **4.17** に示すように斑点模様となる。この模様を**スペックルパターン**（speckle pattern），一つ一つの明るい部分を**スペックル**（speckle）と呼ぶ。スペックルは大きさ，形状および位置がまったくデタラメである。光強度の分布は式（4.36）および図 4.15 に示した負指数分布となる。

4.3 空間コヒーレンス　**117**

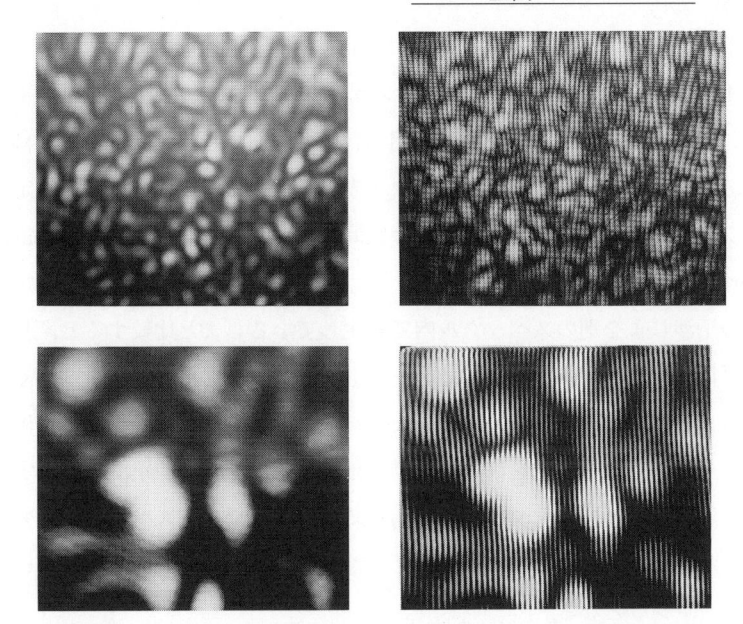

図 4.17　スペックルパターン　　　図 4.18　スペックルと干渉じま

　さらにスペックルパターンが発生しているとき，参照平面波を微小角で観測面に同時に照射すると，図 4.18 に示すように干渉じまが見える。このしまはすりガラスから伝搬してきた光（物体光）と参照光との干渉じまである。物体光は式（4.34）で表されるとし，参照平面波を

$$E_r(x,t) = b \exp[i\phi_r(x)] \exp(-i\omega t) \tag{4.37}$$

としよう。ここで b は空間的に一定な振幅，$\phi_r(x)$ は初期位相である。参照平面波の入射角を微小角 $\varDelta\theta$ とすると

$$\phi_r(x) = \frac{2\pi}{\lambda} \sin(\varDelta\theta) x = cx \tag{4.38}$$

である。ここで λ, $\varDelta\theta$ は定数であるので，c も定数となる。

　物体光と参照平面波とで形成される干渉光強度は

$$I(x) = a(x)^2 + b^2 + 2a(x) b \cos[cx - \phi(x)] \tag{4.39}$$

となる。ここで $a(x)^2$ は空間的に変化するスペックルパターン，$\phi(x)$ は観測位置 x に依存する物体光の位相である。$\phi(x)$ が空間的に一定であるとする

と，干渉光強度は x とともに周期的に変化する干渉じまとなる。

図 4.18 からわかるように，一つのスペックル内でのしまは等間隔で平行である。これは合成波（物体光）の位相 $\phi(x)$ が，一つのスペックル内では一定値であることを示す。つまりスペックル内の 2 点での光波は位相差が確定していることを示す。スペックル広がりは**空間的にコヒーレントな領域**（spatially coherent area）を表す。

この干渉じまを別のスペックル内で発生しているしまと比較すると，しま全体が平行にシフトする。しかもそのシフト量はスペックルごとにまったく異なる。つまり合成波の位相 $\phi(x)$ が，スペックルごとにまったく異なった値をもつことを示す。レーザ光を用いた観測では，スペックルは静止するが，実際の光源を用いると各微小光源の初期位相が時間的に変動し，スペックルも変動する。したがって異なったスペックルにまたがる 2 点間での光波は，たがいにインコヒーレントとなる。

以上は観測面の比較的狭い領域（空間的に定常な領域）についてであるが，広い領域に対する全体的な光強度分布（回折パターン）を示そう。光源はランダムな配列をした微小光源の集合である。微小光源は有限の大きさをもち，一つ一つを微小開口と見なせる。開口による回折パターンは 3.2 節によって与えられた。しかも異なった微小開口からの光波は独立であるから，おたがいの光波は干渉しない。したがって回折パターンは，各微小開口について回折光強度を求め，それらを単に加算すれば求まる。平均光強度が空間分布として与えられる。微小開口は大きさがきわめて小さいため，図 4.16 中に破線で示すように，この回折広がりは大きい。スペックルはこの回折パターン中にランダムに分布している。

4.3.2 可干渉領域

準単色光を放出している光源が有限の大きさであるとき，観測面での可干渉領域（空間コヒーレンス領域）を定量的に調べよう。

図 4.19 に示すように光源は $\xi\eta$ 平面にあり，たがいに独立な微小光源の集

4.3 空間コヒーレンス **119**

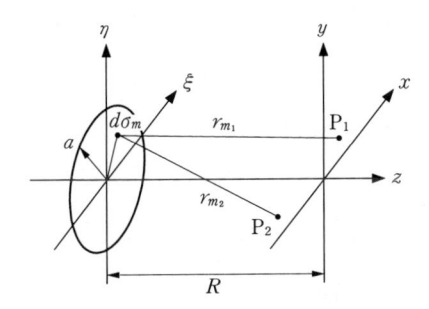

図 4.19 電場の空間相関

合とする。xy 平面における 2 点 P_1,P_2 での光波がたがいに相関があるかどうかを求める。点 P_1,点 P_2 での電場を $E_1(t)$,$E_2(t)$ とする。**相互強度** (mutual intensity) は

$$\Gamma_{12}(0) = \langle E_1^*(t) E_2(t) \rangle \tag{4.40}$$

である。光源を $d\sigma_1$,$d\sigma_2$,$\cdots d\sigma_m$,$\cdots$ に分割し,それぞれから振幅がたがいに独立な光波を放出している。微小光源 $d\sigma_m$ から伝搬し,点 P_1,P_2 に到達する電場を $E_{m1}(t)$,$E_{m2}(t)$ とする。このとき $E_1(t) = \Sigma_m E_{m1}(t)$,$E_2(t) = \Sigma_m E_{m2}(t)$ であるから

$$\Gamma_{12}(0) = \sum_m \langle E_{m1}^*(t) E_{m2}(t) \rangle + \sum_{m \neq n} \sum_n \langle E_{m1}^*(t) E_{n2}(t) \rangle \tag{4.41}$$

となる。

第 2 項は異なる微小光源からの寄与であり,電場はたがいに独立であるから

$$\langle E_{m1}^*(t) E_{n2}(t) \rangle = 0 \quad (m \neq n) \tag{4.42}$$

と置ける。準単色光であるが,時間コヒーレンス条件を十分満足しているとする。すなわち光波の周波数を中心周波数 ω_c で代表し,式 (4.17) で表される振幅を $a(t) = A(\omega_c) = A$ とする。光速 c を用いて位相を $\boldsymbol{kr} = \omega_c r_m / c = k_c r_m$ と表し,微小光源 $d\sigma_m$ と点 P_1,点 P_2 との距離を r_{m1},r_{m2} と置く。微小光源から球面波が発生するから,観測面での光波は

$$E_{m1}(t) = \frac{A_m}{r_{m1}} \exp[i(k_c r_{m1} - \omega_c t + \varphi_{Sm})] \tag{4.43 a}$$

$$E_{m2}(t) = \frac{A_m}{r_{m2}} \exp[i(k_c r_{m2} - \omega_c t + \varphi_{Sm})] \tag{4.43 b}$$

と表される。ただし微小光源から初期位相 φ_{Sm} の光波が放出されるとした。このとき式（4.41）は

$$\Gamma_{12}(0) = \sum_m \frac{\langle A_m^2 \rangle}{r_{m1} r_{m2}} \exp[ik_c(r_{m2} - r_{m1})] \tag{4.44}$$

と表される。

　光源の強度分布は $I(\sigma_m) d\sigma_m = \langle A_m^2 \rangle$ と置ける。相互強度は

$$\Gamma_{12}(0) = \int \frac{I(\sigma)}{r_1 r_2} \exp[ik_c(r_2 - r_1)] d\sigma \tag{4.45}$$

となる。R が十分大きいとして直交座標系で表すと

$$r_2 - r_1 = \frac{(x_2^2 - x_1^2) + (y_2^2 - y_1^2)}{2R} - \frac{(x_2 - x_1)\xi + (y_2 - y_1)\eta}{R}$$

と近似される。α, β を

$$\alpha = \frac{(x_2 - x_1)}{R}, \quad \beta = \frac{(y_2 - y_1)}{R} \tag{4.46}$$

と置き，定数 φ_0 を用いて，位相変化量を

$$k_c(r_2 - r_1) = \varphi_0 - k_c(\alpha\xi + \beta\eta) \tag{4.47}$$

とする。ここで α, β は光源から見た 2 点 P_1, P_2 を見込む角度を表す。

　相互強度を平均光強度で規格化すると

$$\gamma_{12}(0) = \frac{\Gamma_{12}(0)}{\langle I \rangle}$$

$$= \frac{\exp(i\varphi_0) \int_\sigma I(\xi, \eta) \exp[-ik_c(\alpha\xi + \beta\eta)] d\xi d\eta}{\int_\sigma I(\xi, \eta) d\xi d\eta} \tag{4.48}$$

となる。分子からわかるように，$\gamma_{12}(0)$ は光源の強度分布 $I(\xi, \eta)$ のフーリエ変換形となっている。ファンシッタート・ゼルニケ（van Cittert-Zernike）の定理と呼ばれる。$\gamma_{12}(0)$ は複素数で表され，空間的複素コヒーレンス度という。大きさは $0 \leq |\gamma_{12}(0)| \leq 1$ の値をもち，$|\gamma_{12}(0)| = 1$ のとき 2 点間の光は空間的に完全コヒーレント，$|\gamma_{12}(0)| = 0$ のとき空間的にインコヒーレントであるという。

　例えば，光源が半径 a の円形ならば

$$\gamma_{12}(0) = \frac{2J_1(k_c ad/R)}{k_c ad/R} \qquad (4.49)$$

となる(円形のフーリエ変換の計算は 3.2.2 項に示してある)。ここで $J_1(\cdots)$ は第 1 種ベッセル関数である。ベッセル関数の性質から $k_c ad/R = 3.833$ のとき $\gamma_{12}(0) = 0$ となる。光源から距離 R だけ離れた平面上の間隔

$$d = 0.6 \frac{\lambda_c R}{a} \qquad (4.50)$$

以内での光波はたがいに相関(コヒーレント)関係をもつ。時間的なコヒーレンス長に対応して,**空間コヒーレンス長**(spatial coherence length)と呼ばれる。この長さ d は光源の大きさ a に反比例し,平均的なスペックル半径を表す。スペックル内の 2 点間の光波は,たがいにコヒーレントである。注目すべき点は,光源ではインコヒーレント光を放出しているが,距離 R が大きくなるとともに光波は回折と干渉とを繰り返し,空間的にコヒーレントな領域が拡大していく点である。

4.4 強度相関(コヒーレンス度)

現実に存在する光源は,有限の大きさをもち多色光を放つ。この光波の可干渉性は 4.2 節で示した時間コヒーレンスと 4.3 節の空間コヒーレンスの性質が混合している。この光源から放出した光波の振幅や位相は,時間的にも空間的にも不規則に変化している。しかも測定できるのは光強度のみである。したがって,変動する性質を光強度との関係から求める。

まず二つの時空間点における光波の相関を扱う。位置 x_1,時刻 t_1 での光波 $E(x_1, t_1)$ と位置 x_2,時刻 t_2 での光波 $E(x_2, t_2)$ との相関は,$t_1 = t$,$t_2 = t + \tau$ とすると

$$\Gamma_{12}(\tau) = \langle E^*(x_1, t) E(x_2, t+\tau) \rangle \qquad (4.51)$$

と表される。この $\Gamma_{12}(\tau)$ は**相互コヒーレンス関数**(mutual coherence function)と呼ばれている。

平均強度で規格化すると

$$\gamma_{12}(\tau) = \frac{\langle E^*(x_1,t)\,E(x_2,t+\tau)\rangle}{\sqrt{\langle I(x_1)\rangle\,\langle I(x_2)\rangle}} \tag{4.52}$$

と表され，複素相互コヒーレンス度という。$x_1 = x_2$ とすると

$$\Gamma_{11}(\tau) = \langle E^*(x_1,t)\,E(x_1,t+\tau)\rangle \tag{4.53}$$

となる。位置 x_1 における光波の時間的な相関を示すので，4.2節で示した時間的コヒーレンス関数である。さらに式（4.51）で $\tau = 0$ とすると

$$\Gamma_{12}(0) = \langle E^*(x_1,t)\,E(x_2,t)\rangle \tag{4.54}$$

と表される。異なった位置 x_1, x_2 における光波の相関であるので，4.3節で示した空間的コヒーレンス関数（相互強度）である。

つぎに光強度の相関を示そう。時空間点での光強度を $I(x_1,t_1)$ および $I(x_2,t_2)$ とする。この光強度も，時間的にも空間的にも変動している。光強度の相関は

$$\langle I(x_1,t_1)\,I(x_2,t_2)\rangle = \langle E^*(x_1,t_1)\,E(x_1,t_1)\,E^*(x_2,t_2)\,E(x_2,t_2)\rangle \tag{4.55}$$

のように，時空間点の電場で表される。図4.5，図4.15に示したように，レーザ光以外の光波はガウス変数となる。

一般にゼロ平均の複素ガウス変数 z_j があるとき，それらの積の平均は，2変数の積 $\langle z_i^* z_j \rangle$ に分解される。すなわち

$$\langle z_1^* z_2 z_3^* z_4 \rangle = \langle z_1^* z_2 \rangle \langle z_3^* z_4 \rangle + \langle z_1^* z_4 \rangle \langle z_2 z_3^* \rangle \tag{4.56}$$

と因子分解される。この関係を用いると式（4.55）は

$$\langle I(x_1,t_1)\,I(x_2,t_2)\rangle = \langle E^*(x_1,t_1)\,E(x_1,t_1)\rangle \langle E^*(x_2,t_2)\,E(x_2,t_2)\rangle$$
$$+ \langle E^*(x_1,t_1)\,E(x_2,t_2)\rangle \langle E(x_1,t_1)\,E^*(x_2,t_2)\rangle \tag{4.57}$$

となる。

このように展開されるのは，つぎのように考えるとわかりやすい。観測される意味ある物理量は光強度である。光強度は電場と複素共役な電場との積である。この光強度も図4.15のように変動しているから平均値が意味をもつ。す

なわち $\langle E^*(x_i,t_i)E(x_j,t_j)\rangle$ が意味ある物理量である。変数の種類は全部で4種類あり，この中からペアを取り出す組合せは上式の2項となる。

さて式 (4.57) で $x_1=x$, $x_2=x+r$, $t_1=t$, $t_2=t+\tau$ とすると

$$\langle I(x,t)I(x+r,t+\tau)\rangle = \langle I(x_1,t_1)\rangle\langle I(x_2,t_2)\rangle$$
$$+|\langle E^*(x_1,t_1)E(x_2,t_2)\rangle|^2$$
$$= \langle I\rangle^2+|\langle E^*(0,0)E(r,\tau)\rangle|^2 \qquad (4.58)$$

となる。定常光であるとしているから，$x=0$, $t=0$ と置き

$$\langle I(x,t)\rangle = \langle I(x+r,t+\tau)\rangle = \langle I\rangle \qquad (4.59)$$

を用いて規格化を行うと

$$\frac{\langle I(x,t)I(x+r,t+\tau)\rangle}{\langle I\rangle^2} = 1+|\gamma_{12}(\tau)|^2 \qquad (4.60)$$

となる。光強度を測定し強度相関関数を求めれば，電場の相関（相互コヒーレンス度）を求めることができる。

光強度の時間的相関を測定するには，**図 4.20**（a）に示すように光検出器からの信号を時系列に記録する。光検出器の受光面積は非常に小さく，その面積内では，空間的にコヒーレントであるとする。取り込んだデータを用いて，時刻 t_j の光強度 $I(t_j)$ とその時刻から一定時間 τ だけ経過したときの強度 $I(t_j+\tau)$ との積を計算する。この操作を j について行い，総和をとると時間差 τ に対する相関値 $\langle I(x,0)I(x,\tau)\rangle$ が得られる。

いろいろの τ について同様にして求めると，時間コヒーレンス度 $|\gamma_{11}(\tau)|$

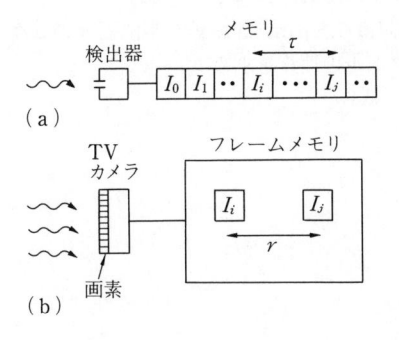

図 4.20 強度相関の測定

が求まる。フーリエ変換すれば，光のスペクトルが求められる。この方法は電気的に光強度の変動を求めるから，スペクトル幅が狭い光の分光に利用される。例えば**レーザ散乱分光法**（laser light scattering spectroscopy）がある。溶液中に分散する高分子はブラウン運動する。レーザ光を照射すると，散乱光はドップラー効果によって，スペクトルが広がる。このスペクトル広がりが測定され，高分子の運動状態が求まる。

空間コヒーレンス度は図4.20(b)によって測定できる。光検出器としてリニアセンサあるいはエリアセンサのTVカメラを用いたとする。その画像をメモリに記録する。カメラの1画素の大きさ内では，空間的にコヒーレントであるとし，フレーム時間はコヒーレンス時間より短く時間的にコヒーレントであるとする。このとき測定されるのは，x_jを画素の位置とすれば$I(x_j)$である。ある一定画素間隔rの光強度の積を画像全体にわたって計算し平均する。空間相関値$\langle I(x_j,0) I(x_j+r,0) \rangle$が求められ，空間コヒーレンス度$|\gamma_{12}(0)|$が求まる。このようにして，例えば図4.17の測定値から平均的なスペックルの大きさを求めることができる。

演 習 問 題

4.1 群速度が式(4.16)で与えられることを示せ。
4.2 光波が式(4.25)で与えられるとき，式(4.26)，(4.27)を導け。
4.3 ガウス形スペクトルのコヒーレンス関数の式(4.31)を導け。
4.4 図4.12において，干渉じま間隔は$0.5\,\mu\mathrm{m}$，包絡線が半値幅σのガウス形であるとしたとき，入射光のスペクトルの性質を求めよ。

5 線形光学システム

　対象とする系が機能的にどのような性質をもっているかを理解するには，対象を細分化し，それら個々の運動や引き起こす作用を解析する。この方法は分析科学といわれ，近代科学を発展させてきた。

　一方では，分割された個々の挙動を詳しくとらえるのではなく，対象に刺激を与えたときの反応状態から，対象を理解する方法を生み出した。システム科学である。全体的な働きはそれを工学的に利用したり，対象の内部構造をモデル化することができる。分析的手法とシステム的手法とは科学の両輪である。

　光学装置はレンズや鏡などの光学部品を組み合わせて，全体として結像作用，フーリエ変換作用，画像処理の演算作用などを行う。全体として機能する光学装置を，システム論の考え方を取り入れて，光学システムとして扱うことができる。厳密に扱うとすれば，光学システムは非線形であるけれども，通常用いられる範囲の近似条件では，線形であるとすることができ，解析的に扱うことができる。

5.1 フーリエ変換の性質

　理工学分野において，現象を把握するのにフーリエ変換法が多く利用される。この方法は，変動する信号を定常的なスペクトルとしてとらえる。本節では複素関数の性質，関数の積で与えられる相関関数やたたみ込み積分の性質を示すとともに，それらのフーリエ変換の性質をまとめる。

5.1.1 周期関数と非周期関数

周期 Λ の周期関数 $g_p(x)$ は，基本周波数を $\mu_0 = 1/\Lambda$ とすれば

$$g_p(x) = \sum_{m=0}^{\infty} [a_m \cos(2\pi m \mu_0 x) + b_m \sin(2\pi m \mu_0 x)] \qquad (5.1)$$

と展開される。ここで係数は

$$a_0 = \frac{1}{\Lambda} \int_{-\Lambda/2}^{\Lambda/2} g_p(x) \, dx \qquad (5.2\,\text{a})$$

$$a_m = \frac{2}{\Lambda} \int_{-\Lambda/2}^{\Lambda/2} g_p(x) \cos(2\pi m \mu_0 x) \, dx \qquad (m \neq 0) \qquad (5.2\,\text{b})$$

$$b_m = \frac{2}{\Lambda} \int_{-\Lambda/2}^{\Lambda/2} g_p(x) \sin(2\pi m \mu_0 x) \, dx \qquad (5.2\,\text{c})$$

である。関数 $g_p(x)$ の三角関数による級数展開を**フーリエ級数**（Fourier series）という。

つぎにフーリエ級数展開形を複素表示に拡張する。

$$\cos\theta = \frac{\exp(i\theta) + \exp(-i\theta)}{2}, \quad \sin\theta = \frac{\exp(i\theta) - \exp(-i\theta)}{2i}$$

の関係を用いれば，式 (5.1) および式 (5.2) は

$$g_p(x) = \sum_{m=0}^{\infty} \frac{1}{2} [(a_m - ib_m) \exp(i 2\pi m \mu_o x) + (a_m + ib_m) \exp(-i 2\pi m \mu_o x)] \qquad (5.3\,\text{a})$$

$$a_m \pm i\, b_m = \frac{2}{\Lambda} \int_{-\Lambda/2}^{\Lambda/2} g_p(x) [\cos(2\pi m \mu_0 x) \pm i \sin(2\pi m \mu_0 x)] \, dx$$

$$= \frac{2}{\Lambda} \int_{-\Lambda/2}^{\Lambda/2} g_p(x) \exp(\pm i 2\pi m \mu_0 x) \, dx \qquad (5.3\,\text{b})$$

となる。

ここで複素フーリエ係数を

$$c_0 = \frac{a_0}{2} \qquad (m=0) \qquad (5.4\,\text{a})$$

$$c_m = \frac{a_m - ib_m}{2} \qquad (m \neq 0) \qquad (5.4\,\text{b})$$

$$c_{-m} = c_m{}^* = \frac{a_m + ib_m}{2} \qquad (m \neq 0) \qquad (5.4\,\text{c})$$

と置く.式(5.4c)の関係を用いて m に負の整数を含ませると,式(5.3)を

$$g_p(x) = \sum_{m=-\infty}^{\infty} c_m \exp(i2\pi m \mu_0 x)$$
$$= \frac{1}{\Lambda} \sum_{m=-\infty}^{\infty} \left\{ \int_{-\Lambda/2}^{\Lambda/2} g_p(x) \exp(-i2\pi m \mu_0 x) dx \right\} \exp(i2\pi m \mu_0 x)$$
(5.5)

とまとめることができる.$\{\cdots\}$ の中を関数 $G_p(\mu)$ とすると

$$G_p(\mu) = \int_{-\Lambda/2}^{\Lambda/2} g_p(x) \exp(-i2\pi\mu x) dx \tag{5.6}$$

となる.ここで $m\mu_0 = m/\Lambda = \mu$ とした.また式 (5.5) は

$$g_p(x) = \sum_{m=-\infty}^{\infty} G_p(\mu) \exp(i2\pi\mu x) \frac{\mu}{m} \tag{5.7}$$

となる.式 (5.6) を周期関数 $g_p(x)$ のフーリエ変換といい,式 (5.7) をフーリエ逆変換という.

変数 x が時間座標系であるとすると,μ は時間的に変動する周波数を示し,$G_p(\mu)$ は時間周波数領域でのスペクトルを表す.このことに対応して,x を空間座標系とすると,$G_p(\mu)$ は空間周波数領域でのスペクトルを意味する.図 5.1 に示すように $G_p(\mu)$ は,$\mu = m\mu_0 (m=0, \pm 1, \pm 2, \cdots)$ のときに値をもつ.$g_p(x)$ が周期関数であるとき,$G_p(\mu)$ は不連続なスペクトルとなる.

以上の周期関数に対する扱いを,非周期関数 $g(x)$ のフーリエ変換に拡張す

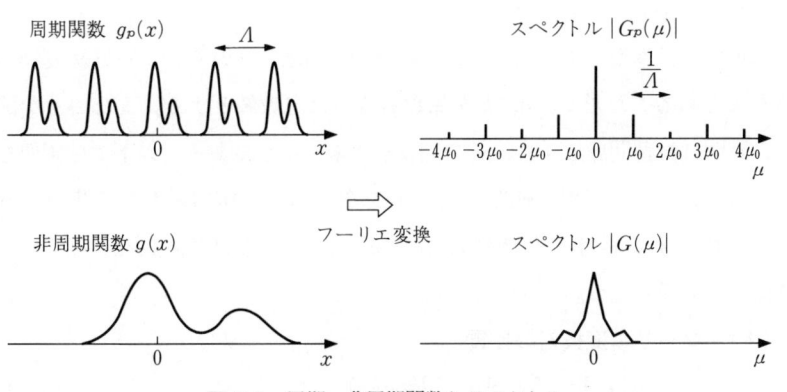

図 5.1 周期・非周期関数とスペクトル

る。周期関数の周期 Λ を無限大とした極限は,非周期関数となることを利用する。$\Lambda \to \infty$ とすると,$\mu_0 = 1/\Lambda \to 0$ となるから

$$G(\mu) = \lim_{\mu_0 \to 0} G_p(\mu) = \lim_{\mu_0 \to 0} \int_{-1/2\mu_0}^{1/2\mu_0} g_p(x) \exp(-i2\pi\mu x) \, dx$$

$$= \int_{-\infty}^{\infty} g(x) \exp(-i2\pi\mu x) \, dx \tag{5.8}$$

と与えられる。また逆変換は式 (5.7) において $\mu_0 \to 0$ とすると,$\mu/m \to d\mu$,$\Sigma \to \int$ と置き換えることができ

$$g(x) = \lim_{\mu_0 \to 0} g_p(x) = \int_{-\infty}^{\infty} G(\mu) \exp(i2\pi\mu x) \, d\mu \tag{5.9}$$

となる。式 (5.8) を関数 $g(x)$ の**フーリエ変換** (Fourier transformation),式 (5.9) を**逆フーリエ変換** (inverse Fourier transformation) という。非周期関数のスペクトルは連続である(図 5.1 を参照)。

5.1.2 基本的関数の性質とフーリエ変換

フーリエ変換は変数 x の実空間から変数 μ の周波数空間への線形変換,フーリエ逆変換はその逆空間への線形変換である。これらの関係はたがいにフーリエ変換対にあるという。フーリエ変換を $\mathscr{F}[\cdots]$ と $\mathscr{F}^{-1}[\cdots]$ との演算子の対で表し,関数 $g(x)$ のフーリエ変換形を大文字の $G(\mu)$ で表すと,$\mathscr{F}[g(x)] = G(\mu)$,$\mathscr{F}^{-1}[G(\mu)] = g(x)$ である。

本項では,本書でよく利用される関数の性質と,それらのフーリエ変換の性質をまとめる。ただし,a, b を係数あるいは定数値とする。またおもな関係式の証明は演習問題 5.1 に,その回答を巻末に示してある。以下では画像を対象として,x, y を空間座標系,μ, ν を空間周波数座標系として扱う。もちろん変数 x あるいは y を時刻 t,μ あるいは ν を時間周波数 $f_t = \omega/2\pi$ と置き直しても成り立つ。

(1) **フーリエ変換対の性質**

$$\mathscr{F}^{-1}\mathscr{F}[g(x)] = \mathscr{F}\mathscr{F}^{-1}[g(x)] = g(x) \tag{5.10}$$

5.1 フーリエ変換の性質

(2) 線形性

$$\mathscr{F}[a\,g(x)+b\,h(x)]=a\mathscr{F}[g(x)]+b\mathscr{F}[h(x)] \tag{5.11}$$

(3) 相似性

$$\mathscr{F}[g(ax,by)]=\frac{1}{|ab|}G\!\left(\frac{\mu}{a},\frac{\nu}{b}\right) \tag{5.12}$$

画像 $g(x,y)$ を拡大，縮小すると，対応するスペクトルは逆に縮小，拡大する。

(4) シフト定理

$$\mathscr{F}[g(x-a,y-b)]=\exp[-i2\pi(\mu a+\nu b)]G(\mu,\nu) \tag{5.13}$$

画像 $g(x,y)$ をシフトさせたとき，対応するフーリエ変換像の位相はシフトするが，スペクトルは不変である。

(5) たたみ込み積分の性質

$$g(x)*h(x)=\int_{-\infty}^{\infty}g(\xi)h(x-\xi)d\xi=\int_{-\infty}^{\infty}g(x-\xi)h(\xi)d\xi \tag{5.14}$$

を**たたみ込み積分**（convolution integral：コンボリューション積分）といい，たたみ込み演算を記号＊で表す。このとき

$$g(x)*h(x)=h(x)*g(x) \qquad \text{（交換則）} \tag{5.15a}$$
$$f(x)*[g(x)*h(x)]=[f(x)*g(x)]*h(x) \qquad \text{（結合則）} \tag{5.15b}$$

が成り立つ。

たたみ込み積分のフーリエ変換は

$$\mathscr{F}[g(x)*h(x)]=G(\mu)H(\mu) \tag{5.16a}$$
$$\mathscr{F}[g(x)*h^{*}(x)]=G(\mu)H^{*}(-\mu) \tag{5.16b}$$
$$\mathscr{F}[g(x)*h^{*}(-x)]=G(\mu)H^{*}(\mu) \tag{5.16c}$$

となる。スペクトル領域の関数は積演算で与えられる。

(6) 相関関数の性質

$$g(x)\star h^{*}(x)=\int_{-\infty}^{\infty}g(\xi)h^{*}(\xi-x)d\xi=\int_{-\infty}^{\infty}g(\xi+x)h^{*}(\xi)d\xi \tag{5.17}$$

を**相互相関関数**（crosscorrelation function）といい，相関演算を記号★で表す。たたみ込み積分と異なり，相関演算は交換可能でない。結合則については

$$f(x) \star [g(x) \star h(x)] = [f(x) \star g(x)] \star h(x) \quad \text{(結合則)} \quad (5.18)$$

が成り立つ．

相関関数のフーリエ変換は

$$\mathscr{F}[g(x) \star h(x)] = G(\mu) H(-\mu) \quad (5.19\,\text{a})$$

$$\mathscr{F}[g(x) \star h^*(x)] = G(\mu) H^*(\mu) \quad (5.19\,\text{b})$$

$$\mathscr{F}[g(x) \star h^*(-x)] = G(\mu) H^*(-\mu) \quad (5.19\,\text{c})$$

が成り立ち，スペクトル領域の関数は積演算で与えられる．

(7) **自己相関関数** 関数 $g(x)$ と $h(x)$ とが等しいとき，それらの相関関数を**自己相関関数**（autocorrelation function）といい

$$\mathscr{F}[g(x) \star g^*(x)] = |G(\mu)|^2 \quad (5.20)$$

となる．自己相関関数のフーリエ変換はパワースペクトルを表す．これをウィナー・ヒンチンの定理という．

(8) **パーシバル（Parseval）の定理**

$$\iint_{-\infty}^{\infty} |g(x,y)|^2 dx dy = \iint_{-\infty}^{\infty} |G(\mu,\nu)|^2 d\mu d\nu \quad (5.21)$$

この定理はエネルギー保存則ともいわれる．絶対値の2乗はエネルギーに対応するから，実空間の全エネルギーがスペクトル空間の全エネルギーに等しいことを示す．

(9) **たたみ込み積分と相関関数との関係** たたみ込み積分と相関関数との関係は

$$g(x) * h(x) = g(x) \star h(-x) \quad (5.22\,\text{a})$$

$$g(x) * h(-x) = g(x) \star h(x) \quad (5.22\,\text{b})$$

である．たたみ込み積分は，$h(x)$ を反転したうえで移動し，$g(x)$ との積をつくって積分する．これに対して相関関数は，$h(x)$ をそのまま移動し $g(x)$ との積をつくって積分する．したがって $h(x)$ が偶関数であるときは，たたみ込み積分と相関関数は等しくなる．

(10) **実関数のフーリエスペクトル** 関数 $g(x,y)$ が実関数であるとき，$g(x,y) = g^*(x,y)$ が成り立つ．この関数のフーリエ変換は

$$G(\mu, \nu) = G^*(-\mu, -\nu) \tag{5.23a}$$
$$|G(\mu, \nu)|^2 = |G(-\mu, -\nu)|^2 \tag{5.23b}$$

となる。スペクトルは原点対称となる。

5.1.3 フーリエ変換の具体例

この項では，本書で頻繁に利用されるいくつかの関数のフーリエ変換例を示す。

(1) 矩形関数 矩形関数 (rectangle function) は，$a - \Delta x/2 \leq x \leq a + \Delta x/2$ の区間においては 1，他の区間はゼロの関数である（図 3.5 を参照）。この矩形関数を

$$g(x) = \mathrm{rect}\left(\frac{x-a}{\Delta x}\right) \tag{5.24}$$

と表す。積分区間を設定したり，信号を切り取るのに利用される。

フーリエ変換形は，式 (3.18) に示したように

$$\begin{aligned}\mathscr{F}[g(x)] &= \int_{a-\Delta x/2}^{a+\Delta x/2} \exp(-i2\pi\mu x)\, dx \\ &= \Delta x \exp(-i2\pi\mu a) \frac{\sin(\pi\mu\Delta x)}{\pi\mu\Delta x}\end{aligned} \tag{5.25}$$

である。

(2) デルタ関数 関数 $\delta(x-a)$ は，$x=a$ でのみ ∞ の値をもち，他ではゼロとなる関数であり，しかも積分値が

$$\int_{-\infty}^{\infty} \delta(x-a)\, dx = 1$$

である。この関数を**ディラックデルタ関数** (Dirac delta function) という。この関数のフーリエ変換形を求めよう。そこで幅が Δx，積分値が 1 の矩形関数

$$g_r(x) = \frac{1}{\Delta x} \mathrm{rect}\left(\frac{x-a}{\Delta x}\right) \tag{5.26}$$

を導入する。この関数をフーリエ変換すると

$$G_r(\mu) = \int_{a-\Delta x/2}^{a+\Delta x/2} \frac{1}{\Delta x} \exp(-i2\pi\mu x)\, dx = \frac{\sin(\pi\mu\Delta x)}{\pi\mu\Delta x} \exp(-i2\pi\mu a)$$

となる。

デルタ関数は,この矩形関数の幅を $\Delta x \to 0$ とする極限である。したがって

$$\mathscr{F}[\delta(x-a)] = \lim_{\Delta x \to 0} G_r(\mu) = \exp(-i2\pi\mu a) \tag{5.27}$$

となる。スペクトルは周期 a^{-1},振幅1で規則的に変動する複素正弦波となる。デルタ関数とスペクトルを図5.2に示す。また $a=0$ とすると

$$\mathscr{F}[\delta(x)] = 1 \tag{5.28}$$

となる。すべての周波数成分が一定値1となる。

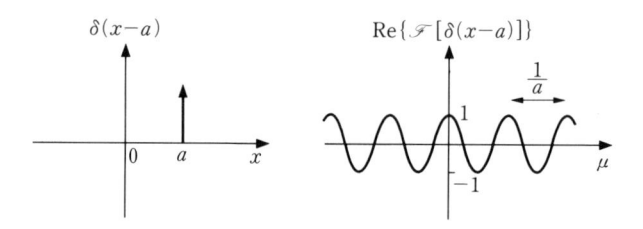

図 5.2 デルタ関数とスペクトル

さらに空間軸と周波数軸とを入れ替える。$x \to \mu$, $\mu \to x$, $a \to a$ と置き換えて同様の操作を行い,フーリエ逆変換を行うと,式(5.27)に対応して

$$\mathscr{F}^{-1}[\delta(\mu-a)] = \exp(i2\pi a x)$$

となる。両辺をフーリエ変換することにより

$$\delta(\mu-a) = \int \exp[-i2\pi(\mu-a)x]\, dx \tag{5.29}$$

を得る。定数1のフーリエ変換はデルタ関数である。

(3) **くし関数** くし関数 (comb function) は,周期的に並んだデルタ関数列であり

$$\mathrm{comb}\left(\frac{x}{\Delta x}\right) = \sum_{m=-\infty}^{\infty} \delta\left(\frac{x}{\Delta x} - m\right) = \Delta x \sum_{m=-\infty}^{\infty} \delta(x - m\Delta x) \tag{5.30}$$

と表され,関数形を図5.3に示す。この関数をフーリエ級数に展開してからフ

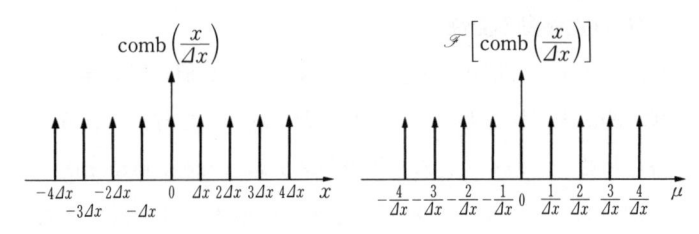

図 5.3　くし関数とスペクトル

ーリエ変換する。フーリエ級数は式 (5.5) から

$$\mathrm{comb}\left(\frac{x}{\Delta x}\right) = \sum_{m=-\infty}^{\infty} c_m \exp\left(i2\pi\frac{m}{\Delta x}x\right) \tag{5.31}$$

である。ここでフーリエ係数 c_m は，式(5.3)，(5.4)を参考にすると式(5.30)の1周期内の関数によって与えられ

$$c_m = \frac{1}{\Delta x}\int_{-\Delta x/2}^{\Delta x/2} \mathrm{comb}\left(\frac{x}{\Delta x}\right) \exp\left(-i2\pi\frac{m}{\Delta x}x\right)dx$$

$$= 1$$

となる。

このくし関数の級数展開形をフーリエ変換すると，式(5.29)を用いて

$$\mathscr{F}\left[\mathrm{comb}\left(\frac{x}{\Delta x}\right)\right] = \int_{-\infty}^{\infty}\sum_{m=-\infty}^{\infty}\exp\left(i2\pi\frac{m}{\Delta x}x\right)\exp(-i2\pi\mu x)\,dx$$

$$= \sum_{m=-\infty}^{\infty}\delta\left(\mu - \frac{m}{\Delta x}\right) \tag{5.32}$$

となる。μ 軸方向に間隔 $1/\Delta x$ でデルタ関数が並ぶ。

5.2　光学システムの基本特性

扱う系全体を一つの情報変換システムとしてとらえる。対象の内部構造に触れないで，入力と出力とから系の特性を調べることができる。この方法は電気系，機械系ばかりでなく，光学システムにも適用される。システムの基本的性質を示し，空間領域，周波数領域での応答特性を示す。

5.2.1 線形性と移動不変性

　与えられたシステムは情報を変換する。変換作用が積分形で与えられるシステムは，基本的に線形性をもつ。つまり入力が線形和で与えられると，出力は線形和で得られる。このシステムを**線形システム** (linear system) という。

　例えば光学システムを取り上げる。光波の伝搬媒質は一般に空気やガラス（レンズ）などである。これらの媒質は線形媒質である。光波がこの媒質を伝搬するとき，入力と出力との関係はフレネル回折式で表され，距離 R を伝搬した光波分布は

$$u_m(X,Y) = \iint g_m(x,y) \exp\left\{\frac{ik}{2R}[(X-x)^2+(Y-y)^2]\right\}dxdy \quad (5.33)$$

とすでに与えた。このシステムの m 番目の入力信号を $g_m(x,y)$，対応する出力信号を $u_m(X,Y)$ とした。線形和で与えられる入力に対して，出力は

$$\iint [ag_1(x,y)+bg_2(x,y)] \exp\left\{\frac{ik}{2R}[(X-x)^2+(Y-y)^2]\right\}dxdy$$
$$= au_1(X,Y) + bu_2(X,Y) \quad (5.34)$$

となる。このことからフレネル回折は線形関係にあることがわかる。線形関係が成り立っている系での出力は，定数 a，b の大きさおよび $g_m(x,y)$ の関数形に無関係に，重ね合わせの原理が成り立つ。

　さらにシステムを特徴づける重要な性質に，**移動不変性** (shift invariance) がある。入力を定数 (x_0, y_0) だけずらし，$g(x-x_0, y-y_0)$ とする。この出力が $u(X-x_0, Y-y_0)$ と得られたとする。すなわち入力が (x_0, y_0) だけ移動したとき，出力も同じように (x_0, y_0) だけ移動する。入力の関数形に無関係であり，入力の位置によって応答が変わらない。線形で移動不変なシステムを**線形移動不変システム** (linear shift invariant system) という。

　前述のフレネル回折近似が成り立つ光学システムに適用すると

$$\iint g(x-x_0, y-y_0) \exp\left\{\frac{ik}{2R}[(X-x)^2+(Y-y)^2]\right\}dxdy$$
$$= \iint g(x',y') \exp\left\{\frac{ik}{2R}[(X-x_0-x')^2+(Y-y_0-y')^2]\right\}dx'dy'$$

$$= u(X-x_0, Y-y_0) \tag{5.35}$$

となり，移動不変性が成り立つ．

光学システムは**図 5.4**に示すように，線形移動不変システムである．

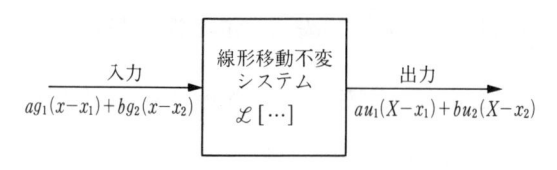

```
入力                線形移動不変        出力
ag₁(x−x₁)+bg₂(x−x₂)   システム      au₁(X−x₁)+bu₂(X−x₂)
                    ℒ[⋯]
```

図 5.4 光学システム

5.2.2 空間領域での応答特性

情報変換システムの特性は，入力を与えてその出力から調べられる．線形光学システムを**線形演算子** (linear operator) $\mathscr{L}[\cdots]$ によって表す．入力は2次元画像であるが，簡単のため1次元で表す．入力像を $g(x)$ とすると出力像 $u(X)$ は

$$u(X) = \mathscr{L}[g(x)] \tag{5.36}$$

となる．

入力関数の与え方は，システムの特性を知るうえで重要である．できるだけ単純で，しかもそれらの線形和によって，任意の入力関数を完全に表せることである．デルタ関数を用いると，入力を線形和の形に分解でき

$$g(x) = \int g(\xi)\delta(x-\xi)\,d\xi \tag{5.37}$$

となる．重み $g(\xi)$ を付けたデルタ関数列の重ね合わせで，入力関数 $g(x)$ を表現できる．

一方，線形システムにデルタ関数 $\delta(x-\xi)$ を与えたとき，出力を $h(X;\xi)$ とする．この出力を**インパルス応答** (impulse response) という．移動不変システムに対して

$$\mathscr{L}[\delta(x-\xi)] = h(X;\xi) = h(X-\xi) \tag{5.38}$$

となる．システムにインパルスを与えたとき，出力は入力の絶対的な位置によ

5. 線形光学システム

らず，相対的なシフト量のみに依存する。

以上の関係を用いると，入力 $g(x)$ に対するシステムからの出力は，式(5.36)に式(5.37)，(5.38)を代入して

$$u(X) = \int g(\xi) \mathscr{L}[\delta(x-\xi)]d\xi \quad （線形性の性質）$$

$$= \int g(\xi) h(X-\xi) d\xi \quad （移動不変性の性質）$$

$$= g(X) * h(X) \tag{5.39}$$

となる。出力は入力関数とインパルス応答関数とのたたみ込み積分で与えられる。これらの関係を図 5.5 に模式的に示してある。

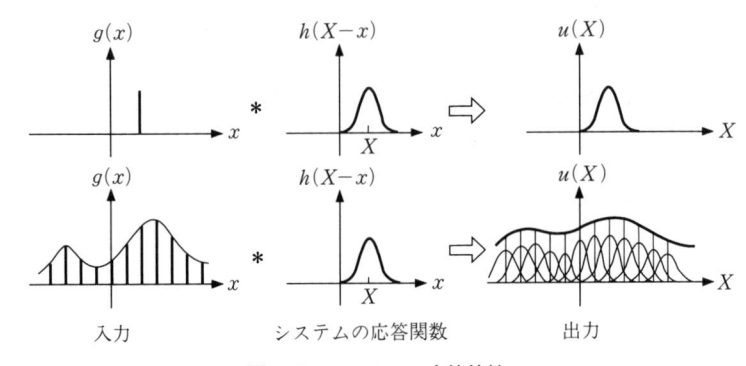

図 5.5 システムの応答特性

最も単純な光学システムを用いて，たたみ込み積分の意味を考察しよう。システムは，光波が自由空間をフレネル回折によって伝搬するとする。入力面の $x=x_0$, $y=y_0$ に点物体（点光源）を置いたとき，入力画像は $\delta(x-x_0, y-y_0)$ と表され，観測面での光波分布は式(5.33)を用いて

$$u(X, Y) = \iint \delta(x-x_0, y-y_0) \exp\left\{\frac{ik}{2R}[(X-x)^2+(Y-y)^2]\right\}dxdy \tag{5.40}$$

となる。点光源が点 (x_0, y_0) にあるとき，観測面でのフレネル回折像を表す。この光波分布は，自由空間から構成される光学システムに対するインパルス応答関数であり

$$u(X, Y) = \exp\left\{\frac{ik}{2R}\left[(X-x_0)^2 + (Y-y_0)^2\right]\right\}$$
$$= h(X-x_0, Y-y_0) \tag{5.41}$$

となる。

つぎに点光源に重みをつけ,その複素振幅が $g(x_0, y_0)$ であるとする。このとき点 (X, Y) に到達する複素振幅は

$$u(X, Y) = g(x_0, y_0) h(X-x_0, Y-y_0)$$

となる。入力が画像で与えられているとすると,異なった振幅をもつ点光源が入力面にわたって分布している。重み付き点光源による出力を,入力画像全体について求め,それら出力の総和をとる。したがって

$$u(X, Y) = \iint g(x_0, y_0) h(X-x_0, Y-y_0) dx_0 dy_0$$
$$= g(X, Y) * h(X, Y)$$

となり,式(5.39)と同じ結果が得られる。

2次元画像を扱うとき,インパルス応答関数を**点像応答関数** (point spread function : PSF) と呼ぶ。PSF は入力関数に依存せず,システム固有の特性を表す。システムの PSF が前もってわかれば,どんな入力 $g(x)$ に対しても,システムから出力される $u(X)$ が,式(5.39)から求められる。

5.2.3 スペクトル領域での応答特性

本項では,入力を周波数領域(スペクトル領域)で与えて,周波数領域でのシステムによる応答特性を調べる。式 (5.39) のフーリエ変換は,5.1.2項(5)を参考にすると

$$U(\mu) = G(\mu) H(\mu) \tag{5.42}$$

となり,出力スペクトル $U(\mu)$ が得られる。スペクトル領域では,入力 $G(\mu)$ と関数 $H(\mu)$ の積が出力となる。周波数領域での応答と,空間領域での応答との対応関係を図 5.6 に示す。

スペクトル領域でのシステムによる応答を詳しく調べよう。いま $g_E(x ; \mu)$

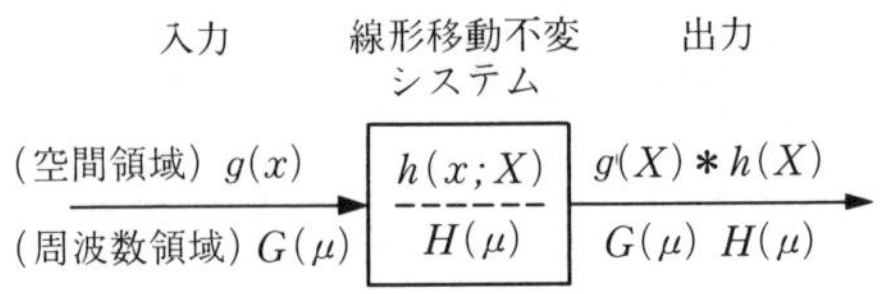

5. 線形光学システム

```
           入力         線形移動不変      出力
                        システム
(空間領域) g(x)  ┌─────────┐  g(X)*h(X)
               │ h(x;X)  │
               │ ─────── │
(周波数領域) G(μ) │  H(μ)   │  G(μ) H(μ)
               └─────────┘
```

図 5.6 線形移動不変システムの応答特性

で表される信号を線形移動不変システムに入力させたとき，出力が

$$\mathscr{L}[g_E(x;\mu)] = \lambda(\mu) g_E(X;\mu) \tag{5.43}$$

と表されるとしよう．つまり関数 $g_E(x;\mu)$ はシステムを通過する前後で関数形が不変であり，システムの固有関数であるとする．また $\lambda(\mu)$ は空間周波数 μ をパラメータとする固有値であるとする．

入出力関数を，ここで導入した固有関数の重ね合わせで表すと

$$g(x) = \int G'(\mu) g_E(x;\mu) d\mu \tag{5.44}$$

$$u(X) = \int U'(\mu) g_E(X;\mu) d\mu \tag{5.45}$$

となる．$G'(\mu)$ と $U'(\mu)$ は入出力を固有関数で表したときの重みを表す係数である．システムに任意関数の信号 $g(x)$ を入力させたとき，出力は式 (5.43), (5.44) を用いると

$$\begin{aligned} u(X) &= \mathscr{L}[g(x)] \\ &= \int G'(\mu) \mathscr{L}[g_E(x;\mu)] d\mu \\ &= \int G'(\mu) \lambda(\mu) g_E(X;\mu) d\mu \end{aligned} \tag{5.46}$$

である．式 (5.45) と式 (5.46) を比較すると

$$U'(\mu) = G'(\mu) \lambda(\mu) \tag{5.47}$$

となる．

関数 $g(x)$ の一例として，空間周波数 μ_m をもつ複素正弦波を入力させるとする．複素正弦波は

$$g(x) = \exp(i2\pi \mu_m x) \tag{5.48}$$

と表される．出力は，式 (5.39) を用いると

5.2 光学システムの基本特性

$$u(X) = \int \exp(i2\pi\mu_m\xi) h(X-\xi) d\xi$$
$$= H(\mu_m) \exp(i2\pi\mu_m X) \tag{5.49}$$

となる．複素正弦波をシステムに入力させると，同じ複素正弦波の出力が得られる．したがって複素正弦波関数はシステムの固有関数 $g_E(x;\mu)$ の一つである．

しかも固有関数を複素正弦波関数と置いたから，式 (5.44)，(5.45) での $G'(\mu)$，$U'(\mu)$ は，それぞれ $g(x)$，$u(X)$ のフーリエスペクトルを表すから

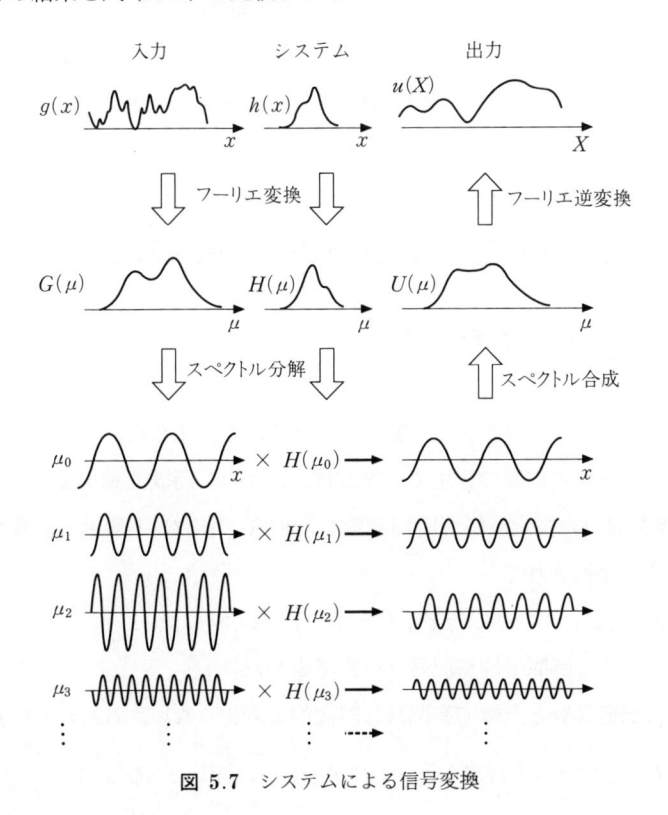

$$G'(\mu) = G(\mu), \quad U'(\mu) = U(\mu) \tag{5.50}$$

となる．式 (5.50) を式 (5.47) に代入すると，周波数領域の入出力関係が得られる．その結果を式 (5.42) と比較すると

図 **5.7** システムによる信号変換

$$\lambda(\mu) = H(\mu) \tag{5.51}$$

と得られる。複素正弦波を固有関数としたとき，点像応答関数のスペクトル $H(\mu)$ は，システム固有の特性を表す固有値である。

システムによる信号変換特性を模式的に**図5.7**に示す。入力関数をスペクトル成分に分解する。分解された複素正弦波関数は，線形移動不変システムによって，式(5.49)に示したように各周波数ごとに変調を受ける。その出力を合成すると，システムから出力されるスペクトルとなる。その結果，出力スペクトルは $G(\mu)$ と $H(\mu)$ の積になる。フーリエ逆変換すると出力信号 $u(X)$ が得られる。

5.3 光学システムの空間周波数特性

線形移動不変システムが示す性質はあらゆる分野に利用できる。光学システムに適用するには注意すべきことがある。情報伝達の媒体は光波である。光波は時間的な周波数がきわめて高く，光波そのものを検出することができない。検出できるのは光強度である。光強度に対する入出力特性を示す。

5.3.1 コヒーレント伝達関数

システムからの出力は式(5.39)で与えられ，点 (X, Y) に到達する光波は，入力面上の異なった位置から伝搬してきた光波を，重ね合わせることによって得られる。異なる位置で発生する光波は，たがいに時間変動する（第4章を参照）。観測面での複素振幅も時間変動し，$u(X, Y ; t)$ と表せる。観測される光強度は，平均されて

$$I(X, Y) = <u^*(X, Y ; t) u(X, Y ; t)> \tag{5.52}$$

となる。ここで時間平均を記号 $\langle \cdots \rangle$ で表した。

一般に伝搬媒質と点像応答関数は時間的に変化しない。したがって光強度は

$$I(X, Y) = <[\iint g^*(x', y' ; t) h^*(X - x', Y - y') dx' dy']$$

5.3 光学システムの空間周波数特性

$$[\iint g(x,y\,;\,t)\,h(X-x,Y-y)\,dxdy]>$$
$$=\iint\iint <g^*(x',y'\,;\,t)g(x,y\,;\,t)>h^*(X-x',Y-y')$$
$$\times h(X-x,Y-y)\,dx'dy'dxdy \tag{5.53}$$

となる。出力は,入力面上で発生する光波の相互強度 $<g^*(x',y'\,;\,t)g(x,y\,;\,t)>$ として特徴づけられる。つまり出力面での光強度が時間的に変動する性質は,入力面での光波がコヒーレントかインコヒーレントかによって異なる。

本項では,入力面での光波が時間的にも空間的にもコヒーレント光である場合を扱うとしよう。図5.8に示すように,入力面の点 $P(x,y)$ が出力面の点 $Q(X,Y)$ と対応しているとする。点Qに到達する光波は,点 (x,y) と,それを中心とする点像広がり内の点 (x',y') とから伝搬してきた光波の合成である。それら2点で発生する光波の位相は時間的に変動するが,この変動要因には強い相関があり,おたがいの位相が同期して同量だけ変化するとする。この場合,位相差がつねに一定となり,コヒーレント光としてよい。さらにこれら2点から観測点Qまでの光路長差が,コヒーレンス長より十分短いならば,2光波が伝搬しても,時間的コヒーレントの条件を保存している。

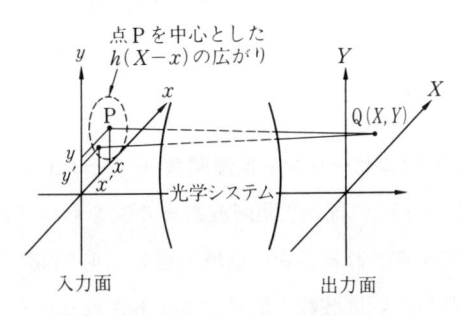

図 5.8 光波の伝搬

入力面で発生する光波が,このように時間的にも空間的にもコヒーレントであるには,コヒーレントなレーザ光を,物体に照明することによって容易に得られる。レーザ光によって照明されるとき,入力面での異なった位置での2光

波は，位相差が時間的に変動しないから

$$<g^*(x',y';t)g(x,y;t)> = g^*(x',y')g(x,y) \tag{5.54}$$

と表される。

コヒーレント光照明のとき，システムによる伝達特性を求めよう。観測面での光強度は，式(5.54)を式(5.53)に代入することによって

$$I(X,Y) = |\iint g(x,y)h(X-x,Y-y)dxdy|^2$$

$$= |g(X,Y)*h(X,Y)|^2 \tag{5.55}$$

となる。観測面での合成波は式(5.39)の $u(X,Y)$ と表され，光強度は式(5.55)に示したように $|u(X,Y)|^2$ と与えられる。光強度に対する入出力関係を図5.9に示す。

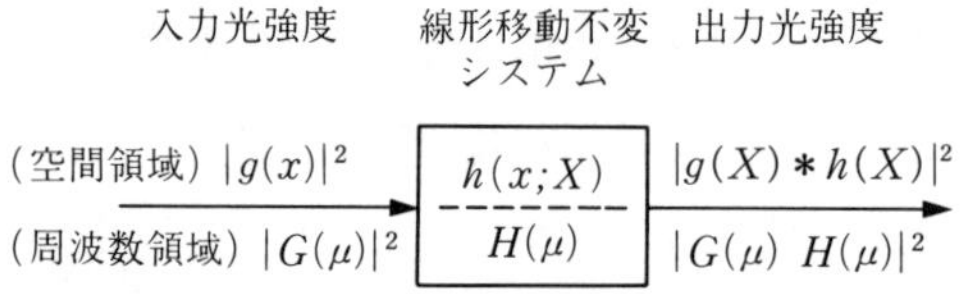

入力光強度	線形移動不変システム	出力光強度
（空間領域）$\|g(x)\|^2$	$h(x;X)$	$\|g(X)*h(X)\|^2$
（周波数領域）$\|G(\mu)\|^2$	$H(\mu)$	$\|G(\mu)\ H(\mu)\|^2$

図 5.9 コヒーレント光照明でのシステムの応答特性

出力像の空間周波数特性を求めよう。式(5.42)を用いると，出力スペクトルの入力スペクトルに対する比は

$$\mathrm{CTF} = H(\mu,\nu) = \frac{U(\mu,\nu)}{G(\mu,\nu)} \tag{5.56}$$

となる。この関数 H を**コヒーレント伝達関数**（coherent transfer function：CTF）という。$H(\mu,\nu)$ が高い空間周波数まで値をもつブロードな関数であれば，画像は正確に伝達される。逆に低域通過フィルタ関数（ローパスフィルタ特性）ならば，高い空間周波数の信号がカットされるから，画像はボケることになる。したがってCTFは，コヒーレント光で照明された光学システムの伝達特性を表す。

5.3.2 インコヒーレント伝達関数

入力面での光波がインコヒーレントである条件は，時間的コヒーレンスと空

5.3 光学システムの空間周波数特性

間的コヒーレンスのいずれもインコヒーレントである場合，あるいはいずれか一方がインコヒーレントである場合である．このとき任意の１点で発生する光波の位相は，他の点で発生する光波の位相とまったく無関係に変化する．式(5.53)の時間平均値は，２点が同一でない限りゼロとなるから

$$<g^*(x',y';t)g(x,y;t)> = |g(x,y)|^2\delta(x-x',y-y') \quad (5.57)$$

と表される．

インコヒーレント光を物体に照明した場合，式(5.57)を式(5.53)に代入すると，光強度は

$$I(X,Y) = \iint |g(x,y)|^2 |h(X-x,Y-y)|^2 dxdy$$
$$= |g(X,Y)|^2 * |h(X,Y)|^2 \quad (5.58)$$

となる．式(5.55)と比較してわかるように，コヒーレント光照明とインコヒーレント光照明とでは，同じ点像応答関数を用いることができるが，観測される光強度が異なる．インコヒーレント光照明の場合，光強度は関数 $|g(x,y)|^2$ と関数 $|h(x,y)|^2$ とのたたみ込み積分となる．この関係を模式的に図 5.10 に示す．

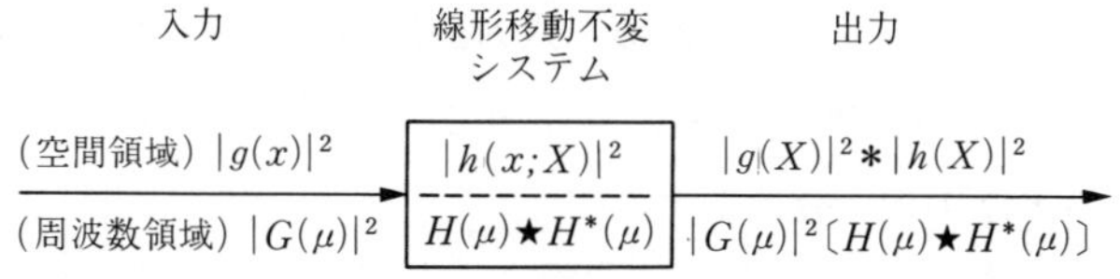

```
                    線形移動不変
     入力           システム              出力

(空間領域) |g(x)|²  ┌─────────┐   |g(X)|² * |h(X)|²
─────────────────▶ │|h(x;X)|²│ ─────────────────────▶
(周波数領域)|G(μ)|²│H(μ)★H*(μ)│   |G(μ)|²〔H(μ)★H*(μ)〕
                    └─────────┘
```

図 5.10　インコヒーレント光照明でのシステムの応答特性

インコヒーレント光照明における伝達特性は，式(5.58)をフーリエ変換して

$$\mathscr{F}[I(X,Y)] = \mathscr{F}[|g(X,Y)|^2]\mathscr{F}[|h(X,Y)|^2] \quad (5.59)$$

となる．$\mu=\nu=0$ のフーリエ成分で規格化すると

$$\frac{\mathscr{F}[I(X,Y)]}{\mathscr{F}[I(X,Y)]_{\mu=\nu=0}} = \frac{\mathscr{F}[|g(X,Y)|^2]}{\mathscr{F}[|g(X,Y)|^2]_{\mu=\nu=0}} \frac{\mathscr{F}[|h(X,Y)|^2]}{\mathscr{F}[|h(X,Y)|^2]_{\mu=\nu=0}}$$

$$(5.60)$$

となる．右辺は二つの項の積で表され，第２項を

$$\text{ITF} = \frac{\mathscr{F}[|h(X,Y)|^2]}{\mathscr{F}[|h(X,Y)|^2]_{\mu=\nu=0}} \tag{5.61}$$

と置く。ITF は**インコヒーレント伝達関数** (incoherent transfer function：ITF) と呼ばれる。コヒーレント伝達関数とインコヒーレント伝達関数は，共に光学システムの周波数応答特性を表す。これらを総称して，**光学的伝達関数** (optical transfer function：OTF) と呼ばれている。

ITF と CTF との関係を調べよう。式(5.61)の分子分母それぞれについてフーリエ変換を実行すると

$$\mathscr{F}[|h(X,Y)|^2]_{\mu=\nu=0} = [\iint H(\alpha,\beta)H^*(\alpha-\mu,\beta-\nu)\,d\alpha d\beta]_{\mu=\nu=0}$$

$$= \iint |H(\alpha,\beta)|^2 d\alpha d\beta \tag{5.62}$$

$$\mathscr{F}[|h(X,Y)|^2] = H(\mu,\nu) \bigstar H^*(\mu,\nu) \tag{5.63}$$

を得る。したがって

$$\text{ITF} = \frac{H(\mu,\nu) \bigstar H^*(\mu,\nu)}{\iint |H(\mu,\nu)|^2 d\mu d\nu} \tag{5.64}$$

と表される。ITF は CTF の自己相関関数で与えられる。光学システムの周波数特性は，CTF によって決められる。入力画像がコヒーレント光照明によるかインコヒーレント光照明によるかによって，OTF は式 (5.56) の $H(\mu,\nu)$ あるいは式 (5.64) の使い分けをする。

5.3.3 変調伝達関数

光学システムは線形移動不変システムである。この特性を利用すると，システムの評価ができる。5.2.3項で示したように，線形移動不変システムには固有関数が存在し，複素正弦波関数がその一例であった。しかしシステムを評価するのに，光波そのものは可観測量でないので扱えない。本項では光強度が正弦的に変化する入力を与えて，システムの特性を評価する。

空間的に正弦変化する画像を光学システムに入力させると，コントラストが低下した画像となる。コントラストの変化は光学システムの空間周波数特性に

密接な関係がある。入力像と出力像のコントラスト比を**変調伝達関数**（modulation transfer function：MTF）という。すなわち，MTFは

$$\mathrm{MTF} = \frac{出力像のコントラスト}{入力像のコントラスト} \tag{5.65}$$

と定義される。MTF＝1ならば，入力と同じ画像が得られる。MTF＜1ならば，劣化した画像が得られる。MTFは用いた光学システムの伝達特性を表す。しかも光強度を測定することによって，それを容易に求めることができる。

入力画像の強度分布 $I_{\mathrm{in}}(x)$ が，空間周波数 μ をもつ1次元正弦波格子であるとすると

$$|g(x)|^2 = I_{\mathrm{in}}(x) = 1 + A\cos(2\pi\mu x) \tag{5.66}$$

となる。正弦的に変化する画像はコントラストによって特徴づけられる。コントラストは，I を光強度とするとき

$$C = \frac{I_{\max} - I_{\min}}{I_{\max} + I_{\min}}$$

である。$I_{\max}$ は最大光強度，$I_{\min}$ は最小光強度である。入力画像のコントラストを C_{in} とすると

$$C_{\mathrm{in}} = A \tag{5.67}$$

である。コントラスト C_{in} の画像を与えて，光学システムの伝達特性を評価する（**図 5.11**）。

インコヒーレント光であるとして，式(5.58)を使って出力を表すと

$$|u(X)|^2 = \int |h(x)|^2 dx + C_{\mathrm{in}} \int \cos(2\pi\mu x)|h(X-x)|^2 dx \tag{5.68}$$

となる。$2\cos\theta = \exp(i\theta) + \exp(-i\theta)$ の関係を用い，第2項の積分を実行する。

$$\int \exp(i2\pi\mu x)|h(X-x)|^2 dx = \exp(i2\pi\mu X)[H(\mu) \bigstar H^*(\mu)]$$

と導かれるから，式(5.68)は

$$|u(X)|^2 = \int |h(x)|^2 dx + \frac{C_{\mathrm{in}}}{2} \exp(i2\pi\mu X)[H(\mu) \bigstar H^*(\mu)]$$

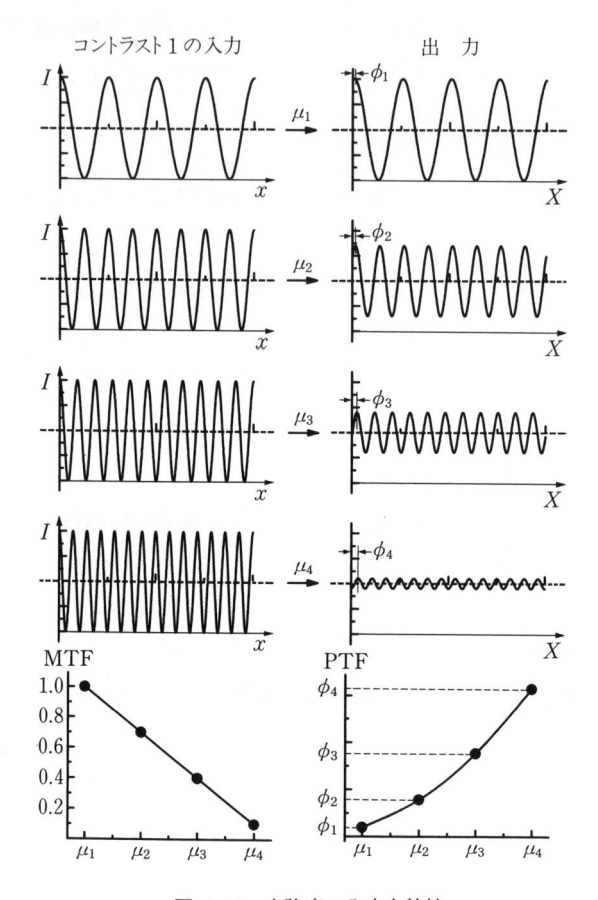

図 5.11 光強度の入出力特性

$$+\frac{C_{\text{in}}}{2}\exp\left(-i2\pi\mu X\right)[H(\mu)\bigstar H^*(\mu)]^*$$

となる。さらに関数 $H(\mu)\bigstar H^*(\mu)$ は複素数である。位相 $\phi(\mu)$ を用いて

$$H(\mu)\bigstar H^*(\mu)=|H(\mu)\bigstar H^*(\mu)|\exp[i\phi(\mu)]$$

と置くと

$$|u(X)|^2=\int|h(x)|^2dx+C_{\text{in}}|H(\mu)\bigstar H^*(\mu)|\cos[2\pi\mu X+\phi(\mu)]$$

(5.69)

と変形できる。出力光強度は位置 X とともに余弦関数に従って変化する。

出力像のコントラストは

$$C_{\text{out}} = \frac{C_{\text{in}}|H(\mu) \star H^*(\mu)|}{\int |h(x)|^2 dx}$$

となる。変調伝達関数は式(5.65)を用いて

$$\text{MTF} = \frac{C_{\text{out}}}{C_{\text{in}}} = \frac{|H(\mu) \star H^*(\mu)|}{\int |H(\mu)|^2 d\mu} \tag{5.70}$$

と与えられる。ここで分母に対して，エネルギー保存則（パーシバルの定理）を用いた。式(5.64)と比較すると

$$\text{MTF} = |\text{ITF}| \tag{5.71}$$

となる。変調伝達関数は光学的伝達関数の絶対値に等しい。

全エネルギーを1と置いて，式(5.69)の出力像を書き直すと

$$|u(X)|^2 = 1 + A|\text{ITF}|\cos[2\pi\mu X + \phi(\mu)] \tag{5.72}$$

となる。インコヒーレント光照明である場合，入力像の式(5.66)と出力像の式(5.72)とを比較しよう。入力が正弦波状ならば出力もまた正弦波状となる。空間周波数は入力のそれに等しく，振幅は入力の |ITF| 倍となる。位相は $\phi(\mu)$ だけシフトする。したがって，出力像の最大値をとる位置は入力のそれと異なる。この関数 $\phi(\mu)$ を**位相伝達関数**（phase transfer function：PTF）という。図5.11の位相シフト $\phi(\mu)$ はこの位相伝達関数を示す。

5.4 画像の劣化と評価

光学システムは点像応答関数や光学的伝達関数によって特徴づけられる。一方，光学システムの重要な性質に結像作用がある。本節では結像作用を例にとって，点像応答関数や光学的伝達関数を求め，画像を撮影するときの結像特性を示す。

5.4.1 ひとみ関数と解像力

ある像を光学システムを使って撮影するとしよう。撮影された画像はなんらかの劣化を受けている。その原因はいくつか考えられるが，**図 5.12** に示すようにレンズが有限の大きさであることによって生じる。

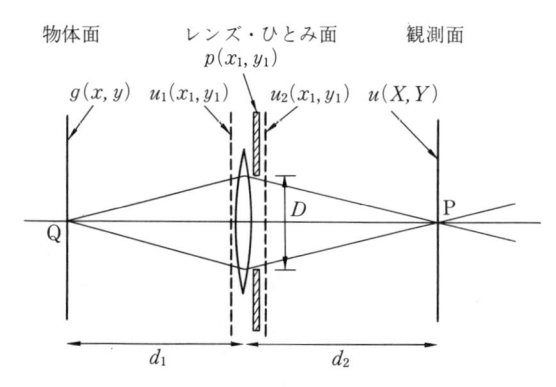

図 5.12 結像光学システム

レンズは理想的な無収差レンズであるとし，3.3.1 項の位相変調素子で表されるとする。その大きさは，開口絞りを設けることによって制限される。これを**ひとみ関数**（pupile function）という。レンズはきわめて薄く，その座標軸を (x_1, y_1) とすると，ひとみ関数は同じ座標系を使って $p(x_1, y_1)$ と表せる。また入力物体はコヒーレント光の平面波によって照明され，自由空間を伝搬する光波はフレネル回折式に従うとする。簡単化のため，1 次元で表すと，レンズ面に入射する光波は

$$u_1(x_1) = g(x_1) * \exp\left(\frac{ik}{2d_1}x_1^2\right) \tag{5.73}$$

となる。この光波が焦点距離 f のレンズによる位相変調とひとみ関数による振幅変調を受け

$$u_2(x_1) = u_1(x_1) \exp\left(-\frac{ik}{2f}x_1^2\right) p(x_1) \tag{5.74}$$

となる。再び自由空間を伝搬し，観測面に到着する光波は

$$u(X) = u_2(X) * \exp\left(\frac{ik}{2d_2}X^2\right) \tag{5.75}$$

と与えられる。これら三つの関係式から，観測面での光波が求められる。

観測位置は結像条件を満足し，距離 d_1, d_2 についてレンズの公式

$$\frac{1}{d_1}+\frac{1}{d_2}=\frac{1}{f} \tag{5.76}$$

が成り立ち，結像倍率は

$$M=\frac{d_2}{d_1} \tag{5.77}$$

である。またひとみ関数のフーリエ変換形を

$$\mathscr{F}[p(x_1)]=P\left(\frac{X}{\lambda d_2}\right) \tag{5.78}$$

とする。

これらの関数を用いると，式(5.75)を

$$u(X,Y) = \left\{g\left(-\frac{X}{M},-\frac{Y}{M}\right)\exp\left[\frac{ik}{2Md_2}(X^2+Y^2)\right]\right\} * P\left(\frac{X}{\lambda d_2},\frac{Y}{\lambda d_2}\right) \tag{5.79}$$

と整理することができる（演習問題5.2を参照）。ただし係数を省略した。観測面での光波は，入力面での光波 g と関数 P とのたたみ込み積分で与えられる。

開口は十分広いと考えられ，フーリエ変換形の式（5.78）は原点近傍にのみ値をもつ。この条件では，式（5.79）の指数部をほとんどゼロとしてよい。このとき

$$u(X,Y)=g\left(-\frac{X}{M},-\frac{Y}{M}\right) * P\left(\frac{X}{\lambda d_2},\frac{Y}{\lambda d_2}\right) \tag{5.80}$$

となる。関数 P が光学システム全体の点像応答関数となっている。もし関数 P がデルタ関数で与えられるならば，倍率 M の上下左右に反転した画像が得られる。しかし，関数 P が有限の広がりをもつならば，$u(X,Y)$ はたたみ込み積分によって入力画像 $g(x,y)$ と異なった劣化画像となる。

用いたレンズの直径を D としよう。このとき1次元として扱うと

$$\mathscr{F}[p(x_1)] = \int \mathrm{rect}\left(\frac{x_1}{D}\right) \exp\left(-i2\pi \frac{X}{\lambda d_2} x_1\right) dx_1$$

$$= D\,\mathrm{sinc}\left(\frac{X}{\lambda d_2} D\right) \tag{5.81}$$

と与えられる。点光源 $\delta(x)$ に対するシステムの点像応答関数 PSF は

$$h(X) = \frac{1}{D} P\left(\frac{X}{\lambda d_2}\right) = \mathrm{sinc}\left(\frac{X}{\lambda d_2} D\right) \tag{5.82}$$

であることがわかる。結像システムのコヒーレント伝達関数 CTF は，$H(0)=1$ と規格化されているとすると

$$H(\mu) = \mathrm{rect}\left(\frac{\lambda d_2}{D}\mu\right) = p(\lambda d_2 \mu) \tag{5.83}$$

となる。ひとみ関数と光学的伝達関数の関係を図 5.13 に示す。CTF はひとみ関数の変数 x_1 を $\lambda d_2 \mu$ に置き換えることによって得られる。

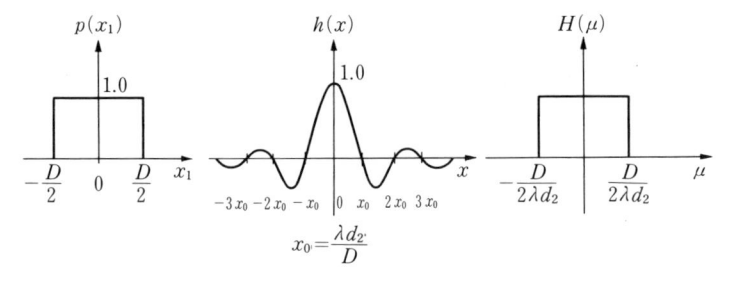

図 5.13 コレーレント伝達関数

さらに CTF は

$$H(\mu) = \begin{cases} 1 & (|\mu| \leq D/(2\lambda d_2)) \\ 0 & (|\mu| > D/(2\lambda d_2)) \end{cases} \tag{5.84}$$

であることを用いると，出力像の遮断空間周波数 $\mu_{\max}$ が得られる。入力像の大きさは出力像の $1/M = d_1/d_2$ 倍である。空間周波数については M 倍となるから，入力像の遮断空間周波数 $(\mu_{\max})_{\mathrm{in}}$ は

$$(\mu_{\max})_{\mathrm{in}} = \mu_{\max} M = \frac{D}{2\lambda d_1} \tag{5.85}$$

となる。レンズの口径が大きいとき遮断周波数も大きくなり，高い空間周波数まで存在する画像が得られる。$D \to \infty$とすると，式(5.82)のPSFはきわめてシャープな関数となり，ボケない完全な画像が出力される。

インコヒーレント光照明の場合には，式(5.64)を用いると

$$\text{ITF} = p(\lambda d_2 \mu) \bigstar p^*(\lambda d_2 \mu) \tag{5.86}$$

となる。図5.13に対応するITFを**図5.14**に示す。入力像の遮断空間周波数$(\mu_{\max})_{\text{in}}$は

$$(\mu_{\max})_{\text{in}} = \mu_{\max} M = \frac{D}{\lambda d_1} \tag{5.87}$$

となる。コヒーレント光照明の2倍となる。

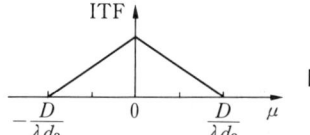

図5.14 インコヒーレント伝達関数

普通の写真機で物体を撮影するとしよう。実際のレンズ開口は円形であるが，1次元として扱う。物体は20m先にあり，波長$\lambda = 0.5\,\mu\text{m}$の緑色をしているとする。カメラレンズの焦点距離を$f = 20\,\text{mm}$，F値を$F_\text{N} = 2$とするとレンズの有効径は$D = 10\,\text{mm}$となる。$(\mu_{\max})_{\text{in}} = 1.0\,\text{mm}^{-1}$となるから，物体を1mmまで分解して撮影できる。

結像特性は分解能（あるいは解像力）によって評価される。接近した二つの像が分解できる限界を像間距離で定義する。被写体が二つの開口からなるとき，観測面にはそれらの回折光強度分布が現れる。インコヒーレント光で照明されていると，おたがいに干渉しないから，二つの強度分布の単純和で与えられる。二つの開口が接近すれば，二つの強度分布が重なり2点であるとは判別がつかなくなる。この分解能と遮断周波数との関係を調べよう。

レイリー（Rayleigh）分解能は，被写体を二つの円形開口とし，回折パターン（エアリー像）の第1暗輪の半径まで接近したときを，分解できる限界距離とする。この状態を**図5.15**に示す。被写体の開口径をD，十分大きなレン

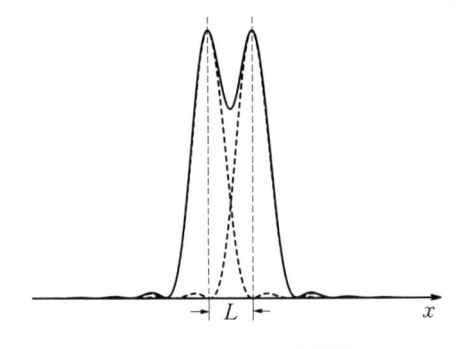

図 5.15 レイリー分解能

ズの焦点距離を f とする。3.2.2項および3.3.2項を参考にすると，焦平面での限界距離は

$$L = 1.22 \frac{\lambda f}{D} \tag{5.88}$$

である。分解能の逆数が解像力である。解像力は

$$R = \frac{1}{L} = 0.82 \frac{D}{\lambda f} \tag{5.89}$$

となる。被写体が十分遠方にあり $d_2 = f$ としたとき，回折による解像力 R とレンズ開口制限による遮断周波数 μ_{max} とが対応している。

5.4.2 焦点はずれと焦点深度

3次元物体を撮影するとしよう。図5.16示すように距離 d_1 の物点に焦点を合わせて，それを距離 d_2 の結像位置で観測するとする。他の物点の結像位置はその観測位置からずれ，**焦点はずれ**（defocus）となる。観測像は広がりをもつが一定範囲内ならば，実用上鮮明な像が得られているとしてもさしつかえない。

焦点はずれの許容限度を調べよう。ある物点の結像位置が，観測位置から距離 Δd だけズレているとする。このズレがわずかであるとして，$\Delta d \ll d_2$ と近似し，観測位置での広がり半径を δ とする。レンズの口径を D とすると相似関係から

5.4 画像の劣化と評価

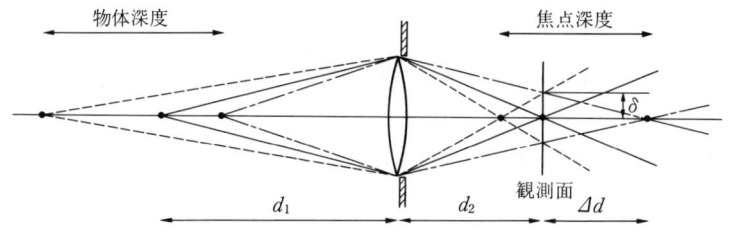

図 5.16 焦点はずれ

$$\Delta d = 2\frac{d_2}{D}\delta \tag{5.90}$$

となる．観測位置での物点の広がり δ が許容限度以上になると，観測画像は鮮明でなくなり，ボケた劣化像となる．許容できる Δd の範囲を**焦点深度** (depth of focus) という．図からわかるように，観測位置よりレンズに近い側と遠い側とでは距離が異なり，それぞれの範囲を前方焦点深度，後方焦点深度という．

観測面での広がり幅の許容限度を回折広がり以下であるとしよう．無収差レンズが用いられ，焦点距離を f，F値を $F_N = f/D$ とする．レンズによる回折広がり半径を δ とすると

$$\delta = c\,\lambda\frac{f}{D} = c\lambda F_N \tag{5.91}$$

となる．定数 c はレンズのひとみが円形であるならば，3.2.2項から $c = 1.22$ となる．この広がりの許容限度は目的によって異なり，いくつかの定義がある．しかしながら，いずれの定義でも $c = 1 \sim 4$ の範囲内にある．

簡単のため物体が十分遠方にあり，結像位置は結像レンズの後焦平面とし，$d_2 = f$ としよう．式 (5.90) を用いると

$$\Delta d = 2c\lambda\left(\frac{f}{D}\right)^2 = 2c\lambda F_N^2 \tag{5.92}$$

となる．焦点深度 Δd は F 値の 2 乗に比例する．大きさ D を小さくすれば，焦点深度が深くなる．なお観測位置を固定したとき，式(5.92)に対応する物体の許容範囲を物体深度という．

演 習 問 題

5.1 下記に示す本文中の関係式を証明せよ。
 （1） 式(5.12)
 （2） 式(5.13)
 （3） 式(5.16 a)
 （4） 式(5.19 b)
 （5） 式(5.19 c)
 （6） 式(5.21)
 （7） 式(5.22 a)

5.2 結像条件を満たすとき，式(5.79)を導け。

6 光情報処理

　光学的方法による画像処理は，光情報工学の重要な一分野である。光学的画像処理の特長は，画像を2次元配列のままで，同時刻に並列に演算し，画像として出力する。演算速度は光の伝搬速度に等しく，瞬時に行われる。処理システムがいったんハード的に構成されると，オンライン処理などの実用的メリットなど計りしれない。この処理システムには画像入力素子，演算処理フィルタ，感光・記録材の要素が必要である。光学的処理の特長を十分発揮するには，これらの要素をさらに発達させることが重要である。

　本章では並列演算処理の特長を備え，大容量の画像情報を瞬時に処理する観点から，光学的な方法による復元・認識システムの基本的な処理法を示す。

6.1　空間周波数フィルタリングの基本構成

　光学的方法による情報処理には，画像の復元，修正，認識・識別などがある。これらの演算処理は，与えられた画像に一定の規則に基づいて輝度変化を与えたり，与えられた画像の中から目的に沿った特定画像を選び出したりすることなどである。ここで目的に沿った特定画像とは，広い意味で輝度分布や空間周波数分布で与えられた特徴画像，あるいは前もって準備された標準画像などを指す。

　画像の演算処理を一般化すると，つぎのようになる。与えられた画像 $g(x,y)$ は，特定画像 $s(x,y)$ との間に

$$g(x,y) = s(x,y) * h(x,y) \tag{6.1}$$

の関係があるとする。このとき演算処理は，画像 $g(x,y)$ から画像 $s(x,y)$ を取り出すことである。

画像 $g(x,y)$ に適当な修正関数 $t(x,y)$ をたたみ込み演算（コンボリューション積分）するとしよう。演算によって得られる画像 $u(X,Y)$ は

$$u(X,Y) = g(X,Y) * t(X,Y)$$
$$= s(X,Y) * [h(X,Y) * t(X,Y)] \qquad (6.2)$$

となる。修正関数 $t(x,y)$ が

$$h(X,Y) * t(X,Y) = \delta(X,Y) \qquad (6.3)$$

を満足するとすると

$$u(X,Y) = s(X,Y) * \delta(X,Y) = s(X,Y) \qquad (6.4)$$

となり，目的の特定画像 $s(X,Y)$ を得ることができる。このような性質をもつ修正関数を求めるには，大きく分けて二つの方法がある。

一つは，式 (6.3) の両辺をフーリエ変換することによって

$$H(\mu,\nu)T(\mu,\nu) = 1$$

を得るから

$$T(\mu,\nu) = \frac{1}{H(\mu,\nu)} \qquad (6.5)$$

となる。修正関数を得ることができる。$g(x,y)$ が撮影された画像であるならば，$h(x,y)$ は撮影光学システムの点像応答関数（PSF），スペクトル $H(\mu,\nu)$ は光学的伝達関数（OTF）である。撮影がインコヒーレント照明であればITFである。OTFの逆数で与えられる修正関数 $T(\mu,\nu)$ をインバースフィルタ（逆フィルタ）という。

画像の劣化要因には，レンズの収差，システムの遮断周波数，焦点はずれ，物体と観測システムの間にある媒質のゆらぎ，媒質中のちりなどによる迷光の混入などがある。これらによる劣化画像は，空間領域において修正関数をたたみ込み演算することによって，あるいは周波数領域においてインバースフィルタを積演算させることによって，復元・修正が行われる。

もう一つの方法は，修正関数を $t(x,y) = h^*(-x,-y)$ とすることである。

この修正関数を用いると，式 (6.3) の左辺は

$$h(X,Y)*h^*(-X,-Y) = \int h(\xi,\eta)h^*[-(X-\xi),-(Y-\eta)]d\xi d\eta$$
$$= h(X,Y) \star h^*(X,Y) \tag{6.6}$$

と得られ，自己相関関数で与えられる。$X=0$，$Y=0$ とすると二つの関数の位置が完全に一致し，強い相関値をとる。X，Y の増大とともに二つの関数の中心位置がずれ，相関値が急速に減衰する。このため近似的に

$$h(X,Y) \star h^*(X,Y) \sim \delta(X,Y)$$

とすることができ，式 (6.3) と同様の関係が得られる。

スペクトル面での修正関数は

$$T(\mu,\nu) = H^*(\mu,\nu) \tag{6.7}$$

となる。与えられた画像 $g(x,y)$ に修正関数 $h^*(-x,-y)$ をたたみ込み演算すると，あるいはスペクトル面で式 (6.7) を積演算すると，相関値が得られる。この相関演算法は，ある特定画像 $h(x,y)$ の認識などに利用される。

画像間のたたみ込み演算を光学的に実現することは難しいが，積演算を行うことは容易である。したがって光学的な演算処理システムの基本構成は**図 6.1**となる。また，システムの具体例を**図 6.2**に示す。図中の f はレンズの焦点距離である。平面波を入力画像に照明し，透過光が空間的に複素振幅分布 $g(x,y)$ をもつとする。この光波がフーリエ変換システムを伝搬すると，$G(\mu,\nu)$ の光波となる（3.3.2項を参照）。この光波の伝搬路上に透過率分布

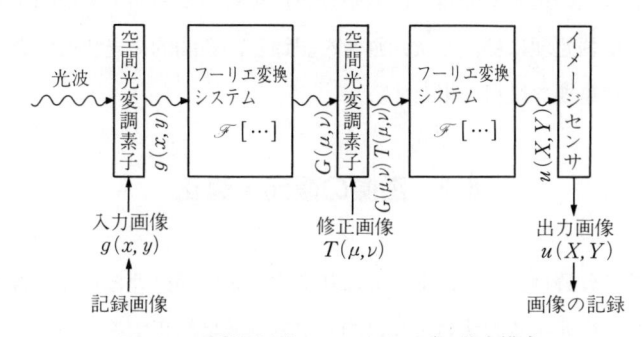

図 6.1 空間周波数フィルタリングの基本構成

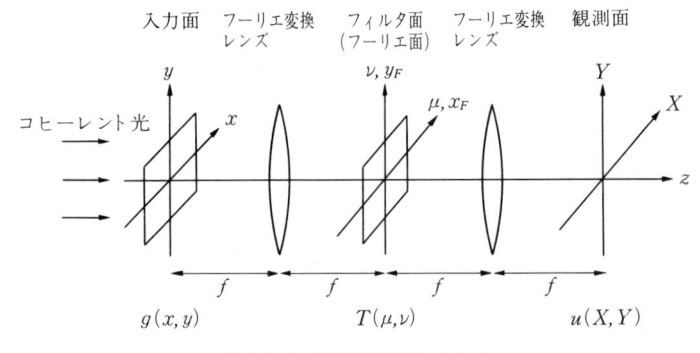

図中ラベル:
入力面, フーリエ変換レンズ, フィルタ面（フーリエ面）, フーリエ変換レンズ, 観測面
コヒーレント光
$g(x,y)$, $T(\mu,\nu)$, $u(X,Y)$

図 6.2 光情報処理システム

$T(\mu,\nu)$ の画像を置く。振幅と位相が変調され，透過光は $G(\mu,\nu)\,T(\mu,\nu)$ となる。通過した光波は，再びフーリエ変換システムを伝搬することによって，観測面に画像 $u(X,Y)$ が出力される。

出力画像は 2 度フーリエ変換された結果であるから，元の画像に戻っているはずであるが，入力画像と異なっている。入力画像の空間周波数スペクトルが $T(\mu,\nu)$ の挿入によって変化したからである。挿入画像 $T(\mu,\nu)$ は空間周波数領域でフィルタとして作用する。この処理方法を**空間周波数フィルタリング** (spatial frequency filtering) 法という。

光情報処理システムでは，発光する入力画像や伝搬する光を 2 次元的に変調するフィルタを必要とする。これらは光を透過（反射）させることによって得られる。2 次元の透過率分布（反射率分布）をもつ変換素子を空間光変調素子という。光情報処理には，2 次元画像を記録し，空間的に光波を変調する空間光変調素子が重要な役目を果たす。

6.2　画像の復元・修正

画像処理の分野は広いが，本節では基本的な光情報処理として，劣化画像から元の画像に復元する方法および目的とする画像に修正する方法を示す。

6.2.1 帯域制限フィルタ

空間周波数フィルタリング法は，空間周波数領域で光波を変調する。図6.2中のフィルタ面の座標軸を (x_F, y_F) とすれば，空間周波数は

$$\mu = \frac{x_F}{\lambda f}, \quad \nu = \frac{y_F}{\lambda f} \tag{6.8}$$

と与えられる。空間周波数は座標軸に比例している。座標原点からの距離によって振幅変調量を変えれば，ハイパスフィルタ，ローパスフィルタ，バンドパスフィルタなどが作れる。ハイパスフィルタはコントラストの強調，ローパスフィルタ，バンドパスフィルタは雑音除去などに用いられる。コントラスト強調の例を以下に示す。

レンズが汚れていたり，空気中に微粒子が浮遊していたりすると，散乱光が入り込んでくる。目的とする画像以外にバックグラウンド光があるために，低コントラストの劣化画像となる。この画像のコントラストを改善する。バックグラウンドの光強度を b とすると，撮影された画像は

$$g(x, y) = b + s(x, y) \tag{6.9}$$

と与えられる。フーリエ変換すると

$$G(\mu, \nu) = b\delta(\mu, \nu) + S(\mu, \nu) \tag{6.10}$$

となる。

画像 $s(x, y)$ を得るための空間周波数フィルタは，式(6.5)を参考にすると

$$T(\mu, \nu) = \frac{S(\mu, \nu)}{G(\mu, \nu)} = \frac{S(\mu, \nu)}{b\delta(\mu, \nu) + S(\mu, \nu)}$$

$$= \begin{cases} \dfrac{S(0,0)}{b + S(0,0)} & (\mu = \nu = 0) \tag{6.11 a} \\ 1 & (\mu \neq 0, \nu \neq 0) \tag{6.11 b} \end{cases}$$

と与えられる。スペクトル面の中心点 $(\mu=0, \nu=0)$ のみ透過率を0とし，他の領域の透過率を1とするフィルタを作成すればよい。

フィルタを図6.3に示す光情報処理システムを用いて製作するとしよう。ハード的に構成するから，完全なフィルタが得られない。理想的な照明光は平行光であるが，現実にそれを実現することは難しい。点光源であればレンズによ

160　　6. 光情報処理

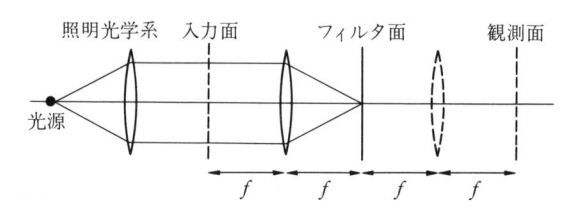

図 6.3　帯域制限フィルタ作成と処理システム

り平行光を容易に作れるが，適度な輝度を得るために，光源は有限の大きさをもつからである。この問題を解消するために，図 6.3 中の実線で表したシステムを用いて，フィルタ面にネガフィルムを置き，光源像のみを撮影する。現像処理するとフィルタとなる。

フィルタはネガフィルムで撮影されている。したがって光源の広がりを除去すると同時に，式(6.11 a)のゼロ空間周波数成分をカットする。処理システムは図 6.3 中の波線を含めたシステムであり，フィルタを撮影と同じ位置に設置する。つぎに撮影された原画像 $g(x,y)$ を入力面に置く。同じ光源を用いて入力画像を照明すると，出力像は，低い空間周波数成分が除かれ，コントラストが強調された画像となる。

6.2.2　微分フィルタ

画像処理分野にエッジを抽出し，特徴画像を求めることがある。光学的にエッジを抽出する微分フィルタを求めよう。簡単のため 1 次元とする。x 軸方向の微分画像を

$$s(x)=g'(x)=\frac{d}{dx}g(x) \tag{6.12}$$

とする。この関数をフーリエ変換すると

$$\begin{aligned}\mathscr{F}[g'(x)]&=\int_{-\infty}^{+\infty}g'(x)\exp(-i2\pi\mu x)\,dx\\&=g(x)\exp(-i2\pi\mu x)\Big|_{-\infty}^{\infty}+i2\pi\mu\int g(x)\exp(-i2\pi\mu x)\,dx\end{aligned}$$

$$\tag{6.13}$$

となる。ここで $x \to \pm\infty$ のとき，関数 $\exp(-i2\pi\mu x)$ は有界であり，$g(x)$ はゼロに収束する。このため式 (6.13) の第1項はゼロとなる。したがって

$$S(\mu) = \mathscr{F}[g'(x)] = i2\pi\mu G(\mu) \tag{6.14}$$

と与えられる。$G(\mu)$ は入力画像のフーリエ変換像そのものである。微分フィルタは

$$T(\mu) = i2\pi\mu \tag{6.15}$$

となることがわかる。

このフィルタは**図 6.4**(a)に示すように負の透過率を必要とするが，同図(b)と(c)との積演算により実現する。図(b)は正の透過率をもつ振幅フィルタ，図(c)は透過光の位相 ϕ を相対的に π だけシフトさせる。これを位相フィルタという。位相フィルタはガラス基板上にふっ化マグネシウムなどの透明薄膜を蒸着して作る。薄膜の屈折率を n，空気の屈折率を $n=1$ と表すと，膜厚を

$$d = \frac{\lambda}{2(n-1)} \tag{6.16}$$

とすればよい。つまり透過光の位相差は $\delta\phi = \phi_1 - \phi_n = -\pi$ となり，位相変調によって $\exp(-i\pi) = -1$ が得られるからである。振幅フィルタと位相フィルタとを重ね合わせることによって，負の符号をもつフィルタが得られる。重ね合わせたフィルタを図 6.2 中のフィルタ面に設置する。入力面に画像を置くと微分画像が出力される。

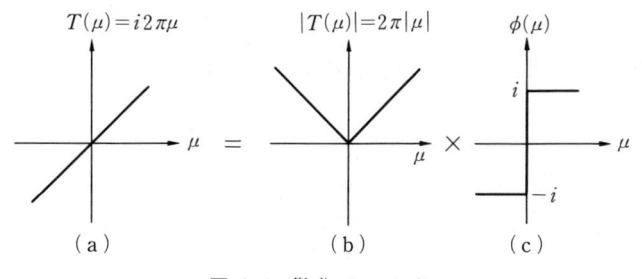

図 6.4 微分フィルタ

6.2.3 復元フィルタ

市販の写真機（カメラ）を用いて，高速移動物体を撮影するとしよう。シャッタ速度に限度があり，露出時間中に被写体が移動すると，像がボケて写る。あるいは被写体は静止しているが，露出時間中にカメラがブレても同じことが起こる。これらは"流れ写真"と呼ばれ，劣化画像の代表例である。このほかにも，カメラのピント合わせが不十分であると，像がボケて写る。この劣化画像は"焦点はずれ"として知られている。これら劣化画像の復元フィルタは，式(6.5)によって光学的伝達関数（OTF）の逆数で与えられる。

流れ写真の劣化画像から真の物体像 $s(x,y)$ を復元するフィルタを導こう。時間 t に物体が移動する距離を x 軸方向に $a(t)$，y 軸方向に $b(t)$ とする。この移動物体を露出時間 τ で撮影したとする。撮影された画像は

$$g(x,y) = \int_{-\tau/2}^{\tau/2} s[x-a(t), y-b(t)] dt \tag{6.17}$$

となる。両辺をフーリエ変換すると

$$G(\mu,\nu) = \int_{-\tau/2}^{\tau/2} \iint s(\xi,\eta) \exp[-i2\pi(\mu\xi+\nu\eta)]$$
$$\exp\{-i2\pi[a(t)\mu+b(t)\nu]\} d\xi d\eta dt$$
$$= S(\mu,\nu) \int_{-\tau/2}^{\tau/2} \exp\{-i2\pi[a(t)\mu+b(t)\nu]\} dt \tag{6.18}$$

となる。観測画像（流れ写真）と物体画像（真の物体像）の関係は

$$G(\mu,\nu) = S(\mu,\nu) H(\mu,\nu) \tag{6.19}$$

である。したがって流れ写真を撮影したときの OTF は

$$H(\mu,\nu) = \int_{-\tau/2}^{\tau/2} \exp\{-i2\pi[a(t)\mu+b(t)\nu]\} dt \tag{6.20}$$

と与えられる。

簡単のため物体は x 軸方向に一定の速度 v で動くとすると，$a(t)=vt$，$b(t)=0$ となる。また露出時間中に移動した距離を a とすると $a=v\tau$ であるから，OTF は

$$H(\mu,\nu) = \int_{-\tau/2}^{\tau/2} \exp(-i2\pi\mu vt) dt = \tau \frac{\sin(\pi\mu a)}{\pi\mu a} \tag{6.21}$$

となる．c を定数とすると，インバースフィルタは

$$T(\mu,\nu)=\frac{c}{H(\mu,\nu)}=\frac{c\pi\mu a}{\sin(\pi\mu a)} \tag{6.22}$$

と与えられる．sinc 関数は正負の値をとるので，位相フィルタを併用する．また透過率は 1 以下であるから，**図 6.5** に示すように近似的に式 (6.22) を実現する．

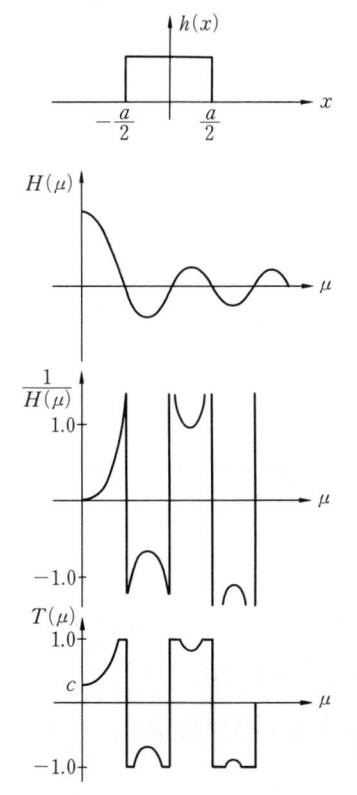

図 6.5 流れ写真の修正フィルタ作成

光学的処理は図 6.2 に示す空間周波数フィルタリングシステムを用いる．作成されたインバースフィルタをフィルタ面に置く．つぎに入力面に流れ写真の画像を置き，コヒーレント光を光軸に沿って照射する．入力面から複素振幅 $g(x,y)$ の光波が発生する．得られる画像は

$$u(X,Y) = \mathscr{F}[G(\mu,\nu)\,T(\mu,\nu)]$$
$$= \mathscr{F}[S(\mu,\nu)]$$

となり,修正された画像となる.

6.3 画像の認識

与えられた画像に特定の画像が存在するのか,存在するとしたらどの位置にあるかを見つける.特定画像が文字であるならば文字認識,図形であるならば図形認識といわれている.特定画像を認識する方法の代表例を示す.

6.3.1 インバースフィルタ法

雑音が信号に混じって撮影されたとする.この画像から信号を除去し,雑音の存在と位置を認識する方法を示す.信号は既知であるとし,この画像を正常パターンと呼ぶ.正常パターン $s(x,y)$ を用いて,空間周波数フィルタ

$$T(\mu,\nu) = \frac{1}{S(\mu,\nu)} \tag{6.23}$$

を作る.一方,雑音 $n(x,y)$ が混じった画像を

$$g_N(x,y) = s(x,y) + n(x,y) \tag{6.24}$$

とする.

図 6.2 に示した光情報処理システムのフィルタ面にフィルタ $T(\mu,\nu)$ を,入力面に画像 $g_N(x,y)$ を置く.システムからの出力は

$$u(X,Y) = \iint \frac{G_N(\mu,\nu)}{S(\mu,\nu)} \exp[-i2\pi(X\mu+Y\nu)]d\mu d\nu$$
$$= \delta(0,0) + \mathscr{F}\left[\frac{N(\mu,\nu)}{S(\mu,\nu)}\right] \tag{6.25}$$

と与えられる.雑音の大きさと位置が出力面に現れる.

実際の生産工程では同じ製品が大量に作られ,ラインに流れてくる.製造品は正常なものばかりではなく,傷ついたものもある.この傷を認識し,ラインからはずす必要がある.傷検査と呼ばれている.**図 6.6,図 6.7** は製造品の

6.3 画像の認識

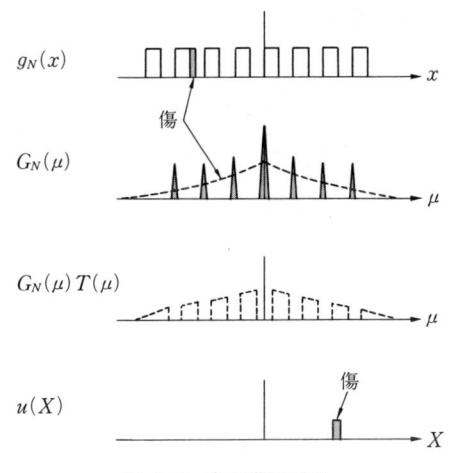

図 6.6 傷の識別原理

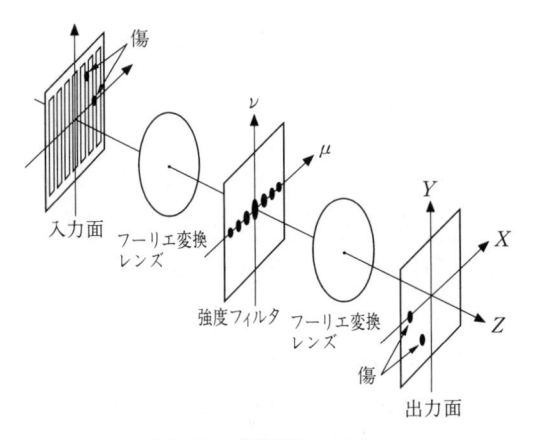

図 6.7 傷検査システム

ICパターンの画像を入力としたとき、欠陥（傷）パターンを検査する原理と処理システムを模式的に示してある。インバースフィルタとして、振幅フィルタ $T(\mu,\nu)=1/|S(\mu,\nu)|$ を用いた例である。一般に欠陥パターン $n(x,y)$ は高い空間周波数成分を多く含む。そのため正常パターン $s(x,y)$ に欠陥パターンがあると、欠陥パターン $n(-X,-Y)$ のみが出力される。欠陥のみが識別されるから、出力像をTVカメラに取り込めば、容易に欠陥の位置と大きさが求まる。

6.3.2 マッチトフィルタ法

1枚の画像 $g(x,y)$ の中に，標準図形 $s(x,y)$ があるかどうか，あるとしたらどの位置にあるか認識する。標準図形は既知であるから，その複素共役なスペクトル画像 $S^*(\mu,\nu)$ が得られているとする。この画像を空間周波数領域でフィルタとして作用させる。複素振幅分布 $S(\mu,\nu)$ の光をフィルタ画像に照射する。フィルタ画像直後の複素振幅分布は $S(\mu,\nu)S^*(\mu,\nu)=|S(\mu,\nu)|^2$ となり，位相が定数となる。つまり透過光の位相分布が一定となるから，透過光は平行光となる。平行光をレンズを通して焦平面で観測するとすると1点に集光し，輝点となる。

照明光中にフィルタ画像と同じ複素振幅分布をもつ光波が部分的に存在すると，フィルタを通過した光波は一定位相をもつ部分が存在する。その部分の透過光は観測面で輝点となり，存在が認識される。このような画像認識に用いられるフィルタを**マッチトフィルタ**（matched filter）という。

フィルタは図 **6.8** に示すホログラフィックな方法で作成される。P_1 面の光軸上点 O を中心に標準画像 $s(x,y)$ を置く。またレンズ L_R を用いて P_1 面の位置 $(b,0)$ に，点光源を等価的に置く。この光はレンズ L_1 を通過後に平行な参照光となる。P_2 面では標準画像がフーリエ変換された回折光と参照光との干渉パターンが形成される。ポジフィルムに記録し，干渉じまの強度分布に比例した振幅透過率 $T(\mu,\nu)$ のフィルタを作成する。ホログラフィックフィルタと呼ばれている（演習問題 6.2 を参照）。このフィルタは

$$T(\mu,\nu)=|S(\mu,\nu)+R\exp(-i2\pi b\mu)|^2$$

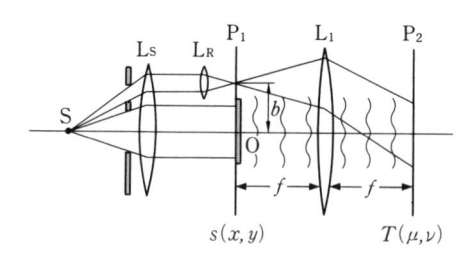

図 **6.8** ホログラフィックフィルタの作成

$$= |S(\mu,\nu)|^2 + |R|^2 + S(\mu,\nu)R^* \exp(i2\pi b\mu)$$
$$+ S^*(\mu,\nu)R \exp(-i2\pi b\mu) \tag{6.26}$$

と表される。$S^*(\mu,\nu)$ の画像が最後の項に現れている。

作成されたフィルタを図 6.9 中のフィルタ面に置く。入力面にはこれから調べようとする画像 $g(x,y)$ を点 O を中心に置く。光源 S からの光をレンズ L_S により平面波とし、入力面の画像を照明する。透過光はフィルタ面でフーリエ変換されているから、フィルタ通過後の光波分布は

$$G(\mu,\nu)T(\mu,\nu) = G(\mu,\nu)[|S(\mu,\nu)|^2 + |R|^2]$$
$$+ G(\mu,\nu)S(\mu,\nu)R^* \exp(i2\pi b\mu)$$
$$+ G(\mu,\nu)S^*(\mu,\nu)R \exp(-i2\pi b\mu) \tag{6.27}$$

と表すことができる。

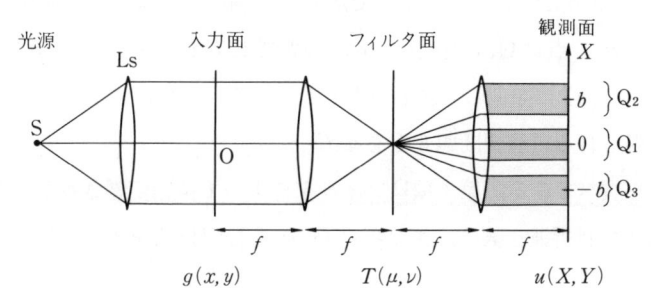

図 6.9 マッチトフィルタリングの光学システム

第 3 項はフィルタを作成したときの参照光と同一方向に回折し、Q_3 へ進む回折波を表す。簡単のため $R=1$ と置くと、回折像は

$$u_3(X,Y) = \iint G(\mu,\nu)S^*(\mu,\nu) \exp(-i2\pi b\mu)$$
$$\exp[-i2\pi(X\mu + Y\nu)]d\mu d\nu$$
$$= \iint [s^*(\xi,\eta) \star g(\xi,\eta)]\delta[\xi-(X+b),\eta-Y]d\xi d\eta$$
$$= [s^* \star g] \star \delta(X+b,Y) \tag{6.28}$$

となる。ここで関数 $[s^* \star g]$ の変数は、続くデルタ関数のそれと等しいので

省略した。相関像は $X=-b$, $Y=0$ を中心とした Q_3 領域に得られる。

マッチトフィルタは画像 $g(x,y)$ に画像 $s(x,y)$ が部分画像として存在するかどうかを見つける。部分画像 $s(x,y)$ が点 (x_0, y_0) を中心として存在すると

$$g(x,y)=s(x-x_0, y-y_0)+g'(x,y) \tag{6.29}$$

と書き表される。部分画像のみ計算すると

$$\begin{aligned}u_3(X,Y)&=\iint s^*(\alpha,\beta)g[\alpha-(X+b),\beta-Y]d\alpha d\beta\\&=\iint s^*(\alpha,\beta)s(\alpha-\xi,\beta-\eta)\delta[\xi-(X+b+x_0),\\&\quad\eta-(Y+y_0)]d\alpha d\beta\\&=[s^*\star s]\star\delta(X+b+x_0,Y+y_0)\end{aligned} \tag{6.30}$$

となる。$s(x,y)$ の自己相関像が位置 $X=-(b+x_0)$, $Y=-y_0$ に輝点として現れる。Q_3 の中心位置は $(-b,0)$ である。相関の輝点は，部分画像の中心位置であり，その点は Q_3 の中心から x_0 の距離に存在する。画像 $g(x,y)$ の中に，画像 $s(x,y)$ に類似した図形があると，対応する位置に高い相関値の明るい点像が得られる（演習問題 6.1 を参照）。

他の項を調べてみる。第1項はフィルタによって位相変調されないから，光軸方向へ進む回折波を表す。第2項は Q_2 へ進む回折波を表す。観測面で再生される像は

$$\begin{aligned}u_2(X,Y)&=\iint g(\alpha,\beta)s(-X+b-\alpha,-Y-\beta)d\alpha d\beta\\&=[g*s]*\delta(b-X,-Y)\end{aligned} \tag{6.31}$$

となる。$X=b$, $Y=0$ を中心とした Q_2 領域に関数 $[g*s]$ のコンボリューション（たたみ込み積分）像が得られる。

6.3.3 結合相関演算法

入力した図形がなんであるかを認識するには，十分にわかっている手持ちの図形のうち，どれに対応するかを判別する。手持ちの図形を多く並べ，一つの図形とした画像を参照パターンとしよう。この参照パターンと入力パターン

を，さらに同一平面に置く．演算によって，入力パターンの図形が参照パターンのどの図形に対応するかを求める．この方法を**結合相関演算** (joint transform correlation) という．

入力パターンを $s(x-x_s, y-y_s)$，参照パターンを $r(x-x_r, y-y_r)$ とする．認識能力を高めるには，参照パターンにできるだけ多くの参照図形を必要とするが，簡単のため1個とする．入力させる画像全体は

$$g(x,y) = s(x-x_s, y-y_s) + r(x-x_r, y-y_r) \tag{6.32}$$

と表される．フーリエ変換すると

$$G(\mu,\nu) = S(\mu,\nu) \exp[-i2\pi(\mu x_s + \nu y_s)]$$
$$+ R(\mu,\nu) \exp[-i2\pi(\mu x_r + \nu y_r)] \tag{6.33}$$

となる．このスペクトル面で得られる像を観測するとしよう．測定されるのはパワースペクトルであるから

$$|G(\mu,\nu)|^2 = |S(\mu,\nu)|^2 + |R(\mu,\nu)|^2$$
$$+ S(\mu,\nu) R^*(\mu,\nu) \exp\{-i2\pi[\mu(x_s-x_r) + \nu(y_s-y_r)]\}$$
$$+ S^*(\mu,\nu) R(\mu,\nu) \exp\{i2\pi[\mu(x_s-x_r) + \nu(y_s-y_r)]\}$$
$$\tag{6.34}$$

である．

参照パターンのパワースペクトルは前もって準備することができる．パワースペクトル領域で測定値からその参照パターンを減算する（演習問題6.3を参照）．この減算された画像を，空間変調素子に提示し光学的にフーリエ逆変換する．あるいはディジタル的にフーリエ逆変換する．その結果を $u(X,Y)$ とすると

$$u(X,Y) = \mathcal{F}^{-1}[|G(\mu,\nu)|^2 - |R(\mu,\nu)|^2]$$
$$= s(X,Y) \star s^*(X,Y)$$
$$+ [s \star r^*] \star \delta[X-(x_s-x_r), Y-(y_s-y_r)]$$
$$+ [r \star s^*] \star \delta[X+(x_s-x_r), Y+(y_s-y_r)] \tag{6.35}$$

となる．第1項は原点中心に現れる自己相関値，第2，3項は原点対称に現れる相互相関値である．入力パターンが参照パターンと同じ図形であれば

6. 光情報処理

$$X = \pm(x_s - x_r), \quad Y = \pm(y_s - y_r) \tag{6.36}$$

に強い自己相関ピークが現れる。

図 6.10 はシステムの一例である。入力パターンと参照パターンが並んだ画像を空間光変調素子に書き込む。平面波を照射し，フーリエ変換像を CCD カメラで撮影する。計算機を用いてそのパワースペクトルから参照パターンのパワースペクトルを減算する。再び空間光変調素子に提示し，光学的にフーリエ変換する。

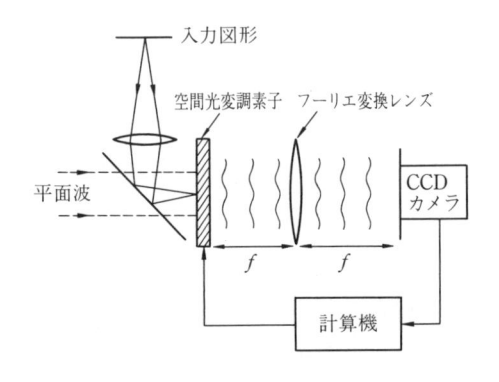

図 6.10 結合相関演算システム

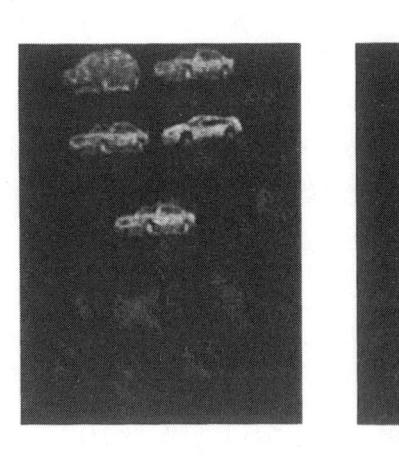

(a) 入 力　　(b) 出 力

図 6.11 結合相関の入力と出力
(峯本工氏のご厚意による)

図 6.11(a)は空間光変調素子に提示する全画像 $g(x,y)$ である．図中の上半分に参照パターンがあり，参照図形は 4 個ある．中心付近に入力パターンがあり，認識しようとする図形である．図 6.11(b)は処理結果である．4 個の参照図形のうち，2 個の図形に対して相関ピークの輝点が現れ，類似図形であることを示す．対応する参照図形が判別され，入力パターンが認識される．

6.4 空間光変調素子

光情報処理システムでは，システム内を伝搬する光波の振幅や位相を必要に応じて変調させる．この変調に利用される素子は**空間光変調素子**（spatial light modulator：SLM）と呼ばれる．演算能力や処理結果の画質を決める重要な素子である．この素子は記録されている情報に基づいて，変調を 2 次元的（空間的）に同時に行う．さらに演算を簡単化するのに，コヒーレント光が使われることが多い．変調素子は，振幅や位相を記録・変調すること以外に，インコヒーレント光で撮影された画像をコヒーレント光に変換するインコヒーレント・コヒーレント変換素子であることが望ましい．これらの機能をもつ素子を以下に示す．

6.4.1 銀塩感光材料

最も利用される記録・変調素子に写真フィルムまたは写真乾板がある．感光剤は銀塩乳剤であり，その粒子径は $0.2\,\mu\mathrm{m}$ 以下といわれ，解像力は 5 000 lines/mm と高いものがある．記録保持の安定性，光感度，解像力が高く，大容量の記録が可能である．光情報処理の立場からは，現像処理されたフィルムは黒化度（光学濃度）によって透過率が変化し，振幅形の空間光変調素子である．またインコヒーレント光で記録されたフィルムにコヒーレント光を照射すれば，コヒーレント光が出力され，インコヒーレント・コヒーレント変換素子でもある．

写真フィルムの感光特性を調べよう．フィルムは片面にハロゲン化銀の感光

6. 光情報処理

剤が塗布され，ゼラチンで固定化されている。光が照射されると，光量に比例してハロゲン化銀から銀が析出される。現像・定着の化学処理によってハロゲン化銀が取り除かれ，析出された銀が保持される。ハロゲン化銀は透明であるが，析出した銀粒子は光を吸収する。写真フィルムの強度透過率を t とすると，**光学濃度**（optical density）は

$$D = \log_{10}\left(\frac{1}{t}\right) \tag{6.37}$$

と与えられる。透過率を測定することによって光学濃度 D が求められる。

銀粒子の析出は入射エネルギーに依存し，入射光強度を I，露出時間を τ とすると

$$E = I\tau \tag{6.38}$$

である。この光エネルギー E を**露光量**（exposure）という。露光量と光学濃度の関係は図 6.12 となる。**H-D 曲線**（Hurter-Driffield 曲線）といわれ，感光剤の特性を表す。直線部分を利用するように露光時間を調整して撮影する。直線部分の傾きはガンマ値と呼ばれ，勾配を γ とすると

$$D = \gamma \log_{10} E + \text{constant} \tag{6.39}$$

と与えられる。

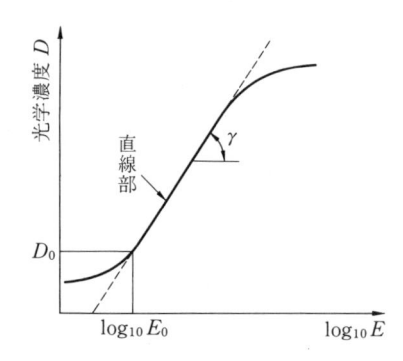

図 6.12 露光特性曲線（H-D 曲線）

直線部分のある1点の露光量と光学濃度を E_0，D_0 とし，式(6.38)を用いると

$$D - D_0 = \gamma \log_{10}\left(\frac{I}{I_0}\right) \tag{6.40}$$

が得られる。また $D-D_0$ は，式(6.37)を用いると透過率比で与えられるから

$$t=\left(\frac{t_0}{I_0}\right)^{-\gamma}I^{-\gamma} \tag{6.41}$$

となる。透過率 t は記録時の書込み光強度 I の γ 乗に反比例する。

　図 6.12 に示す H-D 曲線はネガフィルムの例である。勾配の符号はフィルムの材質によって正負いずれも取りうるが，ガンマ値は正の値で定められている。材質が $\gamma=1$ のネガフィルムを用いるならば，元の画像での光強度分布 $I(x,y)$ に反比例した光強度透過率分布が得られる。材質が $\gamma=1$ のポジフィルムならば，比例した透過率分布が得られる。元の画像での光強度分布に対応した振幅透過率分布を得るには，$\gamma=2$ とする。ガンマ値の大きさは感光材料の選択によって，あるいは現像処理によって調整できる。

　フィルムは入射光の光強度を記録し，強度あるいは振幅を変調する素子であるが，位相を記録することもできる。フィルムを現像処理したあと，フェロシアン化カリウム溶液などに浸す。遊離銀はフェロシアン化銀となり透明となる。この操作を**漂白**（bleach）という。フィルムは無色透明となるが，露光量に応じて屈折率が変化する。

　このことから漂白されたフィルムを位相変調素子として利用することができ，**キノフォーム**（kinoform）と呼ばれる。ただし位相変調量は，露光量と線形な関係をもたない。位相変化量と露光量の関係を実験的に求めておき，記録すべき位相分布を露光量の分布に換算してフィルムを露光する。この換算は非線形であるから計算機の助けを必要とする。

6.4.2　電気光学材料

　透明物質を伝搬した光波は，空気中を伝搬した光波に比べると位相が遅れる。物質の屈折率は空気に比べて大きく，物質中では伝搬速度が遅くなるからである。この屈折率を自由に変化させることができれば，空間光変調素子として利用できる。外部から電圧を加え，物質に電界を与えると，屈折率が変化する材料（単結晶）がある。この現象を**電気光学効果**（electro-optic effect）と

いう.屈折率の変化が,電界に比例するポッケルス(Pockels)効果と電界の2乗に比例するカー(Kerr)効果がある.

図 6.13 は光の進行方向に平行に外部から電界をかける変調素子の例である.結晶を透明電極板でサンドイッチ状に挟む.電極間に電圧 V を加えることによって,素子内には電位勾配(電界)が生じる.この電界 E_z は電気光学効果によって複屈折性の屈折率変化を引き起こす.1次の電気光学効果(ポッケルス効果)を扱うとし,進相軸(f軸)の屈折率を n_f,遅相軸(s軸)のそれを n_s とすると

$$n_f = n_0 - \varepsilon E_z \tag{6.24 a}$$

$$n_s = n_0 + \varepsilon E_z \tag{6.42 b}$$

と与えられる.ここで n_0 は結晶の平均屈折率,第2項はポッケルス効果によって発生した屈折率変化であり,電界に比例する.係数 ε は,用いる結晶の種類や結晶の切り出し方によって異なる.

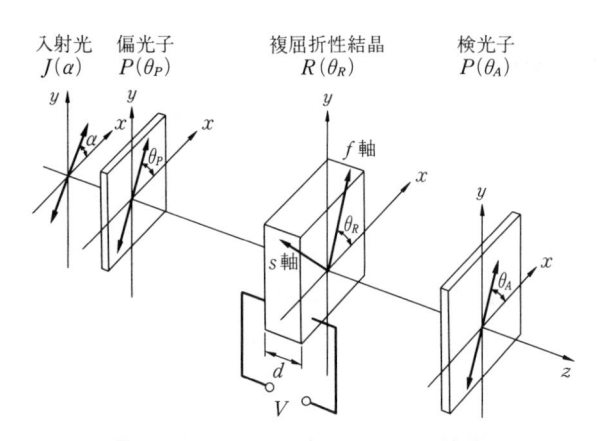

図 6.13 ポッケルス効果による偏光変換

電気光学材料を利用すると,位相変調素子が容易に構成される.入射光の偏光方向を,偏光子を用いて進相軸あるいは遅相軸に一致させる.電気光学材料を通過した光波は,その偏光方向の屈折率に応じた位相変調を受ける.入射光と同じ偏光方向をもつ光波を,検光子を用いて取り出す.この出力光の位相変

化量は，外部からの電圧によって連続的に制御される。

つぎにこの素子を振幅変調素子とする場合を求めよう。光波が z 軸に沿って厚み d の結晶を伝搬するとする。進相軸と遅相軸の位相差は，関係 $V=E_z d$ を用いて

$$\varphi = \frac{2\pi}{\lambda_0}(n_s - n_f)d$$

$$= \frac{4\pi}{\lambda_0}\varepsilon V \tag{6.43}$$

となる。さらに位相差が半波長となる外部電圧を V_π と置くと，$V_\pi = \lambda_0/(4\varepsilon)$ となるから，位相差は

$$\varphi = \pi \frac{V}{V_\pi} \tag{6.44}$$

と与えられる。f 軸に対して 45 度の直線偏光を入射させると，f 軸に平行な光波成分の位相を進め，s 軸に平行な光波成分の位相を遅らせる。この偏光状態の変化を利用する。

複屈折性結晶は 1.3.3 項に示した移相子である。図 6.13 に示すように，入射光の振動方向を方位角 $\alpha = \pi/2$（偏光子の設定角 $\theta_P = \pi/2$）とする。このときの入射光 $\boldsymbol{E}_\text{in}$ は

$$\boldsymbol{E}_\text{in} = \begin{bmatrix} 0 \\ 1 \end{bmatrix} \sqrt{I} \exp[i(kz - \omega t + \phi_x)] \tag{6.45}$$

と表せる。この入射光を設定角 $\theta_R = \pi/4$ の移相子，設定角 $\theta_A = 0$ の検光子を通過させる。ジョーンズ行列による表示では

$$\boldsymbol{E}_\text{out} = [P(0)][T(\pi/4)][R(0\,;\varphi)][T(-\pi/4)]\boldsymbol{E}_\text{in} \tag{6.46}$$

となる。

検光子を通過した光の強度は

$$I_0 = I_\text{in} \sin^2\left(\frac{\pi}{2}\frac{V}{V_\pi}\right) \tag{6.47}$$

となる。あるいは $V \ll V_\pi$ とするならば

$$I_0 = I_\text{in}\left(\frac{\pi}{2}\frac{V}{V_\pi}\right)^2 \tag{6.48}$$

となる.光強度は振幅の2乗であることを考慮すると,振幅は印加電圧に正弦波的に変化する.あるいは $V \ll V_\pi$ ならば線形に変化する.このことから振幅変調素子となる.

電気光学材料を用いて偏光子と検光子を組み合わせると,外部からの電圧によって振幅や位相を変調することができ,空間光変調素子を構成できる.光変調素子は以下の三つの機能別に分類できる.

(1) **光アドレス形素子** 結晶に光を照射すると,光励起によって電子・正孔対が発生する材料がある.発生した電子や正孔は電界,熱拡散などによって結晶中を移動する.この現象を**光導電効果**(photoconductive effect)という.電荷の移動は結晶内に電界分布を発生させる.この電界分布と外部から加えられた電界の総和が,実際に結晶中に生じる実効的電界となる.

電界は電気光学効果によって結晶の屈折率を変化させる.光導電効果と電気光学効果を併せもった現象は,**光誘起屈折効果**(photorefractive effect)と呼ばれている.材料に $LiNbO_3$,$LiTaO_3$,KDP(KH_2PO_4),BSO($Bi_{12}SiO_{20}$),GaAs などの単結晶があり,ホトリフラクティブ結晶(光誘起屈折結晶)と呼ばれる.これらの結晶を用いると,入射光の強度によって光波を変調させる**光アドレス形空間光変調素子**(optically addressed spatial light modulator)が構成される.

基本的な素子の構成と動作を**図 6.14** に示す.結晶を透明絶縁層,透明電極板とでサンドイッチ状に挟む.透明絶縁層中と結晶中に描かれた実線は電位を表す.上半分は光が照射され,下半分はされないとする.入射光が結晶内部で吸収されると,電子・正孔対が発生する.外部からの電圧によって電子はプラス電極側,正孔はマイナス電極側に移動する.この移動によって,外部電界が打ち消される.入射光がゼロまたは弱い場合には電子・正孔が発生しないため,電界はそのままとなる.入力情報の光強度分布が,電荷分布に変換され,記録・保存される.

読出し動作は,書込み光と異なって,結晶によって吸収されない波長の光が用いられる.書込み光があった領域では,電界が小さくポッケルス効果による

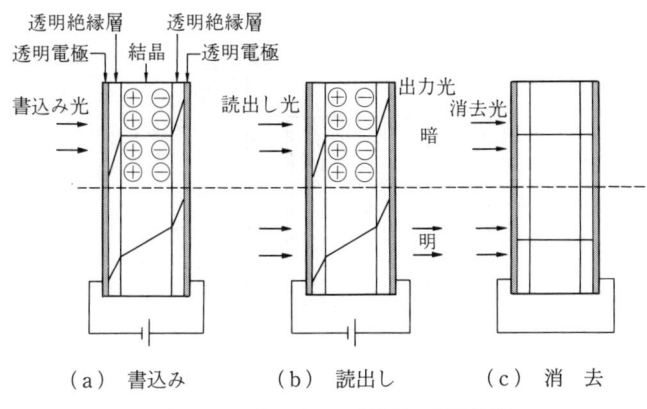

図 6.14 光アドレス形素子の動作原理

屈折率の変化がなく,入射光と同じ偏光の光が出力される.ところが書込み光がなかった領域では,外部印加電圧による電界が大きく,ポッケルス効果によって偏光状態が変化する.読出し光の入射光と直交した検光子を通した出力光は,図6.14(b)のように書込み光の強度分布と逆の陰画像が読み出される.読出し光の振幅変調度は書込み光強度によって制御されている.

書込み光をインコヒーレント光,読出し光をコヒーレント光とすると,インコヒーレント・コヒーレント変換が実行できる.

(2) ハイブリッド光アドレス形素子 光導電効果がなく,ポッケルス効果のみの液晶材料を用いて,光アドレス形空間光変調素子が構成される.**液晶ライトバルブ**(liquid crystal light valve : LCLV)といわれる素子を**図 6.15**に示す.偏光変換材料はツイストネマチック液晶である.電界がなければ,液晶分子は電極間でねじれ配向している.この状態で配向方向と同じ偏光方向の光を入射させると,偏光方向を回転させる.電界があると,液晶分子は電極間方向に配向し,入射光の偏光状態を変化させない.

液晶に電圧をかけるのに,光導電効果のある半導体を介して行う.書込み光がないとき,半導体は高抵抗を示す.このため外部印加電圧が加わっていても,液晶中での電界はわずかであり,液晶はねじれ配向のままである.書込み光が入射すると,光導電効果により半導体は低抵抗となり,外部印加電圧が液

178   6. 光情報処理

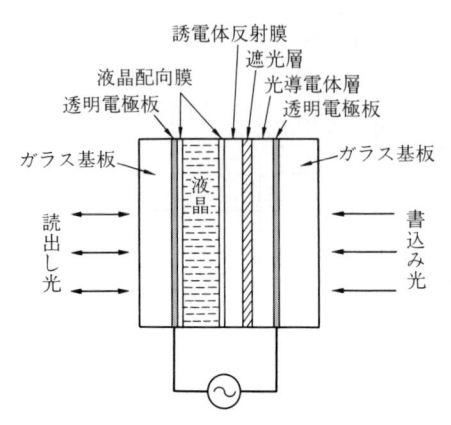

図 6.15 液晶を用いた光アドレス形変調素子

晶に直接加わり，光軸方向に配向する。書込み光強度が，液晶に加わる電界パターンに変換される。

　読出し光を反対の透明電極側から入射させ，液晶層を往復させる。光波は液晶を伝搬することによって変調を受け，偏光状態が変化する。入射した読出し光の偏光方向と直交した検光子を通して，反射光を観測するとする。書込み光強度によって変調を受けた画像が読み出される。

　この方式は電気光学効果をもつ液晶が光導電効果を示さなくても，光導電材料との組合せで，光アドレス形空間光変調素子が構成できる例である。またネマチック液晶材料を用い，電界の大きさによって光軸方向に傾斜する（配向）割合が変化することを利用した位相変調素子もある。

（3）　**電子的アドレス形素子**　　空間光変調素子には，画面内の必要な画素を必要なだけ振幅や位相を変調することも要求される。振幅あるいは位相を変調し，各画素ごとに外部から制御する素子の例を**図 6.16**に示す。反射形構成であり，偏光変換材料は強誘電体液晶である。

　電極間距離を調整することにより，入射光に対して実効的に半波長板として働く。印加電圧がないとき，反射光の偏光方向は入射光に対して180度回転する。検光子を通してもそのまま通過する。ところが印加電圧があると，1/4波長板となり，反射光の偏光方向は90度回転し，検光子でカットされる。オ

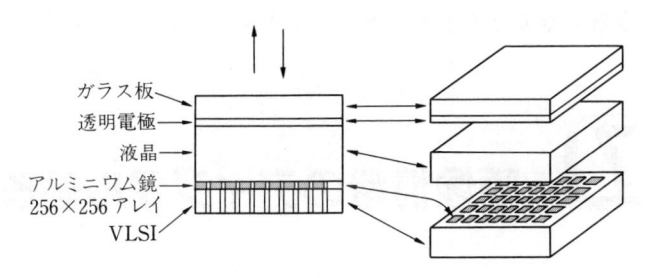

図 6.16　電子的アドレス形素子

ン・オフの振幅変調ができる。

　前の(2)と異なる点は，一方の電極は画素ごとに仕切られており，印加電圧のオンオフ制御がプログラマブルであることである。

演 習 問 題

6.1　相関演算は認識に使えるが，たたみ込み演算は使えない理由を述べよ。
6.2　ホログラフィックフィルタを作成するには，記録材の解像度が高い必要がある。その理由を示せ。
6.3　結合相関演算法において，パワースペクトル領域で測定値と参照パターンとの差をとる。この理由を示せ。

7 画像情報のディジタル処理

　画像情報をディジタル量で表し，画像を加工する操作を**ディジタル画像処理**（digital image processing）という。計算機によるディジタル処理は，柔軟性，演算処理の精度，再現性が光学的情報処理と比べてはるかに優れている。しかし画像情報は膨大であり，計算機による逐次処理は大容量メモリと多大な計算時間を要する。並列演算の光情報処理とディジタル画像処理は相補的である。

　画像情報の処理には大きく三つの役割がある。一つは，撮影された劣化画像の復元・回復，あるいは特徴を抽出して，人が判断しやすい画像を生成する処理である。二つ目は，人間の処理能力は高いとしても，注意力，持続能力が欠けている。人間が行っている認識・識別・分類などを，部分的に代行する処理である。三つ目は，不可視な情報の演算処理や計測された画像の解析などを行うことによって，特定の必要な画像を提供することである。

　本章ではディジタル処理を扱うために，観測される連続画像をディジタル画像に変換し，ディジタル領域での基礎的な変換処理法を示す。つぎにディジタル画像処理の例として，計算機ホログラムの作成法，劣化画像の復元・回復法を示す。

7.1 画像のディジタル化

　ディジタル画像を収集するハードウェアの基本構成を図 7.1 に示す。線形光学システムから出力される画像を 2 次元センサ（CCD カメラ）で撮影する。画像情報を並列に同時に読み出すことができず，時系列信号として逐次的に取り出す。この信号はアナログ信号であるが，ディジタル変換部を通してディジタル化する。このディジタル信号を計算機などに転送し，演算処理あるいはデ

7.1 画像のディジタル化

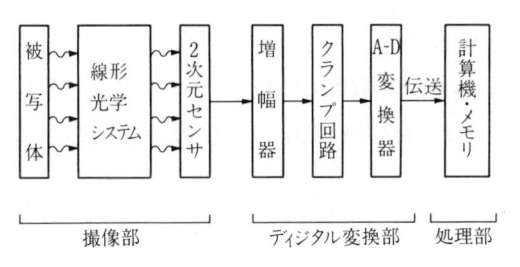

図 7.1 ディジタル画像の収集システム

ィジタルメモリに記録する。

ディジタル変換部は，センサから時系列に出力される輝度信号を増幅したあとで，クランプ回路によって信号を周期的にサンプル・保持し，時間軸に対して**標本化**（sampling：サンプリング）する。つぎに保持されたアナログの輝度信号を A–D 変換器によって**量子化**（quantization）する。本節では標本化，量子化とともにディジタル画像の表現法を示す。

7.1.1 標 本 化

2次元センサで撮影される原画像から，**標本画像**（sampled image）を作るとしよう。連続信号で与えられる原画像を $f(x,y)$ とし，x，y 軸方向に間隔 Δx，Δy で標本化するとする。**標本化関数**（sampling function）は，5.1.3項（3）のくし関数で与えられる。標本画像を $f_s(x,y)$ とすると

$$f_s(x,y) = \frac{1}{\Delta x \Delta y} f(x,y) \, \text{comb}\left(\frac{x}{\Delta x}, \frac{y}{\Delta y}\right)$$

$$= \sum_{m=-\infty}^{\infty} \sum_{n=-\infty}^{\infty} f(x,y)\delta(x-m\Delta x, y-n\Delta y) \tag{7.1}$$

となる。標本画像のスペクトルは，フーリエ変換することによって得られる。式(5.32)の性質を用いると

$$F_s(\mu,\nu) = \frac{1}{\Delta x \Delta y} \mathscr{F}[f(x,y)] * \mathscr{F}\left[\text{comb}\left(\frac{x}{\Delta x}, \frac{y}{\Delta y}\right)\right]$$

$$= \frac{1}{\Delta x \Delta y} \sum_m \sum_n F(\mu,\nu) * \delta\left(\mu - \frac{m}{\Delta x}, \nu - \frac{n}{\Delta y}\right)$$

7. 画像情報のディジタル処理

$$= \frac{1}{\Delta x \Delta y} \sum_m \sum_n F\left(\mu - \frac{m}{\Delta x}, \nu - \frac{n}{\Delta y}\right) \quad (7.2)$$

となる。ここで $F(\mu, \nu)$ は原画像のスペクトルである。標本画像のスペクトルは，図7.2に示すように間隔 $1/\Delta x$, $1/\Delta y$ の周期的構造となる。

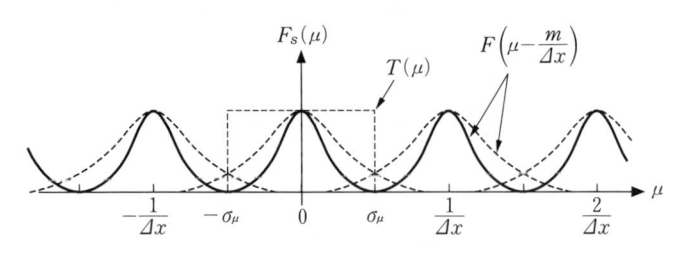

図 7.2 標本画像のスペクトル

標本化によって情報量に変化があると問題になる。この変化は，スペクトル領域において $F_s(\mu, \nu)$ から $F(\mu, \nu)$ を再現させることから調べられる。第5章で示したように，撮影光学システムは高い空間周波数を遮断するから，$f(x, y)$ は一般に帯域制限されている。そこで信号 $F(\mu, \nu)$ が $|\mu| \leq \sigma_\mu$, $|\nu| \leq \sigma_\nu$ に帯域制限されているとしよう。しかも標本間隔を

$$\Delta x \leq \frac{1}{2\sigma_\mu}, \quad \Delta y \leq \frac{1}{2\sigma_\nu} \quad (7.3)$$

に選ぶとする。この条件では，図7.2を参考にすると周期的スペクトル $F(\mu, \nu)$ はたがいに重なることがない。しかも各周期内のスペクトル形状は同じである。

1周期内のスペクトルを切り取って，信号を再生するとしよう。切り取るための窓関数として

$$T(\mu, \nu) = \Delta x \Delta y \, \text{rect}\,(\Delta x \mu) \, \text{rect}\,(\Delta y \nu)$$

$$= \begin{cases} \Delta x \Delta y & \left(|\mu| \leq \frac{1}{2\Delta x}, |\nu| \leq \frac{1}{2\Delta y}\right) \\ 0 & (\text{その他}) \end{cases} \quad (7.4)$$

を用いる。フーリエ逆変換すると，再生される信号は

$$\hat{f}(x, y) = \mathscr{F}^{-1}[F_s(\mu, \nu) \, T(\mu, \nu)]$$

$$=\mathscr{F}^{-1}[F(\mu,\nu)]$$
$$=f(x,y) \tag{7.5}$$

となる。帯域制限されている画像ならば，標本画像から原画像が完全に再生される。

あるいは式(7.5)の第1式を用いて
$$\hat{f}(x,y)=\mathscr{F}^{-1}[F_s(\mu,\nu)]*\mathscr{F}^{-1}[T(\mu,\nu)]$$
$$=f_s(x,y)*\mathrm{sinc}\left(\frac{x}{\varDelta x},\frac{y}{\varDelta y}\right) \tag{7.6}$$

とも表せる。標本信号 $f_s(x,y)$ に sinc 関数をたたみ込み積分（コンボリューション積分）することによっても，完全に再生される。

帯域制限された原画像を，式(7.3)による標本間隔で標本化すると，原画像に含まれるすべての情報が標本画像に保存される。このため式(7.5)または式(7.6)によって，標本画像から原画像が再生される。**標本化定理**（sampling theorem）と呼ばれている。

式 (7.3) よりも広い間隔で標本化した場合には，スペクトルの重なりが生じる（図7.2中の破線）。この重なりのために，切り取ったスペクトルは $F(\mu,\nu)$ と異なってくる。再生すると，原画像に存在しなかった空間周波数成分が含まれる。この現象を**折返し**（aliasing：エリアシング）と呼んでいる。折返しを避けるには，標本間隔を狭くする。しかし標本間隔を狭くしすぎるとデータ数が多くなり，ディジタル画像処理では演算回数が爆発的に増える。標本間隔は式 (7.3) の等号が成り立つ条件が選ばれる。

7.1.2 量　子　化

標本化によって得られた標本点 $(m\varDelta x, n\varDelta y)$ での標本値は，アナログ量の輝度信号 $f_s(x,y)$ である。信号の離散化は A-D 変換器を用いて，標本値（輝度）に比例した整数値を割り当てる。これを量子化という。

量子化の操作は，画像全体に対する輝度値の最大と最小の間を Q 段階に分割し，それぞれの区間を一つの値に代表させる。図**7.3**に示すように，輝度値

図 7.3 量　子　化

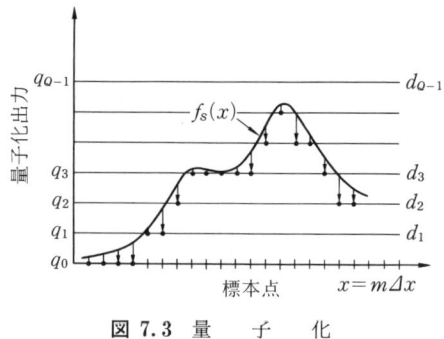

の**判定レベル**（decision level）を d_i とするとき

$$d_i \leqq f_s(x,y) < d_{i+1} \tag{7.7}$$

ならば，量子化レベル q_i を割り当てる．この判定レベルが等間隔の量子化法を**一様量子化**（uniform quantization）という．量子化されたデータを 2 進符号に対応させ，$Q=2^n$ とする方法を n ビット量子化という．**図 7.4** からわかるように，$n=7$ のディジタル画像は，人間の目に不自然さがない．そのために A-D 変換器には，$n=8$ が用いられる．

アナログ信号を量子化すると，誤差が生じる．この誤差を**量子化誤差**（quantization error）という．誤差の評価には平均 2 乗誤差 $\langle \varepsilon_q^2 \rangle$ が用いられ

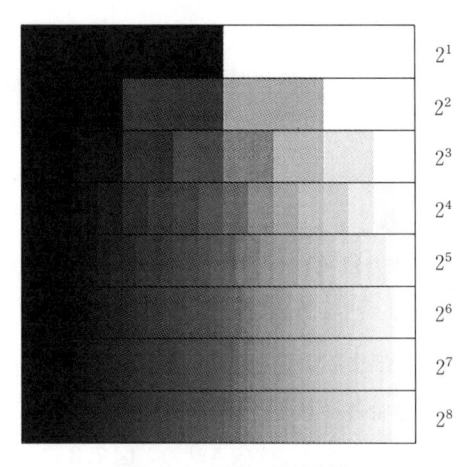

図 7.4　輝度の量子化数

る。$p(f_s)$ を標本値の確率密度関数とするとき

$$\langle \varepsilon_q^2 \rangle = \sum_{i=0}^{Q-1} \int_{d_i}^{d_{i+1}} (f_s - q_i)^2 p(f_s) df_s \tag{7.8}$$

と与えられる。画像の輝度分布の形状によって，量子化誤差の大きさが変わる。輝度分布が一様分布であるとすると，$p(f_s)$ は一定である。この入力画像に対して，量子化誤差を最小とするには

$$\frac{d\langle \varepsilon_q^2 \rangle}{df_s} = 0 \tag{7.9}$$

の条件を用いることにより

$$q_i = \frac{d_i + d_{i+1}}{2} \tag{7.10}$$

と得られる。一様量子化を行えば，量子化誤差を最小とすることができる。

一様量子化に対して，判定レベルが等間隔でない量子化法を非線形量子化という。ダイナミックレンジを広げたり，画像を強調するために使われる。この量子化の実現には，信号を log アンプなどを用いて非線形増幅したあと，A-D 変換器によって一様量子化する方法がとられる。一様量子化であるが，実効的に非線形量子化が行われる。

7.1.3 画像の行列表現とベクトル表現

ディジタル画像は輝度が整数値で表現され，それらが2次元の離散的配列で与えられる。画像上に碁盤目のように格子点を作り，各格子点に番号をつける。この番号づけは，行列要素の添え字に従って，行および列について1対の順序数 (m, n) を割り当てる。x 軸方向に m，y 軸方向に n を与えるとする。大きさ $M \times N$ の離散画像を行列で表すと

$$[f(m,n)] = \begin{bmatrix} f(0,0) & f(0,1) & f(0,2) & \cdots & f(0,N-1) \\ f(1,0) & f(1,1) & f(1,2) & \cdots & f(1,N-1) \\ \cdots & \cdots & \cdots & \cdots & \cdots \\ f(M-1,0) & f(M-1,1) & f(M-1,2) & \cdots & f(M-1,N-1) \end{bmatrix} \tag{7.11}$$

となる.ここで行列を記号 $[\cdots]$ によって表し,画像を $[f(m,n)]$ または $[f]$
と表す.また (m,n) 番目の行列要素を

$$[f]_{mn} = f(m,n) = f_{mn} \tag{7.12}$$

と表す.この離散画像のベクトル表現は

$$\boldsymbol{f} = \begin{bmatrix} \boldsymbol{f}_0 \\ \boldsymbol{f}_1 \\ \vdots \\ \boldsymbol{f}_m \\ \vdots \\ \boldsymbol{f}_{M-1} \end{bmatrix} \tag{7.13}$$

である.ここで m 番目の列ベクトルを

$$\boldsymbol{f}_m = \begin{bmatrix} f(m,0) \\ f(m,1) \\ \vdots \\ f(m,N-1) \end{bmatrix} \tag{7.14}$$

とした.$\boldsymbol{f}$ を画像ベクトルと呼び,MN 個の要素からなるベクトルである.この画像表現を**辞書式配列**(lexicographic ordering)という.

7.2 離散画像の線形変換

連続画像は標本化と量子化によって離散画像に変換される.この離散画像に対するたたみ込み演算,フーリエ変換などの基本的な処理法を示す.

7.2.1 離散たたみ込み演算

基本的な画像処理は線形変換で与えられる.入力画像 $g(x,y)$ に対して,変換後に画像 $f(X,Y)$ が得られるとする.変換区間を $x(a_x, b_x)$,$y(a_y, b_y)$ とすると

7.2 離散画像の線形変換

$$f(X,Y) = \int_{a_x}^{b_x}\int_{a_y}^{b_y} h(X,Y;x,y)g(x,y)\,dxdy \tag{7.15}$$

と与えられる。$g(x,y)$ を原関数,$f(X,Y)$ を像関数,$h(X,Y;x,y)$ を変換の**核**(kernel)という。

画像処理には,適切な変換核を設定し,原関数 $g(x,y)$ から修正した画像 $f(X,Y)$ を得るフィルタ処理がある。あるいは出力画像 $f(X,Y)$ から入力画像 $g(x,y)$ を導く復元処理もある。復元処理において,$g(x,y)$ が未知関数,他の二つの関数が既知となる。すると式 (7.15) は一つの積分方程式となり,フレッドホルム形第1種積分方程式という呼び方がある。出力から入力を求めるには,この積分方程式を区間 $X(A_X,B_X)$,$Y(A_Y,B_Y)$ にわたって解くことであり

$$g(x,y) = \int_{A_X}^{B_X}\int_{A_Y}^{B_Y} h_{\text{IN}}(x,y;X,Y)f(X,Y)\,dXdY \tag{7.16}$$

と与えられるとする。式 (7.15) の逆変換といい,$h_{\text{IN}}(x,y;X,Y)$ を逆変換の核という。フーリエ変換,ヒルベルト変換,ラプラス変換,z 変換などはこの線形変換に属する。

線形変換を離散的に行う。式 (7.15) の $g(x,y)$ が,大きさ $M\times N$ のディジタル画像で与えられているとする。離散変換は

$$f(m,n) = \sum_k\sum_l h(m,n;k,l)g(k,l) \tag{7.17}$$

と表される。1組の変数で表される画像を辞書式配列のベクトル $\boldsymbol{f}$, $\boldsymbol{g}$ で表し,2組の変数で表される変換核を行列 $[h]$ とすると

$$\boldsymbol{f} = [h]\boldsymbol{g} \tag{7.18}$$

のように表現を簡単化できる。

ここで変換核が,線形移動不変システムの点像応答関数であるとしよう。このとき式 (7.15) の入出力関係はたたみ込み積分となる。式 (7.17) において変換核は $m-k$,$n-l$ のシフト差で与えられる。大きさ $M\times N$ のディジタル画像 $g(m,n)$ と大きさ $K\times L$ の $h(k,l)$ とのたたみ込み演算は

$$f(m,n) = \sum_k \sum_l h(m-k, n-l) g(k,l) \tag{7.19}$$

となる。点像広がりは一般に小さいと考えられ，$K \leq M$, $L \leq N$ である。

たたみ込み演算を行列形式で表そう。たたみ込み演算は変換核変数が，基準の値 (m,n) に対して負の符号をもつ $(-k,-l)$ で与えられる。このことは，5.1.2 項(9)に示したように，変換核を x 軸方向，y 軸方向について反転させることを意味する。変換行列の要素を h_{kl} とすると，反転は各行について要素を入れ換え，列についても入れ換えると得られる。つまり

$$h_{kl} \rightarrow h_{(K-1-k)(L-1-l)}$$

と置き換えることである。

たたみ込み演算を模式的に表現すると図 7.5 となる。原画像 $g(k,l) = g_{k,l}$ に，この反転した変換行列を重ねる。重なった行列要素の積を求め，加算した結果が $f(m,n)$ となる。図 7.5 中の左上では重なる部分が A のみであり，$f(0,0) = h_{00} g_{00}$ と求められる。右上は B のみ重なり，$f(0, N+L-2) = h_{0,L-1} g_{0,N-1}$ と求められる。同様に変換行列を順次シフトさせると，すべての

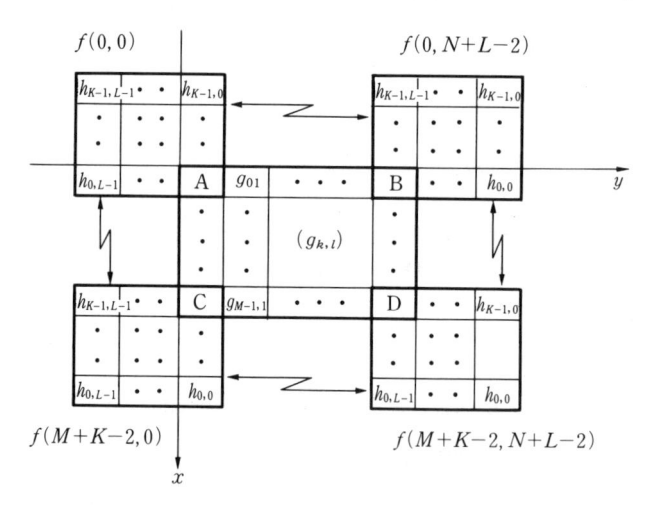

図 7.5 たたみ込み演算

$f(m,n)$ が得られる。出力画像の大きさは**図7.6**に示すように $(M+K-1) \times (N+L-1)$ となる。ただし，演算を行うとき，行列 $g(k,l)$ は定義された領域以外において，ゼロ要素が割り当ててあるとした。

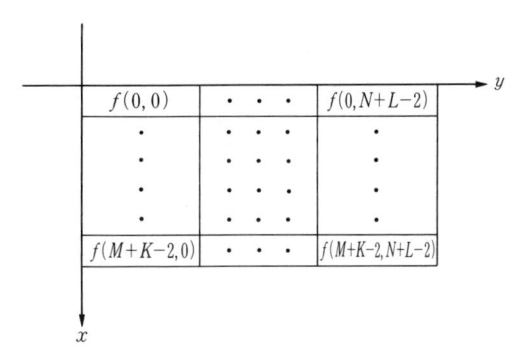

図 7.6 出力画像の配列

この操作をまとめると，式(7.18)で表される変換行列は

$$[h] = \begin{bmatrix} (D_0) & & & & & \\ (D_1) & (D_0) & & & \mathbf{0} & \\ \vdots & (D_1) & & & & \\ (D_{K-1}) & \vdots & \vdots & \vdots & & \\ & (D_{K-1}) & & \vdots & (D_0) & \\ & & & & (D_1) & \\ & & & & \vdots & \\ & \mathbf{0} & & & (D_{K-1}) & \end{bmatrix} \quad (7.20\,\text{a})$$

となる。ここで (D_k) は区分行列であり，区分行列を要素とした行列の大きさは $(M+K-1) \times M$ である。区分行列 (D_k) は

$$(D_k) = \begin{bmatrix} h(k,0) & & & & & & & \\ h(k,1) & h(k,0) & & & & 0 & & \\ \vdots & h(k,1) & & & & & & \\ h(k,L-1) & \vdots & & & & & & \\ & h(k,L-1) & & & & h(k,0) & & \\ & & \ddots & & & h(k,1) & & \\ & & & & & \vdots & & \\ & 0 & & & & h(k,L-1) & \end{bmatrix}$$

(7.20 b)

である。大きさは $(N+L-1) \times N$ である。したがって変換行列 $[h]$ 全体の大きさは $(M+K-1)(N+L-1) \times MN$ である。たたみ込み演算の演算回数は，画像サイズと変換行列サイズが大きくなると膨大となる。

変換核が

$$h(m,n\,;\,k,l) = h_M(m,k)\,h_N(n,l) \tag{7.21}$$

と表せるとき，**分離可能** (separable) という。$[h_M(m,k)]$，$[h_N(n,l)]$ は x, y 軸方向のインパルス応答を表す変換行列である。分離可能であるとすると，行列表現は次式のように表される。

$$\begin{aligned}[f(m,n)] &= [h_M(m,k)][g(k,l)][h_N(n,l)]^T \\ &= [h_M][g][h_N]^T \end{aligned} \tag{7.22}$$

ここでTは転置を表す。変換は k と l に分解して行うことができる。l に関して演算してのち，k に関して演算すればよい。この操作を**図 7.7** に示す。

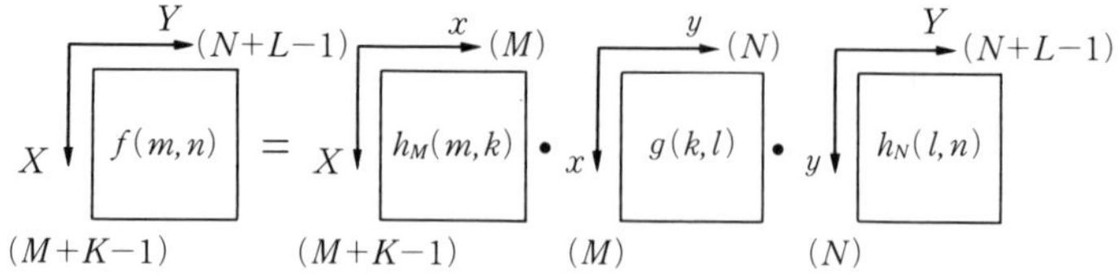

図 7.7 行列による線形変換

分離された変換行列は

$$[h_M(m,k)] = \begin{bmatrix} h_M(0) & & & & & & \\ h_M(1) & h_M(0) & & & & 0 & \\ \vdots & h_M(1) & & & & & \\ & \vdots & & & & & \\ h_M(K-1) & \vdots & & & & & \\ & h_M(K-1) & \vdots & & h_M(0) & & \\ & & \vdots & & h_M(1) & & \\ & & \vdots & & \vdots & & \\ & & 0 & & h_M(K-1) & & \end{bmatrix}$$

(7.23 a)

と表される。大きさは $(M+K-1) \times M$ の行列である。また

$$[h_N(n,l)] = \begin{bmatrix} h_N(0) & & & & & & \\ h_N(1) & h_N(0) & & & & 0 & \\ \vdots & h_N(1) & & & & & \\ & \vdots & & & & & \\ h_N(L-1) & \vdots & & & & & \\ & h_N(L-1) & \vdots & & h_N(0) & & \\ & & \vdots & & h_N(1) & & \\ & & \vdots & & \vdots & & \\ & & 0 & & h_N(L-1) & & \end{bmatrix}$$

(7.23 b)

と表される。大きさは $(N+L-1) \times N$ の行列である。分離可能であるとき，演算回数は $(N+L-1) \times MN + (N+L-1)(M+L-1) \times M$ にまで減少する。

また分離された変換行列の逆行列が存在すると，逆変換は

$$[g(k,l)] = [h_M]^{-1}[f]([h_N]^{-1})^{\mathrm{T}} \tag{7.24}$$

と表される。

行列 $[h]$ を一般的な変換核であるとしよう。この行列が

$$[h]^\mathrm{T}[h]^* = [I] \tag{7.25}$$

であるとき，ユニタリー行列という。ただし $[I]$ を単位行列とした。ユニタリー行列による変換をユニタリー変換という。

ユニタリー行列の行列要素が実数のとき $[h]=[h]^*$ となり，特に直交行列という。いま行列 $[h]$ を J 個の列ベクトル $\boldsymbol{h}_j$ によって

$$[h] = [\boldsymbol{h}_0, \boldsymbol{h}_1, \cdots, \boldsymbol{h}_{J-1}] \tag{7.26}$$

と表されるとしよう。ベクトルの内積を記号(・)で表すと

$$[h]^\mathrm{T}[h] = \begin{bmatrix} \boldsymbol{h}_0^\mathrm{T} \\ \boldsymbol{h}_1^\mathrm{T} \\ \vdots \\ \boldsymbol{h}_{J-1}^\mathrm{T} \end{bmatrix} [\boldsymbol{h}_0, \ \boldsymbol{h}_1, \ \cdots, \ \boldsymbol{h}_{J-1}]$$

$$= \begin{bmatrix} (\boldsymbol{h}_0 \cdot \boldsymbol{h}_0) & (\boldsymbol{h}_0 \cdot \boldsymbol{h}_1) & \cdots & (\boldsymbol{h}_0 \cdot \boldsymbol{h}_{J-1}) \\ (\boldsymbol{h}_1 \cdot \boldsymbol{h}_0) & (\boldsymbol{h}_1 \cdot \boldsymbol{h}_1) & \cdots & (\boldsymbol{h}_1 \cdot \boldsymbol{h}_{J-1}) \\ \vdots & \vdots & \cdots & \vdots \\ (\boldsymbol{h}_{J-1} \cdot \boldsymbol{h}_0) & (\boldsymbol{h}_{J-1} \cdot \boldsymbol{h}_1) & \cdots & (\boldsymbol{h}_{J-1} \cdot \boldsymbol{h}_{J-1}) \end{bmatrix} \tag{7.27}$$

となる。したがって式(7.27)が単位行列に等しく置けるとき，要素ベクトルの内積は

$$(\boldsymbol{h}_i \cdot \boldsymbol{h}_j) = \delta_{i,j} \tag{7.28}$$

となる。ここで $\delta_{i,j}$ はクロネッカー(Kronecker)デルタといい

$$\delta_{i,j} = \begin{cases} 1 & (i=j) \\ 0 & (i \neq j) \end{cases} \tag{7.29}$$

である。式(7.25)を満たす行列 $[h]$ は正規直交系をなすことがわかる。直交行列による変換を直交変換という。

7.2.2 離散フーリエ変換

撮影された画像は，大きさが制限されている。この撮影範囲は x 軸方向に $M\Delta x$，y 軸方向に $N\Delta y$ であるとする。標本画像は

$$f_s(x,y) = \sum_{m=-M/2}^{M/2-1} \sum_{n=-N/2}^{N/2-1} f(x,y)\delta(x-m\Delta x, y-n\Delta y) \tag{7.30}$$

である。ここで M，N を偶数とした。スペクトルはフーリエ変換することによって

$$\begin{aligned}F_s(\mu,\nu) &= \int_{-\infty}^{\infty} \left[\sum_m \sum_n f(x,y)\delta(x-m\Delta x, y-n\Delta y)\right] \\ &\quad \exp[-i2\pi(\mu x + \nu y)]dxdy \\ &= \sum_{m=-M/2}^{M/2-1} \sum_{n=-N/2}^{N/2-1} f(m\Delta x, n\Delta y)\exp[-i2\pi(\mu m\Delta x + \nu n\Delta y)]\end{aligned} \tag{7.31}$$

と得られる。このスペクトル画像を間隔 $(\Delta\mu, \Delta\nu)$ に標本化する。原画像の標本点数は (M,N) に制限され，スペクトルの最大周波数が制限されている。標本化定理を適用して標本間隔を決めると

$$\Delta\mu = \frac{1}{M\Delta x}, \quad \Delta\nu = \frac{1}{N\Delta y} \tag{7.32}$$

となる。p，q を整数として $\mu = p\Delta\mu$，$\nu = q\Delta\nu$ とすると，標本スペクトルは

$$F_s(p\Delta\mu, q\Delta\nu) = \sum_{m=-M/2}^{M/2-1} \sum_{n=-N/2}^{N/2-1} f(m\Delta x, n\Delta y)\exp\left[-i2\pi\left(\frac{m}{M}p + \frac{n}{N}q\right)\right] \tag{7.33}$$

と表される。原点を中心とした画像の離散フーリエ変換である。

画像は行列形式あるいはベクトル形式で表すと便利である。このために離散フーリエ変換の表現は便宜上，$m=0 \sim M-1$，$n=0 \sim N-1$ の正の整数を割り当てる。図 7.8(a) に示すようにこの操作は，原画像を原点中心から xy 座標系の第 1 象限にシフトさせることを意味する。この画像のスペクトルは

$$\begin{aligned}F_s(p\Delta\mu, q\Delta\nu) &= \sum_{m=0}^{M-1} \sum_{n=0}^{N-1} \exp[-i\pi(p+q)]f(m\Delta x, n\Delta y) \\ &\quad \exp\left[-i2\pi\left(\frac{m}{M}p + \frac{n}{N}q\right)\right]\end{aligned} \tag{7.34}$$

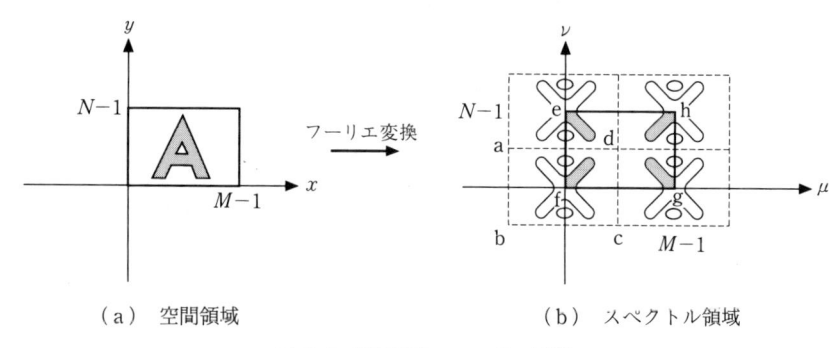

図 7.8 離散画像のフーリエ変換

と表される。原画像は，xy座標系の原点中心より 1/2 周期だけ x 軸と y 軸方向にシフトした画像である。このスペクトルは位相が π だけシフトする。いわゆるフーリエ変換のシフト定理である。したがってスペクトル画像は図 7.8(b)中の実線枠（□efgh）のように，画像中心が周期の 1/2 だけ軸方向に移動した画像として現れる。原点中心の原画像に対するスペクトル画像を得るには，得られた画像（□efgh）を部分的に移し替えて，画像□abcd とする必要がある。

離散フーリエ変換を行列形式で表す。以下では簡略化のためサフィックス s を省略し，$M \times N$ の標本画像を $f(m,n)$，スペクトル画像を $F(p,q)$ と表す。ただし，m，n および p，q はそれぞれ $0 \sim M-1$，$0 \sim N-1$ の正の整数である。これらの表現を用いると，式 (7.33) に対応する 2 次元離散フーリエ変換は

$$F(p,q) = \sum_{m=0}^{M-1} \sum_{n=0}^{N-1} f(m,n) \exp\left[-i2\pi\left(\frac{m}{M}p + \frac{n}{N}q\right)\right] \tag{7.35}$$

と書くことができる。ここで

$$W_M = \exp\left(-i2\pi\frac{1}{M}\right) \tag{7.36 a}$$

$$W_N = \exp\left(-i2\pi\frac{1}{N}\right) \tag{7.36 b}$$

とすると

$$\mathscr{F}_{DM}(p,m) = W_M{}^{pm} = W_M{}^{mp} = \mathscr{F}_{DM}(m,p) \tag{7.37a}$$

$$\mathscr{F}_{DN}(q,n) = W_N{}^{qn} = W_N{}^{nq} = \mathscr{F}_{DN}(n,q) \tag{7.37b}$$

となる。式 (7.35) は x 軸方向と y 軸方向に分離されている。離散スペクトルを行列形式で表すと

$$[F(p,q)] = [\mathscr{F}_{DM}(p,m)][f(m,n)][\mathscr{F}_{DN}(n,q)] \tag{7.38}$$

となる。式 (7.35), (7.38) を**離散フーリエ変換** (discrete Fourier transform : DFT) という。フーリエ変換は, x 軸, y 軸方向について分離されているから, n に関して演算したのち, m に関して演算すれば求まる。

変換行列 $[\mathscr{F}_{DM}]$, $[\mathscr{F}_{DN}]$ の性質は式 (7.37) から明らかなように

$$[\mathscr{F}_{DM}(p,m)] = [\mathscr{F}_{DM}(p,m)]^{\mathrm{T}} \tag{7.39a}$$

$$[\mathscr{F}_{DN}(q,n)] = [\mathscr{F}_{DN}(q,n)]^{\mathrm{T}} \tag{7.39b}$$

であるから, 対称行列である。さらに $[I]$ を単位行列とすると

$$\frac{1}{M}[\mathscr{F}_{DM}]^{\mathrm{T}}[\mathscr{F}_{DM}]^* = [I] \tag{7.40a}$$

$$\frac{1}{N}[\mathscr{F}_{DN}]^{\mathrm{T}}[\mathscr{F}_{DN}]^* = [I] \tag{7.40b}$$

を満足する。変換行列はユニタリー行列であり, フーリエ変換は直交変換の一つであることがわかる (演習問題 7.2 を参照)。

逆行列は式 (7.40) を用いて

$$[\mathscr{F}_{DM}(p,m)]^{-1} = \frac{1}{M}[\mathscr{F}_{DM}(p,m)]^* \tag{7.41a}$$

$$[\mathscr{F}_{DN}(q,n)]^{-1} = \frac{1}{N}[\mathscr{F}_{DN}(q,n)]^* \tag{7.41b}$$

と表される。したがって式 (7.38) に逆行列を演算させれば

$$[f(m,n)] = \frac{1}{MN}[\mathscr{F}_{DM}(m,p)]^*[F(p,q)][\mathscr{F}_{DN}(q,n)]^* \tag{7.42}$$

$$f(m,n) = \frac{1}{MN}\sum_{p=0}^{M-1}\sum_{q=0}^{N-1} F(p,q)\exp\left[i2\pi\left(\frac{p}{M}m + \frac{q}{N}n\right)\right] \tag{7.43}$$

と得られる。この逆変換を式 (7.35), (7.38) に対する**離散的フーリエ逆変換** (inverse discrete Fourier transform : IDFT) という。

さて $N×N$ の画像を2次元DFTするとき，演算回数を求めよう．DFTは，おもに乗算と加算によって得られる．乗算のみを対象とすれば，N点の1次元データ列のDFTは，演算を約 N^2 回行う．画像に対しては式(7.35)からわかるように，N^4 回の乗算となる．$N=1024$ とすれば約 10^7 回の乗算となり，膨大な演算回数である．

演算回数を減らすのに，変換行列の周期性を利用した**高速フーリエ変換**(fast Fourier transform：FFT) アルゴリズムが開発されている．N点の1次元DFTを実行するのに，$(N/2)\log_2 N$ 回に減らすことができる．さらに分離可能であるとすると，2次元DFTは1次元DFTを行について実行し，その結果を列について実行すればよく，$2N$ 回の1次元DFTですむ．FFTを用いれば，$N^2 \log_2 N$ 回の演算回数となる．大幅な計算時間の短縮となる．

7.3 計算機ホログラム

物体光を記録したホログラムに再生照明光を照射すると，再び物体光を完全に再生できる．光学的にホログラムを作成するには，物体光と参照光を干渉させ，干渉光強度を写真乾板に感光させる．光波の干渉作用を利用して物体光の複素振幅（位相と振幅）を記録する．この操作は干渉現象を利用するから実験的な制約が多い．そのうえに実在の物体を必要とする．

ホログラムを作成するのに，計算機を利用する方法がある．物体からの光波を回折原理に従って計算し，複素振幅を空間分布として求める．この計算結果を，空間光変調素子に直接書き込む．この方法は**計算機ホログラム**(computer-generated hologram：CGH) と呼ばれている．たとえ物体そのものが現実になくても，回折理論から複素振幅を計算することができ，また参照光を必要としない．光情報処理に必要なフィルタ，集光作用のあるレンズ，分光作用のある回折格子などの各種の光学素子を設計できる．

単純なフラウンホーファー回折現象に基づいたフーリエ変換形ホログラムの作成法を取り上げる．いま理想的な計算機ホログラムがあるとしよう．このホ

ログラムは，標本間隔 $(\Delta\mu, \Delta\nu)$，標本点 (p, q)，大きさ $N \times N$ の構成であり，再生しようとする物体光の複素振幅 $G(p, q)$ が記録されている。このホログラムによる (x, y) 面での再生像は，DFT によって

$$u(m, n) = \sum_{p=-N/2}^{N/2-1} \sum_{q=-N/2}^{N/2-1} G(p, q) \exp\left(-i 2\pi \frac{pm + qn}{N}\right) \qquad (7.44)$$

と与えられる。ここで

$$x = m\Delta x, \quad y = n\Delta y \qquad (7.45)$$

$$\Delta x = \frac{1}{N\Delta\mu}, \quad \Delta y = \frac{1}{N\Delta\nu} \qquad (7.46)$$

である。式 (7.46) は標本化定理を満足するから，物体像が解像限界幅 Δx で完全に再生される。作成する計算機ホログラムは，このホログラムによる再生像と同じ像が理想的に再生できることである。

　計算機で求めた複素振幅を空間光変調素子に書き込み，ホログラムを作成することを考えよう。物体のフーリエ変換形 $G(p, q)$ は振幅情報と位相情報を含むが，それら二つの情報を空間光変調素子に書き込むことが難しい。しかも2次元であるから，書込みデータ数は膨大である。書き込む情報をできるだけ単純化（コード化）する必要がある。二つの情報のうち，振幅のみあるいは位相のみを書き込む方法がある。それぞれを振幅形ホログラム，位相形ホログラムと呼ぶ。さらにそのうえ，書込みデータを連続値ではなく2値あるいは3値に量子化して書き込む方法がとられる。

　このように大胆な近似を用いても，式(7.44)と同じ理想的な再生像が得られるようにする必要がある。したがって，計算機で求めるホログラムでは，複素振幅分布 $G(p, q)$ そのものとは異なったコード化された振幅分布あるいは位相分布を求める。

　振幅形ホログラムの作成原理をローマン（Lohmann）の方法で示す。**図7.9**に示すようにホログラムは $N \times N$ のセルからなり，各セルに μ 軸方向に中心からシフトさせた矩形開口を設ける。開口内は光波が通過し，他の領域は非透過である。この2値の記録法は，写真フィルムによるホログラム作成を容易に

する。しかも振幅のみを変調するホログラムが，透過する光波の回折作用によって等価的に振幅と位相を表せるように工夫する。すなわち各セルについて，矩形開口の面積を振幅情報に，シフト量を位相情報に対応させるようにする。

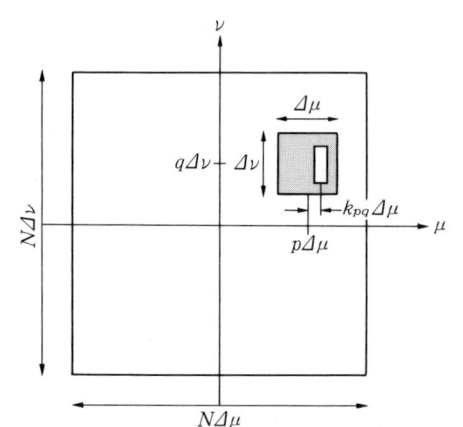

図 7.9 振幅形ホログラム

p, q 番目のセルの透過率を $|t_{pq}|$，矩形開口のシフト量を $k_{pq}\Delta\mu$ とすると，ホログラムの透過率 $T(\mu,\nu)$ は

$$T(\mu,\nu) = \sum_{p=-N/2}^{N/2-1} \sum_{q=-N/2}^{N/2-1} |t_{pq}| \, \delta\left[\mu - (p+k_{pq})\Delta\mu, \nu - q\Delta\nu\right] \quad (7.47)$$

となる。ここで N を偶数とし，$-1/2 < k_{pq} < 1/2$ であるとした。このホログラムからの再生像はフーリエ変換することによって得られる。x 軸方向のみを示すと

$$f(x) = \sum_{p=-N/2}^{N/2-1} |t_{pq}| \exp\left(-i2\pi \frac{k_{pq}x}{N\Delta x}\right) \exp\left(-i2\pi \frac{px}{N\Delta x}\right) \quad (7.48)$$

である。これは式 (7.44) の DFT と同じ形である。$x_0 > \xi$ として x を

$$x = x_0 + \xi \quad (7.49)$$

と置く。さらに

$$x_0 = N\Delta x \quad (7.50)$$

としよう。再生像は近似的に x_0 を1周期とした周期構造となる（**図 7.10**）。ξ はたかだか1周期の画像サイズ内である。x_0 に比べて無視すると，式(7.48)

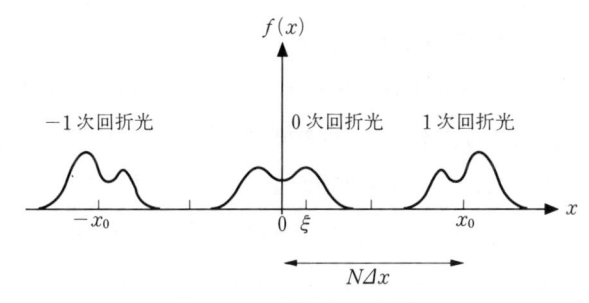

図 7.10 x 軸方向の再生像

の左側の指数部の x を x_0 に置き換えることができ

$$f(x) = \sum_{p=-N/2}^{N/2-1} |t_{pq}| \exp(-i2\pi k_{pq}) \exp\left(-i2\pi \frac{pm}{N}\right) \tag{7.51}$$

と書き替えられる。式(7.44)に対応させると，ホログラムは

$$|t_{pq}| = |G(p,q)|, \quad \exp(-i2\pi k_{pq}) = \frac{G(p,q)}{|G(p,q)|} \tag{7.52}$$

となる。振幅ホログラムは，各セル内の矩形開口の横長さを一定とすると縦長さが振幅変調量に，シフト量 k_{pq} が位相変調量に対応する。したがってホログラムは振幅のみ変調するが，式(7.44)と同様な理想的再生像が得られる。ただし再生回折像は，x 軸方向については1次回折光を取り出し，y 軸方向については0次回折光を取り出すとする。

つぎに位相形ホログラムの作成法を，具体例を用いて示す。各セルの透過率はすべて一定であるから

$$|t_{pq}| = 1 \tag{7.53}$$

である。ホログラムは振幅情報をもたず，振幅は空間的に一定である。このホログラムは第2章，第3章に示した多光波干渉を利用する。ホログラムによる位相変調量の空間分布を工夫すれば，再生位置での回折光強度を必要に応じて明あるいは暗とすることができる。1枚のホログラム内にきわめて多数個のセルが存在するとして，それらのセルを個別的に位相制御すれば，多光波干渉が実現され，鮮明な理想的再生像を得ることができる。この原理に基づいて位相

形ホログラムが設計される。この方法は，振幅変調形と異なって，入射光のすべてのエネルギーが利用され，回折効率が高い。

図7.11(a)に示すようにホログラムは128×128個のセルからなり，各セルの位相を$\phi(p,q)$とする。まず各セルの位相分布を2値の初期値として適当に0または$\pi/2$と与えて，フーリエ変換像をDFTアルゴリズムで計算する。この再生像のうち，図7.11(b)に示す1次回折光領域の32×32セルを再生領域とし，他の領域をダミー領域とする。再生領域において，目的の理想的な像とできるだけ一致するように，2値で表す位相分布の近似解を反復形で探す。

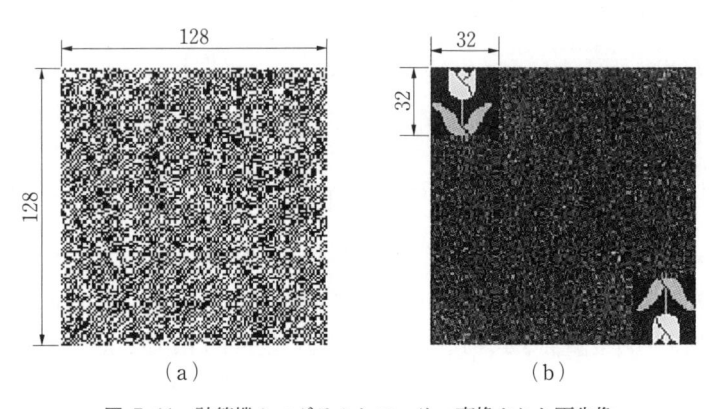

図 7.11 計算機ホログラムとフーリエ変換された再生像

この反復計算において，位相$\phi(p,q)$をある規則に沿って変化させ，変化のたびにフーリエ変換像を算出して，理想像との2乗誤差を求める。この操作を繰り返し，誤差が許容範囲以下となったとき，位相値$\phi(p,q)$を解とする。図7.11(a)の明暗の分布は得られた2値の位相分布，同図(b)中の左上の図形はその条件でのDFTによって得られた再生像である。なお右下の図形は共役像である。

計算で求められた位相分布を空間光変調素子に書き込み，ホログラムを作成する。6.4.2項(1)に示した光アドレス形変調素子は，入射光量に応じて位相変調量が変化する。したがって，計算で求めた位相を光強度に変換し，変調素子の各セルに書き込み，ホログラムとする。再生はホログラムに平面波を照射

し，レンズの焦平面で観測する。再生光学システムと再生像を図 7.12 に示す。ダミー領域は再生領域のノイズを拡散させるために使われる。位相形ホログラムは振幅を一定，位相を 2 値で変調させるが，再生像は連続量として得られる。

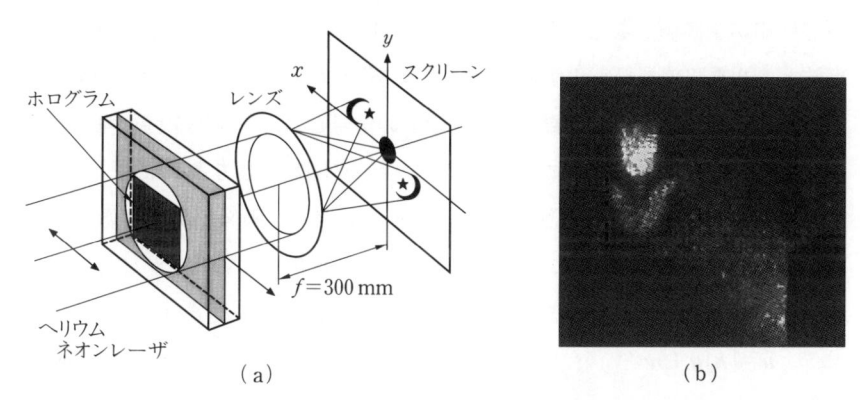

図 7.12 再生光学システムと再生像（(b)は再生領域を拡大して示してあり，右下が原点である。）(中川清氏のご厚意による)

7.4 画像の復元

本節では劣化画像の回復・復元を扱う。前章で示したように逆フィルタによる演算を施せば，復元が可能である。しかしノイズが含まれていると，逆フィルタ演算は発散を招き，かえってより劣化する。**不良設定問題**（ill-posed problem）として知られ，対策によっては，処理能力に限界を与えることになる。そのため，発散を抑える**正則化**（regularization）法が重要となる。画像の劣化はたたみ込み演算（コンボリューション積分）によって与えられるから，その画像の復元法は**デコンボリューション**（deconvolution）法とも呼ばれる。

7.4.1 ウィナーフィルタ

ウィナー（Wiener）は第2次大戦中，過去の信号を知って将来値を求める予測論を提唱した。ある過去の値が将来値に及ぼす"割合"がわかれば，過去の値から将来値が求まる。過去の多くのデータ列による将来値を求め，それらの線形和が予測値となる。"割合"は信号の相関関数を知って，予測値とその真値との2乗誤差を最小化することによって得られるとした。この方法を劣化画像の回復に適用しよう。観測画像を過去の信号とし，予測値を回復画像とする。誤差を最小化するように"割合"をフィルタ関数として求める。

原画像をベクトル g，観測画像をベクトル u とし，画像の劣化関数を行列 $[h]$ とする。また観測画像にはノイズやディジタル化による誤差が加算的に含まれているとする。ノイズをベクトル n とすると，観測方程式は

$$u = [h]g + n \qquad (7.54)$$

と表される。復元フィルタを $[b]$ とすると，復元画像 f は

$$f = [b]u \qquad (7.55)$$

となる。観測画像 u から原画像 g に最も近い推定画像 f を求める予測問題である。もしノイズがなければ，復元フィルタはインバースフィルタ

$$[b] = [h]^{-1} \qquad (7.56)$$

となる。しかしながらノイズが存在するために，このフィルタを用いると，極端にノイズが多い劣化画像となる。

相関関数や誤差を扱うには，統計的手法が用いられる。信号が確率的に変化するならば，意味ある物理量は平均値であるからである。画像はその輝度値が場所によって変動する。画像サイズが十分大きいとき，その輝度値のヒストグラムは，画像が異なってもほぼ一定である。輝度値は，ある決まった分布を示す。つまり量子化した輝度値 $g(m, n)$ は，異なる (m, n) に対して変化するが，定常的な確率変数である。さらにノイズ $n(m, n)$ も，定常的な確率変数とする。ただしノイズは平均値がゼロであり，輝度値と独立である。この条件は，空間平均を $\langle \cdots \rangle$ とするとき

7.4 画像の復元

$$\langle ng^T \rangle = 0 \tag{7.57}$$

である。

フィルタ関数が $[b]$ と与えられたとすると，原画像と復元画像の誤差は

$$\varepsilon = g - f \tag{7.58}$$

となる。この誤差を最小化するフィルタを設計する。画像の輝度値とノイズとが確率変数で与えられるから，式 (7.57) の条件で誤差の相関行列を求める。

$$\begin{aligned}\langle \varepsilon\varepsilon^T \rangle &= \langle (g-[b]u)(g-[b]u)^T \rangle \\ &= \langle gg^T \rangle - [b][h]\langle gg^T \rangle - \langle gg^T \rangle[h]^T[b]^T \\ &\quad + [b][h]\langle gg^T \rangle[h]^T[b]^T + [b]\langle nn^T \rangle[b]^T \end{aligned} \tag{7.59}$$

と得られる。画像信号とノイズの相関行列を

$$\langle gg^T \rangle = [R_{gg}] \tag{7.60 a}$$

$$\langle nn^T \rangle = [R_{nn}] \tag{7.60 b}$$

と置くと

$$\begin{aligned}\langle \varepsilon\varepsilon^T \rangle &= [R_{gg}] - [b][h][R_{gg}] - [R_{gg}][h]^T[b]^T \\ &\quad + [b][h][R_{gg}][h]^T[b]^T + [b][R_{nn}][b]^T \end{aligned} \tag{7.61}$$

となる。

誤差を最小化するフィルタは

$$\frac{\partial \langle \varepsilon\varepsilon^T \rangle}{\partial [b]} = 0 \tag{7.62}$$

を満足する。$[R_{gg}] = [R_{gg}]^T$, $[R_{nn}] = [R_{nn}]^T$ の性質を用いて計算すると

$$[b][h][R_{gg}][h]^T + [b][R_{nn}] = [R_{gg}][h]^T \tag{7.63}$$

を得る。したがって最小 2 乗フィルタは

$$[b] = [R_{gg}][h]^T ([h][R_{gg}][h]^T + [R_{nn}])^{-1} \tag{7.64}$$

となる。

さらに式 (7.63) を積分形式で表し，フーリエ変換する。フィルタをスペクトル領域で表すと

$$B(\mu, \nu) = \frac{|G(\mu, \nu)|^2 H^*(\mu, \nu)}{|G(\mu, \nu)|^2 |H(\mu, \nu)|^2 + |N(\mu, \nu)|^2}$$

$$= \frac{H^*(\mu,\nu)}{|H(\mu,\nu)|^2+\alpha} \qquad (7.65)$$

と得られる。ここで大文字は小文字に対するフーリエスペクトルとした。このフィルタをウィナーフィルタといい，式 (7.64) を離散化ウィナーフィルタという。画像にノイズがなく $|N(\mu,\nu)|^2=0$ ならば $\alpha\to 0$ となり，インバースフィルタとなる。

ウィナーフィルタは $\det[h]=0$ のとき $\det[b]=0$ が得られ，正則化が行われている。また S/N を最大とするフィルタである。しかしながら，フィルタ関数を正確に決めるには，原画像の相関関数 $[R_{gg}]$ とノイズの相関関数 $[R_{nn}]$，あるいはそれらのパワースペクトルが既知でなければならない。一般にそれらは未知である。ウィナーフィルタは，α を定数値として扱い，試行錯誤的に最適の値を決める。

7.4.2 一般逆フィルタ

インバースフィルタ（逆フィルタ）は，画像にノイズが存在すると役に立たない。この原因は行列要素にゼロ値が含まれると，その逆行列のデターミナントが発散するからである。この要素を合理的に除去した逆行列を構成し，ノイズに対しても有効なインバースフィルタとすることが考えられる。

まず最初に逆行列の性質を詳しく調べよう。簡単のため行列 $[h]$ は $N\times N$ の正方行列とする（演習問題 7.3 を参照）。この行列をユニタリー行列 $[v]$, $[w]$ を用いて対角化する。対角要素を $\lambda_j^{1/2}$ $(j=0, 1, 2, \cdots, N)$ とする対角行列を $[\lambda^{1/2}]$ と表すと

$$[h]=[v][\lambda^{1/2}][w]^T \qquad (7.66)$$

となる。この操作を**特異値分解** (singular value decomposition: SDV) という。

ユニタリー行列は，$[I]$ を単位行列とするとき

$$[v][v]^T=[w][w]^T=[I] \qquad (7.67)$$

$$([w]^T)^{-1}=[w] \qquad (7.68)$$

の性質がある。この関係を用いると逆行列は

$$[h]^{-1} = ([w]^T)^{-1}[\lambda^{1/2}]^{-1}[v]^{-1}$$
$$= [w][\lambda^{-1/2}][v]^T \tag{7.69}$$

と与えられる。

観測方程式は式 (7.54) で与えられ

$$\boldsymbol{u} = [h]\boldsymbol{g} + \boldsymbol{n}$$
$$= [v][\lambda^{1/2}][w]^T\boldsymbol{g} + \boldsymbol{n} \tag{7.70}$$

である。書き替えると

$$[v]^T\boldsymbol{u} = [\lambda^{1/2}][w]^T\boldsymbol{g} + [v]^T\boldsymbol{n} \tag{7.71}$$

となる。$[\lambda^{1/2}]$ は対角行列であるから，$[w]^T\boldsymbol{g}$ について解くことができ，復元画像 $\boldsymbol{f}$ を求めると

$$\boldsymbol{f} = ([w]^T)^{-1}([w]^T\boldsymbol{g})$$
$$= [w][\lambda^{-1/2}][v]^T(\boldsymbol{u} - \boldsymbol{n}) \tag{7.72}$$

となる。

加算的ノイズがないときの観測画像を $\boldsymbol{u}_0$ とする。観測画像 $\boldsymbol{u}$ は

$$\boldsymbol{u} = \boldsymbol{u}_0 + \boldsymbol{n} \tag{7.73}$$

と表される。したがって式 (7.69) を用いると，式 (7.72) は

$$\boldsymbol{f} = [h]^{-1}\boldsymbol{u}_0 \tag{7.74}$$

となる。このとき $[h]^{-1}[h] = [I]$ であるから，理想的な回復画像 $\boldsymbol{f} = \boldsymbol{g}$ が得られる。ノイズがないとき，インバースフィルタは有効であることがわかる。しかも特異値分解することによって，発散はノイズと逆フィルタの要素との相互関係によって生じていることがわかる。

発散の原因を定量的に探るため，ノイズによる誤差成分を評価しよう。ノイズは分散値 σ^2 のランダム変数であるとする。ノイズ成分が画像に含まれている量は未知である。回復画像 $\boldsymbol{f}$ は，観測画像と式(7.69)を用いて

$$\boldsymbol{f} = [w][\lambda^{-1/2}][v]^T\boldsymbol{u} \tag{7.75}$$

と求められる。原画像と回復された画像との平均2乗誤差は式(7.72)より

$$\langle \boldsymbol{\varepsilon}^T\boldsymbol{\varepsilon} \rangle = \langle \|\boldsymbol{g} - \boldsymbol{f}\|^2 \rangle$$

$$= \langle \|[w][\lambda^{-1/2}][v]^T \boldsymbol{n}\|^2 \rangle$$

$$= \langle \boldsymbol{n}^T \boldsymbol{n} \rangle [\lambda^{-1}]$$

$$= \sigma^2 \sum_{j=1}^{N} \lambda_j^{-1} \tag{7.76}$$

となる.特異値(固有値)がノイズの分散値より十分小さくなると

$$\sigma^2 \lambda_j^{-1} \rightarrow \infty \tag{7.77}$$

のように発散し,復元画像がノイジィとなる.

　発散を抑えるのに,ある一定以下の特異値を取り除く操作をする.逆行列の要素を大きな特異値(固有値)から順に並べ直し,特異値がノイズの分散値より大きい k 個を取り,残りをゼロとする.この逆行列を $[h]^+$ としよう.行列要素に展開すると

$$[h]^+ = [w_1, w_2, \cdots, w_N] \begin{bmatrix} \lambda_1^{-1/2} & & & & & & \\ & \lambda_2^{-1/2} & & & 0 & & \\ & & \cdot & & & & \\ & & & \lambda_k^{-1/2} & & & \\ & & & & 0 & & \\ & 0 & & & & \cdot & \\ & & & & & & 0 \end{bmatrix} \begin{bmatrix} v_1^T \\ v_2^T \\ \cdot \\ v_k^T \\ v_{k+1}^T \\ \cdot \\ v_N^T \end{bmatrix}$$

$$\tag{7.78}$$

となる.この逆行列 $[h]^+$ による復元画像は

$$\boldsymbol{f} = [h]^+ \boldsymbol{u} \tag{7.79}$$

と与えられる.フィルタは

$$[b] = [h]^+ \tag{7.80}$$

である.これを**一般逆フィルタ**(generalized inverse filter)という.小さな特異値を除くことによって,正則化が行われる.

7.4.3 反　復　法

　画像復元は,逆フィルタを直接演算する方法以外に,計算機の特徴である反

復法で解く方法(iterative deconvolution)がある。回復計算を一挙に行わず,少しずつ解に近づける。観測画像と逐次的に得られる復元画像の2乗誤差が,小さな値をとるまで計算を繰り返す。

反復法の特徴は以下のようになる。(1)逆数演算を基本的に必要としないから,演算自身による発散を防ぐ。(2)回復すべき信号に先見的に得られる情報を挿入できる。(3)拘束条件によりノイズの影響を軽減できる。(4)反復計算の途中で回復状況をモニタリングできる。欠点は膨大な画像情報を反復計算する。このため,収束速度が遅いと計算コストが膨大となる。

本項では,観測値のノイズを軽減させたあとで,画像復元する方法を示す。この方法は**再劣化**(reblurring)法と呼ばれている。観測画像 $u(x)$ を平滑化フィルタ $p(x)$ で平滑化する。平滑化画像は

$$p(x)*u(x)=p(x)*[h(x)*g(x)+n(x)] \tag{7.81}$$

と表される。$p(x)$,$h(x)$ を既知としたうえで,平滑化画像 $p(x)*u(x)$ から原画像 $g(x)$ を復元する問題である。

計算アルゴリズムは**図 7.13** のように4ステップからなる。$k-1$ 回目の反復計算により,復元画像 $f_{k-1}(x)$ が得られているとしよう。このとき観測領域での画像は

$$u_{k-1}(x)=f_{k-1}(x)*h(x) \tag{7.82 a}$$

となる。この復元された画像は誤差をもち

$$e_{k-1}(x)=p(x)*[u(x)-u_{k-1}(x)] \tag{7.82 b}$$

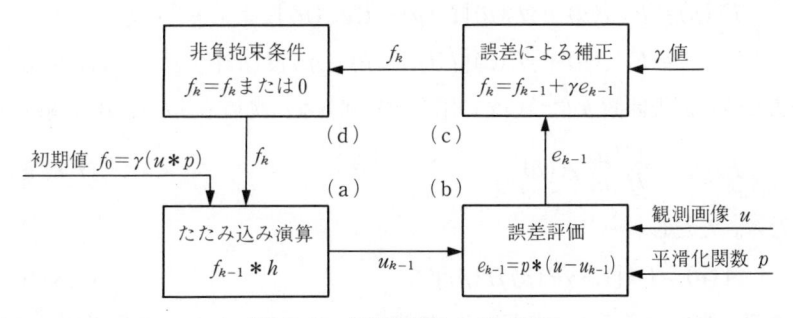

図 7.13 反復計算アルゴリズム

と評価される。誤差を平滑化領域での画像に対して定義した。原画像の領域での誤差は $e_{k-1}(x)$ の γ 倍であるとする。k 回目の復元画像 $f_k(x)$ は，$f_{k-1}(x)$ に誤差 $\gamma e_{k-1}(x)$ を加算することによって

$$f_k(x) = f_{k-1}(x) + \gamma e_{k-1}(x) \tag{7.82c}$$

と得られる。

さて復元画像は一般に正の符号で与えられる。ここで非負拘束条件

$$f_k(x) = \begin{cases} f_k(x) & (f_k(x) \geq 0) \\ 0 & (f_k(x) < 0) \end{cases} \tag{7.82d}$$

を付加する。正であればそのままとし，負であればゼロと置く。この画像が，k 回目の反復計算によって得られた復元画像である。これらの計算を繰り返し行う。

反復計算を行うときの初期値を

$$f_0(x) = \gamma [u(x) * p(x)] \tag{7.83}$$

とする。また反復計算は2乗誤差

$$\varepsilon^2 = \sum_x [u(x) * p(x) - u_k(x) * p(x)]^2 \tag{7.84}$$

が，ある一定レベル以下になったとき打ち切る。

反復回数を増加させたとき，解に収束するための条件を求めよう。式(7.82 d)に示す非線形操作を除いて，式(7.82)，(7.83)をスペクトル領域でまとめると，反復計算のアルゴリズムは

$$F_0(\mu) = \gamma U(\mu) P(\mu) \tag{7.85a}$$

$$F_k(\mu) = F_{k-1}(\mu) + \gamma P(\mu) [U(\mu) - U_{k-1}(\mu)]$$
$$= F_{k-1}(\mu) + \gamma P(\mu) [U(\mu) - F_{k-1}(\mu) H(\mu)] \tag{7.85b}$$

と表せる。反復回数 k についての階差方程式となっている。k について解くと

$$F_k(\mu) = \frac{U(\mu)}{H(\mu)} A(\mu) \tag{7.86a}$$

となる。ただし

$$A(\mu) = 1 - [1 - \gamma P(\mu) H(\mu)]^{k+1} \tag{7.86b}$$

である（演習問題7.4を参照）。定数値 γ を $0 \leq \gamma \leq 1$ とし，劣化関数が規格

化されており $0 \leq |H(\mu)| \leq 1$ であるとする．解が収束するためには $k \to \infty$ のとき，$A(\mu) \to 1$ となることである．したがって収束条件は

$$|1 - \gamma P(\mu) H(\mu)| < 1 \tag{7.87}$$

である．

平滑化関数は，式(7.87)の収束条件を満足するように選ぶ．例えば

(a) $\quad p(x) = h^*(-x) \tag{7.88a}$

(b) $\quad p(x) = \mathscr{F}^{-1}\left[\dfrac{H^*(\mu)}{|H(\mu)|^2 + \alpha}\right] \tag{7.88b}$

などがある．(a)は劣化関数で平滑化を行う場合，(b)は周波数領域で与えられるウィナーフィルタをフーリエ逆変換した関数で平滑化を行う場合である．$0 \leq |H(\mu)| \leq 1$，$0 \leq \alpha$ であるから，収束条件をつねに満足する．

k 回目の反復で得られる信号の回復状況は，式(7.86b)の関数 $A(\mu)$ で評価される．図7.14に示すように，反復回数を増加させると，高い空間周波数まで回復する．無限回の反復計算を行うと，式(7.86)よりすべての空間周波数領域で $A(\mu) = 1$ となり，インバースフィルタを用いることと同じ結果となる．しかしながら異なる点は，式(7.85)において $H(\mu) \to 0$ とする場合でも

$$F_{k \to \infty}(\mu) \to 0$$

となり，正則化が行われている．

再劣化させたあとで復元するため，計算コストはきわめて大きくなる．しかし平滑化関数を式(7.88b)に選ぶと，収束速度を変化させることができる．

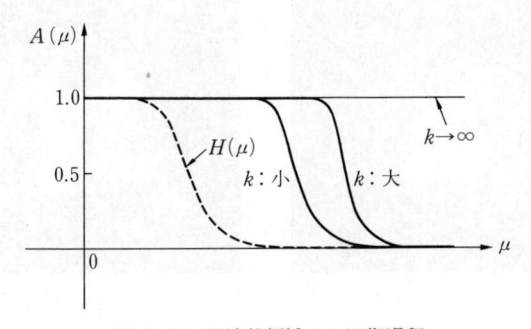

図 7.14 周波数領域での回復過程

$\alpha=0$ とするとインバースフィルタと同じ作用となり，ノイジィであるが1回の反復計算で収束値が得られる．$1/\alpha$ はエラー補正のステップ幅を表す．したがって α の値の選択を $0<\alpha\leq 1$ の範囲で小さくすればするほど，収束速度を早くできる．

図7.15 は流れ写真の回復処理である．図(a)は観測画像，図(b)は回復画像である．最初に $\alpha=0.05$，$k=40$ とし，ある程度回復させる．さらにステップ幅を小さくして，$\alpha=1.0$，$k=20$ とした結果である．**図7.16** は焦点はずれの回復処理である．図(a)は観測画像，図(b)は $\alpha=0.1$，$k=297$ での回復画像である．図(b)と同じ画質まで回復するのに，$\alpha=1.0$ とすると $k=$

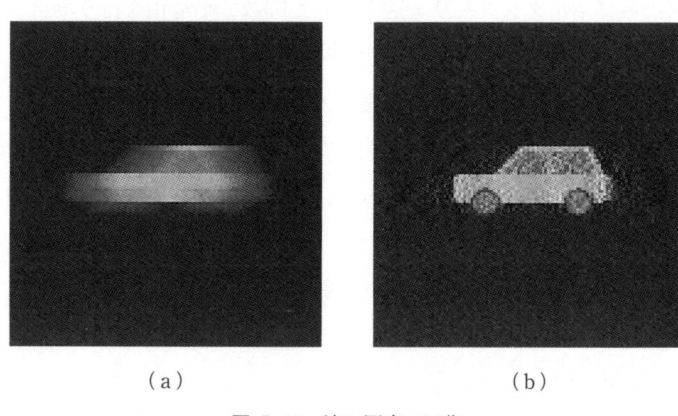

(a)　　　　　　　　　(b)

図 7.15　流れ写真の回復

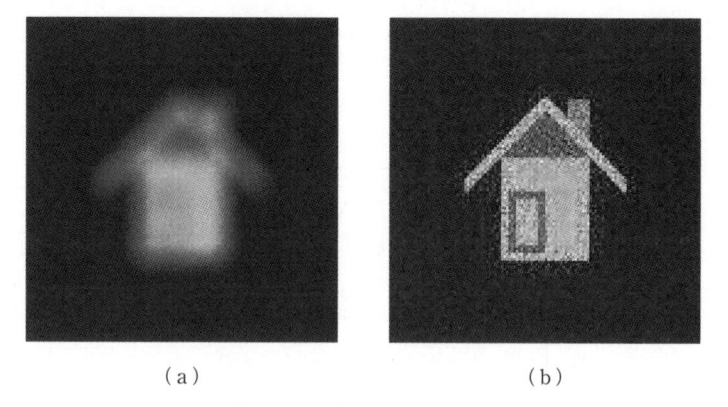

(a)　　　　　　　　　(b)

図 7.16　焦点はずれ像の回復

2 965 を必要とする。

7.5 画像の認識

　画像が与えられたとき，特定の対象物があるかどうかを判断するには，認識作用が必要となる。それには，前もって準備されたパターンに一致するかを決定したり，あるいはグループ化された標準図形群の中のどれに属するかを決定する。この操作を**パターン認識**（pattern recognition）あるいは画像認識という。画像認識には物体認識（距離，位置），文字認識，図形認識など多くあり，しかも対象によって手法が異なってくる。

　ディジタル画像の認識過程を図 7.17 に示す。まず前処理が行われる。ノイズ除去，ひずみ補正，ボケ修正，画像強調などの画像修正，あるいは必要な領域の切出しと移動，回転，拡大縮小などの画像の正規化が行われる。前処理によって認識を容易にかつ正確にする。つぎに**特徴抽出**（future extraction）を行う。これは目的に合った特徴変数を選択し，冗長な情報を除去する。画像の変換作用といわれ，フーリエ変換をはじめ，**カーネン・ルーベ変換**（Karhunen-Loeve expansion）などの直交変換系がよく利用される。目的とする特徴を十分表し，特徴変数を最小化する必要がある。さらに特徴が抽出されると，それらをマッチング，類似度，識別関数などによって，識別，分類（クラスタ分け）を決定論的あるいは統計論的に行う。

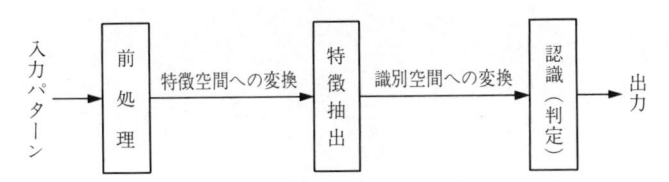

図 7.17　認識過程

演習問題

7.1 行列要素が λ_i である n 次の実正方行列 $[\lambda]$ があるとき，逆行列を求めよ．
7.2 フーリエ変換行列は直交行列であることを示せ．
7.3 一般逆行列フィルタで正方行列でないとき，正方行列化する方法を示せ．
7.4 式(7.86)を導き，反復解法における収束条件を示せ．

参 考 文 献

1〜3章
(1) 櫛田孝司：光物理学，共立出版(1990)
(2) 村田和美：光学，サイエンス社(1980)
(3) 龍岡静夫：光工学の基礎，昭晃堂(1986)
(4) 左貝潤一：光学の基礎，コロナ社(1997)
(5) 鶴田匡夫：応用光学Ⅰ，Ⅱ，培風館(1990)

4章
(1) 鈴木範人，小塩高文：応用光学Ⅱ，朝倉書店(1984)
(2) 鈴木範人，吉村武晃：統計光学，小瀬，斉藤，田中，辻内，浪岡編集，光工学ハンドブック，pp. 70-81，朝倉書店(1985)
(3) 伊東一良：フーリエ変換とコヒーレンス，光技術コンタクト，**36**, 2, pp. 81-86(1998)

5，6章
(1) 近藤次郎：フーリエ変換とその応用，培風館(1977)
(2) 小山次郎，西原 浩：光波電子工学，コロナ社(1987)
(3) 武田光夫：フーリエ光学，小瀬，斉藤，田中，辻内，浪岡編集，光工学ハンドブック，pp. 235-254，朝倉書店(1985)
(4) 谷田貝豊彦：光とフーリエ変換，朝倉書店(1992)
(5) 辻内順平，村田和美：光学情報処理，朝倉書店(1974)
(6) 飯塚啓吾：光工学，共立出版(1985)
(7) 小川良太：光の像形成とフーリエ変換，光技術コンタクト，**35**, 3, pp. 146-155(1997)

7章
(1) 斉藤恒雄：画像処理アルゴリズム，近代科学社(1993)
(2) 手塚慶一，北橋忠宏，小川秀夫：デジタル画像処理工学，日刊工業新聞社(1985)
(3) 土井康弘，安藤 繁：画像処理論，昭晃堂(1981)
(4) 河田 聡，南 茂夫：画像データ処理，CQ出版社(1994)
(5) 尾崎 弘，谷口慶治：画像処理，共立出版(1988)

演習問題解答

【1 章】

1.1 $\theta = kz - \omega t$ とする。式(1.23)は
$$\frac{E_x}{a_x} = \cos(\theta + \phi_x) = \cos\theta\cos\phi_x - \sin\theta\sin\phi_x$$
$$\frac{E_y}{a_y} = \cos(\theta + \phi_y) = \cos\theta\cos\phi_y - \sin\theta\sin\phi_y$$

となる。これらの式に $\sin\phi_y$ と $\sin\phi_x$ とをそれぞれ掛け，差をとると
$$\frac{E_x}{a_x}\sin\phi_y - \frac{E_y}{a_y}\sin\phi_x = \cos\theta(\cos\phi_x\sin\phi_y - \cos\phi_y\sin\phi_x)$$
$$= \cos\theta\sin(\phi_y - \phi_x) = \cos\theta\sin\delta$$

となる。$\cos\phi_y$ と $\cos\phi_x$ とを用い，同様にすると
$$\frac{E_x}{a_x}\cos\phi_y - \frac{E_y}{a_y}\cos\phi_x = \sin\theta\sin\delta$$

を得る。求めた二つの式を平方して，加えると式(1.25)が求まる。

1.2 $\delta = -\pi/2$ とすると，$E_y = a\cos(\theta + \delta + \phi_x) = a\sin(\theta + \phi_x)$ となる。このとき
$$\tan\alpha = \frac{\sin\alpha}{\cos\alpha} = \frac{\sin(\theta + \phi_x)}{\cos(\theta + \phi_x)}$$

を得る。分子分母は同じ三角関数で表され，位相は等しいから $\alpha = \theta + \phi_x = kz - \omega t + \phi_x$ が得られる。

1.3 単位系はつぎのように変換できる。
$$[F] = [C/V], \quad [H] = [Wb/A] = [V \cdot s]/[A] = [V \cdot s]/[C/s] = [V \cdot s^2/C]$$
したがって $[F/m][H/m] = [s^2/m^2]$ と得られる。

1.4 図1.12に示す座標系を用いる。入射光，屈折光，反射光に対する境界面上での電場成分は，指数部（振動項）を省略し，振幅の項だけを表すと
$$E_{1x} = a_{1p}\cos\theta_1, \quad E_{1y} = a_{1s}, \quad E_{1z} = -a_{1p}\sin\theta_1$$
$$E_{2x} = a_{2p}\cos\theta_2, \quad E_{2y} = a_{2s}, \quad E_{2z} = -a_{2p}\sin\theta_2$$
$$E_{3x} = -a_{3p}\cos\theta_1, \quad E_{3y} = a_{3s}, \quad E_{3z} = -a_{3s}\sin\theta_1$$

となる。さらに進行方向の波数ベクトルの成分は
$$k_{1x}/k_1 = \sin\theta_1, \quad k_{1y}/k_1 = 0, \quad k_{1z}/k_1 = \cos\theta_1$$
$$k_{2x}/k_2 = \sin\theta_2, \quad k_{2y}/k_2 = 0, \quad k_{2z}/k_2 = \cos\theta_2$$
$$k_{3x}/k_3 = \sin\theta_1, \quad k_{3y}/k_3 = 0, \quad k_{3z}/k_3 = -\cos\theta_1$$

である。また磁場は $\boldsymbol{H} = \sqrt{\varepsilon/\mu}\,\boldsymbol{k}/k \times \boldsymbol{E}$ と与えられる。上式を利用すると，磁場成分は電場と同様の表し方をすれば

$H_{1x} = -n_1 a_{1s} \cos \theta_1, \quad H_{1y} = n_1 a_{1p}, \quad H_{1z} = n_1 a_{1s} \sin \theta_1$

$H_{2x} = -n_2 a_{2s} \cos \theta_2, \quad H_{2y} = n_2 a_{2p}, \quad H_{2z} = n_2 a_{2s} \sin \theta_2$

$H_{3x} = n_1 a_{3s} \cos \theta_1, \quad H_{3y} = n_1 a_{3p}, \quad H_{3z} = n_1 a_{3s} \sin \theta_1$

となる.ただし共通の定数 $\sqrt{\varepsilon_0/\mu_0}$ を省略して表した.電場,磁場に対する境界条件

$E_{1y} + E_{3y} = E_{2y}, \quad E_{1x} + E_{3x} = E_{2x}$

$H_{1y} + H_{3y} = H_{2y}, \quad H_{1x} + H_{3x} = H_{2x}$

に,求めた電場と磁場成分を代入すると

$a_{1s} + a_{3s} = a_{2s}, \quad (a_{1p} - a_{3p}) \cos \theta_1 = a_{2s} \cos \theta_2$,

$n_1(a_{1p} + a_{3p}) = n_2 a_{2p}, \quad n_1(a_{1s} - a_{3s}) \cos \theta_1 = n_2 a_{2s} \cos \theta_2$

と得られる.この四つの式と屈折の法則から式(1.49)が導かれる.

1.5 式(1.60)の式(b),(c)を式(d)に代入すると

$$\beta = \frac{n_1(d-\rho)}{n_2(d'-\rho)} \alpha$$

となる.同様に式(b),(c)を式(e)に代入すると

$$\alpha \left(1 + \frac{d-\rho}{\rho}\right) = \beta \left(1 + \frac{d'-\rho}{\rho}\right)$$

となる.これら二つの式から α, β を消去すると

$$n_2\left(\frac{1}{d-\rho} + \frac{1}{\rho}\right) = n_1\left(\frac{1}{d'-\rho} + \frac{1}{\rho}\right)$$

を得る.変形すると式(1.61)となる.

1.6 図1.18で点Aから任意の方向へレンズまで光線を描く.その光線はレンズ通過後,結像点の点Bに進む.

【2 章】

2.1 実験室(静止)座標系を x, y, z で表し,移動座標系を x', y', z' で表す.ターゲットの粒子は静止座標系の位置ベクトル r にあり,移動座標系の r' に固定されているとする.粒子は速度 v で動くから $r = r' + vt$ と表される.粒子に入射する光波は移動座標系では

$$E'(r', t) = a \exp\{i[\mathbf{k}_{\text{in}}(r' + vt) - \omega t]\} = a \exp\{i[\mathbf{k}_{\text{in}}r' - (\omega - \mathbf{k}_{\text{in}}v)t]\}$$
$$= a \exp[i(\mathbf{k}_{\text{in}}r' - \omega_p t)]$$

と表される.粒子が受ける光波の角周波数は $\omega_p = \omega - \mathbf{k}_{\text{in}}v$ となる.一方,粒子が ω_p の角周波数を放つとき,移動座標系での光波は $E_s(r', t) = a \exp[i(\mathbf{k}_1 r' - \omega_p t)]$ と表される. $r' = r - vt$ であるから,静止座標系で表すと

$$E_s(r, t) = a \exp\{i[\mathbf{k}_1 r - (\omega_p + \mathbf{k}_1 v)t]\} = a \exp[i(\mathbf{k}_1 r - \omega_1 t)]$$

となる.粒子からの光波は静止座標系では $\omega_1 = \omega_p + \mathbf{k}_1 v$ となる.したがってまとめると $\omega_1 = \omega + (\mathbf{k}_1 - \mathbf{k}_{\text{in}})v$ となる.

2.2 屈折率が小さいほうから光波を入射させるときの振幅反射率を r,大きいほうから入射させるときのそれを r' とした.フレネルの公式の式(1.49c),(1.49d)において, θ_1 と θ_2 とを入れ替えると,分子のみ変化するから式(2.27)が成立すること

がわかる。

2.3 式(2.30)において $r<1$ であることを考慮して $k\to\infty$ とする。分子の第2項が消える。その結果を用いて

$$T=\frac{|t\,t'|^2}{[1-r^2\exp(i\delta)][1-r^2\exp(-i\delta)]}=\frac{|t\,t'|^2}{1+r^4-2r^2\cos\delta}$$

となる。

2.4 ローレンツ形関数の半値全幅を $\delta\phi$ とすると、式(2.42)より $\delta\phi=4/\sqrt{F}$ である。この幅を波長に変換し、$\delta\lambda$ とする。波長 λ のとき最大透過率を示し、その位相は $2\pi m$ である。したがって $\delta\lambda=\lambda\delta\phi/(2\pi m)=2\lambda/(\pi m\sqrt{F})$ となる。フィネスは定義式に上式と式(2.32), (2.38), (2.41)を代入すると求まる。

2.5 図2.16のパラメータの定義を用い、振幅反射率を式(2.35)と同様に求める。

$$\frac{E_r}{E_i}=r_0+\frac{t_0 t_0' r_1' \exp(i\delta)}{1-r_0' r_1' \exp(i\delta)}$$

$$=\frac{r_0+(-r_0 r_0' r_1+t_0 t_0' r_1')\exp(i\delta)}{1-r_0' r_1' \exp(i\delta)}$$

となる。ストークスの定理は $n_0<n_1$ に対して $r_0'=-r_0$, $t_0'=t_0$, $t_0 t_0'=1-r_0^2$ であり、$n_1<n_s$ に対して $r_1'=r_1$ である。代入して整理すると

$$\frac{E_r}{E_i}=\frac{r_0+r_1\exp(i\delta)}{1+r_0 r_1\exp(i\delta)}$$

のように式(2.46)が得られる。エネルギー反射率は

$$R=\left|\frac{E_r}{E_i}\right|^2=\frac{r_0^2+r_1^2+2r_0 r_1\cos\delta}{1+(r_0 r_1)^2+2r_0 r_1\cos\delta}$$

である。垂直入射とすると、フレネルの公式から

$$r_0=\frac{(n_0-n_1)}{(n_0+n_1)},\quad r_1=\frac{(n_1-n_s)}{(n_1+n_s)}$$

が導かれる。代入するとエネルギー反射率は屈折率で表され

$$R=\frac{(n_0^2+n_1^2)(n_1^2+n_s^2)-4n_0 n_1^2 n_s+(n_0^2-n_1^2)(n_1^2-n_s^2)\cos\delta}{(n_0^2+n_1^2)(n_1^2+n_s^2)+4n_0 n_1^2 n_s+(n_0^2-n_1^2)(n_1^2-n_s^2)\cos\delta}$$

となる。ここで式(2.47)の条件 $\cos\delta=-1$ を代入すると式(2.48)が求まる。

【3 章】

3.1 式(3.33)より回折角は $\theta=m\lambda/d$ である。さらに図3.13または式(3.32)よりピークの広がり幅は $\Delta\theta=\lambda/(Nd)$ である。したがって波長分解能は $\lambda/\Delta\lambda=mN$ である。次数 $m=1$ とするとき、$\lambda/\Delta\lambda=10\,\mathrm{mm}/d=1.2\times 10^4$。波長 750 nm の入射光を 6.25×10^{-2} nm まで分解できる。

3.2 平面波がレンズによって位相変調されると、後焦点を中心とした球面波がレンズから出力される。したがって開口関数には曲率半径 d の球面波が照明されていることになる。$x_2 y_2$ 面にある開口関数を $t(x_2,y_2)$ とすると、直後の光波分布は $g(x_2,y_2)=t(x_2,y_2)\exp[-ik(x_2^2+y_2^2)/(2d)]$ となる。この光波が距離 d をフレネル回折し、観測面に到達する。式(3.11)を用いると

$$u(X, Y) = \iint g(x_2, y_2) \exp\left[ik\frac{(X-x_2)^2+(Y-y_2)^2}{2d}\right]dx_2 dy_2$$
$$= \exp\left(ik\frac{X^2+Y^2}{2d}\right)\iint t(x_2, y_2)\exp\left[-i2\pi\left(\frac{X}{\lambda d}x_2+\frac{Y}{\lambda d}y_2\right)\right]dx_2 dy_2$$

と求まる。空間周波数は $X/(\lambda d)$ となり，開口関数がレンズに密着しているときの周波数 $X/(\lambda f)$ の f/d 倍となっている。同じ観測面上では d/f 倍に縮小されている。

3.3 屈折率変化の振幅 $\Delta\phi$ が小さいとき，$\exp(x)=1+x$ の近似を用いて，式 (3.56) を近似する。位相変調は $\exp(i\phi_s)=\exp(i\phi_0)[1+i\Delta\phi\sin(2\pi x/\Lambda_s)]$ となる。この式の第 2 項の i は単に位相を $\pi/2$ 遅らすことである。したがってこの式は式 (3.25) の振幅変調と同じことになる。式 (3.57) の平面波を照射し，観測面での回折パターンを求める。セル直後の振幅分布は

$$g(x) = \exp(i\phi_0)\exp\left(\frac{-i2\pi x\sin\theta_0}{\lambda}\right) + \Delta\phi\exp\left[i\left(\phi_0+\frac{\pi}{2}\right)\right]\sin\left(\frac{2\pi x}{\Lambda_s}\right)$$
$$\exp\left(\frac{-i2\pi x\sin\theta_0}{\lambda}\right)$$

である。フーリエ変換して

$$u(X) = \exp(i\phi_0)\delta\left(\frac{\sin\theta_0}{\lambda}+\frac{X}{\lambda R}\right) + \left(\frac{\Delta\phi}{2i}\right)\exp\left[i\left(\phi_0+\frac{\pi}{2}\right)\right]$$
$$\left\{\delta\left[\frac{1}{\Lambda_s}-\frac{\sin\theta_0}{\lambda}-\frac{X}{\lambda R}\right]-\delta\left[\frac{1}{\Lambda_s}+\frac{\sin\theta_0}{\lambda}+\frac{X}{\lambda R}\right]\right\}$$

となる。直進光（θ_0 方向），±1 次回折光（$\theta_0\pm\lambda/\Lambda_s$ 方向に伝搬）が観測される。
なお図 3.20 で，ベッセル関数の負の次数が描かれていないが

$$J_{-n}(x)=(-1)^n J_n(x)$$
$$J_n(x)=\sum_{m=0}^{\infty}\frac{(-1)^m}{\Gamma(m+1)\Gamma(n+m+1)}\left(\frac{x}{2}\right)^{n+2m} \quad (x\neq\text{負の実数})$$

の関係があることを利用する。

【4 章】

4.1 二つの光波の角周波数を $\omega_1=\omega$，$\omega_2=\omega+\Delta\omega$ とし，それぞれの光波に対する屈折率を $n_1=n$，$n_2=n+\Delta n$ とする。c を真空中の光速とするとき $k_i=2\pi/\lambda_i=n_i(\omega_i/c)$ であるから，群速度は

$$v_g = \frac{\Delta\omega}{\Delta k} = c\frac{\omega_1-\omega_2}{n_1\omega_1-n_2\omega_2} = \frac{c}{n}\left[\frac{1}{1+(\omega/n)(\Delta n/\Delta\omega)}\right] = \frac{c}{n}\left(1-\frac{\omega}{n}\frac{\Delta n}{\Delta\omega}\right)$$

となる。最後の等式は近似を用いた。さてここで

$$\frac{\partial\omega}{\partial\lambda} = \frac{2\pi c}{\lambda}\frac{\partial}{\partial\lambda}\left(\frac{1}{n}\right) + \frac{2\pi c}{n}\frac{\partial}{\partial\lambda}\left(\frac{1}{\lambda}\right) = -\frac{2\pi c}{n\lambda}\left(\frac{1}{n}\frac{dn}{d\lambda}+\frac{1}{\lambda}\right)$$

である。ここで最後の式の第 1 項は無視できる。したがって

$$v_g = \frac{c}{n}\left(1-\frac{\omega}{n}\frac{\partial\lambda}{\partial\omega}\frac{\partial n}{\partial\lambda}\right) = \frac{c}{n}\left(1+\frac{\lambda}{n}\frac{\partial n}{\partial\lambda}\right)$$

と求められる。

4.2 時間平均を積分表示とすると

$\Gamma(\tau) = \langle E^*(t)E(t+\tau)\rangle = \int_{-\infty}^{\infty} E^*(t)E(t+\tau)dt$

となる。この積分は $\tau>0$ の場合

$$\Gamma(\tau) = a^2 \exp(-\sigma\tau)\exp(-i\omega_c\tau)\int_0^{\infty}\exp(-2\sigma t)dt$$

$$= \frac{a^2}{2\sigma}\exp(-\sigma\tau)\exp(-i\omega_c\tau)$$

となる。$\tau<0$ の場合

$$\Gamma(\tau) = a^2 \exp(-\sigma\tau)\exp(-i\omega_c\tau)\int_{-\tau}^{\infty}\exp(-2\sigma t)dt$$

$$= \frac{a^2}{2\sigma}\exp(\sigma\tau)\exp(-i\omega_c\tau)$$

となる。したがって時間差 τ について，正，負をまとめると

$$\Gamma(\tau) = \langle E^*(t)E(t+\tau)\rangle = \frac{a^2}{2\sigma}\exp(-\sigma|\tau|)\exp(-i\omega_c\tau)$$

と式(4.26)が得られる。$\langle I\rangle = \Gamma(0) = a^2/(2\sigma)$ とすると，$a^2 = 2\sigma\langle I\rangle$ である。つぎにフーリエ逆変換を行うと

$$\int_{-\infty}^{\infty}\exp(-\sigma|\tau|)\exp(-i\omega_c\tau)\exp(i\omega\tau)d\tau$$

$$= \int_0^{\infty}\exp(-\sigma\tau)\{\exp[i(\omega_c-\omega)\tau] + \exp[-i(\omega_c-\omega)\tau]\}d\tau$$

$$= 2\mathrm{Re}\left\{\int_0^{\infty}\exp(-\sigma\tau)\exp[i(\omega_c-\omega)\tau]d\tau\right\}$$

$$= 2\mathrm{Re}\left[\frac{-1}{-\sigma+i(\omega_c-\omega)}\right] = \frac{2\sigma}{(\omega_c-\omega)^2+\sigma^2}$$

となる。したがって式(4.27)が得られる。

4.3 定数を省略して表すと

$$\Gamma(\tau) = \int_0^{\infty}\exp\left[-\frac{(\omega-\omega_c)^2}{2\sigma^2}\right]\exp(-i\omega\tau)d\omega$$

となる。ここで $\omega-\omega_c=x$ と置き，光の周波数は十分大きいから $\omega_c\to\infty$ と近似すると

$$\Gamma(\tau) = \int_{-\omega_c}^{\infty}\exp\left(-\frac{x^2}{2\sigma^2}\right)\exp(-i\tau x)\exp(-i\omega_c\tau)dx$$

$$= \exp(-i\omega_c\tau)\int_{-\infty}^{\infty}\exp\left(-\frac{x^2}{2\sigma^2}\right)\exp(-i\tau x)dx$$

$$= \sqrt{2\pi}\sigma\exp\left(-\frac{\sigma^2\tau^2}{2}\right)\exp(-i\omega_c\tau)$$

と得られる。

4.4 スペクトル幅は約 150 nm となる。

【5 章】

5.1

(1) $\mathscr{F}[g(ax, by)] = \iint g(ax, by) \exp[-i2\pi(\mu x + \nu y)] dx dy$

$= \iint g(u, v) \exp\left[-i2\pi\left(\dfrac{\mu}{a}\right)u + \left(\dfrac{\nu}{b}\right)v\right] \left|\dfrac{\partial(x, y)}{\partial(u, v)}\right| du dv$

$= \dfrac{1}{|ab|} G\left(\dfrac{\mu}{a}, \dfrac{\nu}{b}\right) \qquad (u = ax)$

(2) $\mathscr{F}[g(x-a)] = \int g(x-a) \exp(-i2\pi\mu x) dx$

$= \int g(u) \exp[-i2\pi\mu(u+a)] du \qquad (u = x-a)$

$= \exp(-i2\pi\mu a) \int g(u) \exp(-i2\pi\mu u) du$

$= \exp(-i2\pi\mu a) G(\mu)$

(3) $\mathscr{F}[g(x) * h(x)] = \int\left[\int g(\xi) h(x-\xi) d\xi\right] \exp(-i2\pi\mu x) dx$

$= \int g(\xi) \left[\int h(x-\xi) \exp(-i2\pi\mu x) dx\right] d\xi$

$= \int g(\xi) \exp(-i2\pi\mu\xi) H(\mu) d\xi$

$= G(\mu) H(\mu)$

(4) $\mathscr{F}^{-1}[G(\mu) H^*(\mu)] = \int \iint g(y) h^*(z) \exp[i2\pi\mu(x-y+z)] d\mu dy dz$

$= \iint g(y) h^*(z) \delta(x-y+z) dy dz$

$= \int g(y) h^*(y-x) dy$

$= g(x) \bigstar h^*(x)$

∴ $\mathscr{F}\mathscr{F}^{-1}[G(\mu) H^*(\mu)] = G(\mu) H^*(\mu) = \mathscr{F}[g(x) \bigstar h^*(x)]$

(5) $\mathscr{F}[g(x) \bigstar h^*(-x)] = \iint g(\xi) h^*[-(\xi-x)] \exp(-i2\pi\mu x) d\xi dx$

$= \iint g(\xi) h^*(-y) \exp(-i2\pi\mu\xi) \exp(i2\pi\mu y) d\xi dy$

$= G(\mu) \left[\int h(-y) \exp(-i2\pi\mu y) dy\right]^*$

$= G(\mu) H^*(-\mu)$

(6) $\int |g(x)|^2 dx = \int g(x) g^*(x) dx$

$= \int g(x) \left[\int G(\mu) \exp(i2\pi\mu x) d\mu\right]^* dx$

$= \int \left[\int g(x) \exp(-i2\pi\mu x) dx\right] G^*(\mu) d\mu$

$$= \int G(\mu) G^*(\mu) d\mu$$

$$= \int |G(\mu)|^2 d\mu$$

(7) $\quad g(x) * h(x) = \int g(\xi) h(x-\xi) d\xi$

$$= \int g(\xi) h[-(\xi-x)] d\xi$$

$$= g(x) \star h(-x)$$

5.2 計算を簡単にするため,一部の計算を1次元で扱う。レンズ面に入射する光波は式(5.73)より

$$u(x_1) = g(x_1) * \exp\left(\frac{ikx_1^2}{2d_1}\right)$$

$$= \int g(x) \exp\left[\frac{ik(x_1-x)^2}{2d_1}\right] dx$$

$$= \exp\left(\frac{ikx_1^2}{2d_1}\right) \mathscr{F}_{x1}\left[g(x) \exp\left(\frac{ikx^2}{2d_1}\right)\right]$$

となる。ここで $\mathscr{F}_{x1}[\cdots]$ はフーリエ変換演算子を表し,変換後に変数 x_1 にすることを表す。レンズによる位相変調,ひとみ関数による振幅変調を受けた光波は

$$w(x_1) = u(x_1) \exp\left(-\frac{ik}{2f} x_1^2\right) p(x_1)$$

$$= \exp\left[\frac{ik}{2}\left(\frac{1}{d_1}-\frac{1}{f}\right)x_1^2\right] \mathscr{F}_{x1}\left[g(x) \exp\left(\frac{ikx^2}{2d_1}\right)\right] p(x_1)$$

となる。観測面での光波は

$$u(X) = w(X) * \exp\left(\frac{ik}{2d_2} X^2\right)$$

$$= \exp\left(\frac{ik}{2d_2} X^2\right) \mathscr{F}_X\left[w(x_1) \exp\left(\frac{ikx_1^2}{2d_2}\right)\right]$$

$$= \exp\left(\frac{ikX^2}{2d_2}\right) \mathscr{F}_X\left\{\exp\left[\frac{ik}{2}\left(\frac{1}{d_1}+\frac{1}{d_2}-\frac{1}{f}\right)x_1^2\right]\right.$$

$$\left. \mathscr{F}_{x1}\left[g(x) \exp\left(\frac{ikx^2}{2d_1}\right)\right] p(x_1)\right\}$$

と与えられる。レンズの公式が成り立っているので,式(5.76),(5.77)を代入する。係数を省略すると,2次元表示では

$$u(X, Y) = \mathscr{F}_X\left\{\mathscr{F}_{x1}\left[g(x, y) \exp\left(ik\frac{x^2+y^2}{2d_1}\right)\right]\right\} * \mathscr{F}_X[p(x_1, y_1)] \quad (1)$$

と整理することができる。式(1)の中をそれぞれ計算すると

$$\mathscr{F}_X\left\{\mathscr{F}_{x1}\left[g(x, y) \exp\left(ik\frac{x^2+y^2}{2d_1}\right)\right]\right\}$$

$$= \mathscr{F}_X\left\{\mathscr{F}_{x1}[g(x, y)] * \mathscr{F}_{x1}\left[\exp\left(ik\frac{x^2+y^2}{2d_1}\right)\right]\right\}$$

$$= \mathscr{F}_X\{\mathscr{F}_{x1}[g(x, y)]\} \mathscr{F}_X\left\{\mathscr{F}_{x1}\left[\exp\left(ik\frac{x^2+y^2}{2d_1}\right)\right]\right\} \quad (2)$$

ここで
$$\mathscr{F}_X\{\mathscr{F}_{x1}[g(x)]\} = \mathscr{F}_X\left[G\left(\frac{x_1}{\lambda d_1}\right)\right] = \int G\left(\frac{x_1}{\lambda d_1}\right)\exp\left(\frac{-i2\pi x_1 X}{\lambda d_2}\right)dx_1$$

$$= (\lambda d_1)\int G(\xi)\exp\left[-i2\pi\left(\frac{d_1}{d_2}\right)X\xi\right]d\xi \qquad \left(\xi = \frac{x_1}{\lambda d_1}\right)$$

$$= (\lambda d_1)g\left(-\frac{X}{M}\right)$$

$$\mathscr{F}_X\left\{\mathscr{F}_{x1}\left[\exp\left(\frac{ikx^2}{2d_1}\right)\right]\right\}$$

$$= \iint \exp\left[ik\left(\frac{x^2}{2d_1} - \frac{x_1}{d_1}x - \frac{x_1}{d_2}X\right)\right]dxdx_1$$

$$= \lambda\int \exp\left(ik\frac{x^2}{2d_1}\right)\delta\left(\frac{x}{d_1} + \frac{X}{d_2}\right)dx$$

$$= (\lambda d_1)\exp\left(\frac{ik}{2Md_2}X^2\right)$$

であるから,定係数を省略すると
$$式(2) = g\left(-\frac{X}{M}, -\frac{Y}{M}\right)\exp\left[\frac{ik}{2Md_2}(X^2+Y^2)\right]$$

となる。さらに
$$\mathscr{F}_X[p(x_1,y_1)] = P\left(\frac{X}{\lambda d_2}, \frac{Y}{\lambda d_2}\right)$$

となるから,式(1)に代入することによって式(5.79)が得られる。

【6 章】

6.1 5.1.2項(9)に示したように,相関演算は図形をそのまま横ずらしをして,積演算をする。したがって同一図形であると,二つの図形が完全に重なる位置で最大の相関値が得られる。ところがたたみ込み演算は,一方の図形を反転したうえで,横ずらしをして積演算をする。したがって偶関数の図形以外は,完全に重なることがない。

6.2 図6.8に示すように,ホログラフィー法では斜入射の参照光を照射し,高い周波数の搬送周波数成分を必要とする。式(6.27)からわかるように,この搬送周波数が高ければ高いほど,三つの項が分離される。三つの画像を分離するには,高い搬送周波数成分を記録するために,高い解像度が必要である。

6.3 一般に参照パターンには多くの参照図形がある。フーリエ変換するとこれらの間の相関値が多数現れる。これは目的の相関値ではなくノイズとなる。この除去のために,パワースペクトル領域で減算する。

【7 章】

7.1 求める逆行列を $[a]$ とする。逆行列は $[\lambda][a]^\mathrm{T} = [I]$ を満足する。また $[\lambda]$ が対角行列であるとき,その転置行列 $[a]$ も対角行列となる。対角要素を比較すると

$\lambda_j a_j = 1$ となる。ゆえに $a_j = \lambda_j^{-1}$ と表せる。

7.2 行列 $[\mathscr{F}_{DM}]$ は複素数で表されるから,行列がユニタリー行列であることを示せばよい。そこで $[O] = [\mathscr{F}_{DM}]^T [\mathscr{F}_{DM}]^*$ と置き,行列 $(1/M)[O]$ が単位行列で表されることを示し,式(7.40)を証明する。行列 $[\mathscr{F}_{DM}]$ は式(7.36),(7.37)より

$$[\mathscr{F}_{DM}] = \begin{bmatrix} W_M^0 & W_M^0 & W_M^0 & \cdots & W_M^0 \\ W_M^0 & W_M^1 & W_M^2 & \cdots & W_M^{M-1} \\ \cdot & \cdot & \cdot & \cdots & \cdot \\ W_M^0 & W_M^{i-1} & W_M^{2(i-1)} & \cdots & W_M^{(M-1)(i-1)} \\ \cdot & \cdot & \cdot & \cdots & \cdot \\ W_M^0 & W_M^{(M-1)} & W_M^{2(M-1)} & \cdots & W_M^{(M-1)(M-1)} \end{bmatrix}$$

である。したがって行列 $[O]$ の (i,j) 要素は

$$[O]_{ij} = W_M^0 W_M^{*0} + W_M^{i-1} W_M^{*j-1} + \cdots + W_M^{(M-1)(i-1)} W_M^{*(M-1)(j-1)}$$

$$= \sum_{k=0}^{M-1} W_M^{k(i-1)} W_M^{*k(j-1)} = \sum_{k=0}^{M-1} \exp\left[-i2\pi(i-j)\frac{k}{M}\right]$$

となる。ここで $i=j$ とすると,$[O]_{ij} = M$ となる。さらに $i \neq j$ のときは以下のように展開できる。M を偶数とするならば

$$[O]_{ij} = \sum_{k=0}^{M/2-1} \exp\left[-i2\pi(i-j)\frac{k}{M}\right] + \sum_{k=0}^{M/2-1} \exp\left[-i2\pi(i-j)\frac{k}{M} - i\pi(i-j)\right]$$

のように二つの項の和で表される。ここで $(i-j)$ は整数であるから,同じ k の値に対して第1項と第2項はキャンセルされる。これは複素平面上で表すと理解できる。したがって $i \neq j$ のとき,$[O]_{ij} = 0$ となる。ゆえに

$$\frac{1}{M}[O] = \frac{1}{M}[\mathscr{F}_{DM}]^T [\mathscr{F}_{DM}]^* = [I]$$

となる。本書では行列 $[\mathscr{F}_{DM}]$ に対して行列 $(1/M)[\mathscr{F}_{DM}]^*$ を対応させたが,数学的に厳密さを要求するときは,係数 $1/\sqrt{M}$ をそれぞれの行列に均等に振り分ける必要がある。

7.3 行列は大きくなるが $[h]^T$ を掛け,$[h]^T[h]$ とする。

7.4 変数 μ を省略して表す。

$$F_k = F_{k-1} + \gamma PU - \gamma PHF_{k-1} = F_{k-1}(1-\gamma PH) + \gamma PU$$
$$= F_{k-2}(1-\gamma PH)^2 + \gamma PU(1-\gamma PH) + \gamma PU$$
$$= F_0(1-\gamma PH)^k + \gamma PU(1-\gamma PH)^{k-1} + \cdots + \gamma PU$$

初期値を $F_0 = \gamma PU$ と置くと

$$F_k = \gamma PU[(1-\gamma PH)^k + (1-\gamma PH)^{k-1} + \cdots + 1]$$
$$= \frac{\gamma PU[1-(1-\gamma PH)^{k+1}]}{1-(1-\gamma PH)}$$
$$= \frac{U}{H}[1-(1-\gamma PH)^{k+1}]$$

となる。$k \to \infty$ としたとき,有限の値となるには $|1-\gamma PH| < 1$ である。

索 引

【あ】

| 厚肉レンズ | 34 |
| アッベの不変量 | 32 |

【い】

位相形ホログラム	197, 199
位相格子	87
移相子	17, 30, 175
位相制御	199
位相速度	6, 21
位相伝達関数	147
位相フィルタ	161
位相変調	78
位相変調素子	78
移相量	19
一様量子化	184
一般逆フィルタ	206
移動不変性	134
陰画像	177
インコヒーレント光	107
インコヒーレント・コヒーレント変換素子	171
インコヒーレント伝達関数	144
インバースフィルタ	156, 163
インパルス応答	135
インラインホログラフィー	91

【う】

ウィナー・ヒンチンの定理	107, 130
ウィナーフィルタ	204
薄肉レンズ	32

【え】

エアリー像	71
液晶	177
液晶ライトバルブ	177
エタロン	56
エネルギー保存則	130, 147
エバネッセント波	28
エリアシング	183
円形開口	70
演算回数	196
円偏光	13

【お】

| 折返し | 183 |
| オフアクシスホログラフィー | 91 |

【か】

開口絞り	35, 148
開口数	36
解析信号	101
回折	62
回折角	64, 74
回折格子分光	77
回折効率	200
解像力	151
ガウス形	110
ガウス光	116
ガウス分布	115
可干渉距離	110, 112
角周波数	4
確率密度関数	185
カー効果	174
重ね合わせの原理	38, 134
可視度	41
画像認識	211
画像ベクトル	186
カーネン・ルーベ変換	211
干渉	39
干渉じま	40
干渉じま間隔	44
干渉パターン	45
干渉フィルタ	58
完全偏光	15
観測方程式	205
ガンマ値	172

【き】

幾何光学	30, 84
傷検査	164
輝線スペクトル	107
キノフォーム	173
逆行列	191, 195
逆フーリエ変換	128
吸収係数	29
球面波	12, 62, 88
共軸球面系	32
強度相関関数	123
虚像	90
近軸光線近似	31, 79

【く】

空間コヒーレンス	50, 114
空間コヒーレンス長	121
空間コヒーレンス領域	118

空間周波数	65, 72	光路長	22	収束条件	209
空間周波数フィルタリング		光路長差	39, 53	収束速度	207
	158	黒化度	171	出射ひとみ	35
空間的にインコヒーレント		古典的複素信号	101	主　点	35
	120	コヒーレンス時間	109	主要点	35
空間的に完全コヒーレント		コヒーレンス長	110	準単色光	110
	120	コヒーレント光	107	消衰係数	28
空間光変調素子	158, 171	コヒーレント伝達関数	142	焦点距離	33
矩形開口	67	固有関数	138	焦点深度	153
矩形関数	67, 131	固有値	138	焦点はずれ	152, 162
矩形波振幅格子	74	コントラスト	41, 145	焦平面	33
くし関数	132	コントラスト強調	159	ジョーンズ行列	17
屈折の法則	23	コンボリューション像	168	ジョーンズベクトル	16
屈折率	21	【さ】		進行波	5, 28, 46
組合せレンズ	35			進相軸	174
クロネッカーデルタ	192	再生照明光	89	振動面	13
群速度	103	再劣化	207	振幅形ホログラム	197
【け】		参照光	40, 88	振幅透過関数	67
		参照パターン	168	振幅透過率	24
計算機ホログラム	196	【し】		振幅反射率	24
傾斜因子	62			振幅フィルタ	161
結合相関演算	169	時間コヒーレンス	48	振幅分割	50
結合則	129	時間コヒーレンス長	112	振幅変調	67
結　像	34, 83	時間コヒーレンス度	107	【す】	
結像倍率	34	時間的コヒーレンス関数			
原関数	187		106	ストークスの定理	53
【こ】		識別関数	211	スネルの法則	23
		自己相関関数	106, 130	スペクトル	99
光学的厚さ	60, 79	自己相関像	168	スペックル	116
光学的距離	22, 78	子午面	30	スペックルパターン	116
光学的粗面	116	辞書式配列	186	【せ】	
光学的伝達関数	144	実　像	91		
光学濃度	172	シフト定理	74, 129	正則化	201
光学薄膜	58	しま間隔	112	正方行列	204
交換則	129	しま次数	96	節　点	35
光　線	7	写真フィルム	171	線形移動不変システム	134
拘束条件	207	遮断空間周波数	150	線形演算子	135
高速フーリエ変換	196	周期関数	126	線形システム	134
後退波	5	収　差	36	線形変換	128
光　路	21	修正関数	156	施光子	17

索　　　　引　　225

【そ】

全反射	27
相関行列	203
相関時間	110
像関数	187
双曲線関数	79
相互強度	119, 141
相互コヒーレンス関数	121
相互コヒーレンス度	123
相互相関関数	129
相似性	129
像焦点	33

【た】

帯域制限	182
対角行列	204
対称行列	195
ダイナミックレンジ	185
楕円偏光	12, 15
多光波干渉	78
多色光	98
たたみ込み積分	129, 168
縦波	84
単位行列	192
単色光	98

【ち】

遅相軸	174
超音波	85
超短パルス	104
頂点	30
直交行列	192
直交変換	192
直線偏光	13
直線偏光子	17

【て】

定在波	46
定常	106, 115

デコンボリューション	201
デルタ関数	131
電気光学効果	173
点像応答関数	137
点像広がり	188
転置	190

【と】

等位相面	61
特異値分解	204
特徴抽出	211
ドップラー効果	42, 124
ドップラー速度計	42, 45
ドップラー幅	110

【な, に, ね】

流れ写真	162
2次元センサ	180
二重露光法	94
2乗誤差	184, 202
入射ひとみ	35
入射面	22
認識	157
熱放射光源	98

【は】

ハイパスフィルタ	159
白色光	98
パーシバルの定理	130, 147
波数	4
パターン認識	211
バビネの定理	75
波面	7
波面分割	50
波連	103
波連の長さ	110
パワースペクトル	100
反射の法則	23
反射防止膜	59
バンドパスフィルタ	159

半波長板	20
反復法	206

【ひ】

光アドレス形素子	176
光強度	8
光導電効果	176
光偏向器	87
光誘起屈折効果	176
非周期関数	128
ヒストグラム	202
非線形量子化	185
左回り円偏光	15
ビート周波数	42
ひとみ関数	148
非負拘束条件	208
非分散性	103
微分フィルタ	160
漂白	173
標本化	181
標本化関数	181
標本画像	181
標本化定理	183

【ふ】

ファブリー・ペロー干渉計	56
ファンシッタート・ゲルニケの定理	120
フィネス	58
フィルタ処理	187
複屈折	30
複屈折性結晶	175
復元	156
復元処理	187
復元フィルタ	202
複素共役	10
複素屈折率	28
複素コヒーレンス度	107, 120

索引

複素振幅　　　　　　　　　　9
複素正弦波　　　　　　132, 138
複素相互コヒーレンス度
　　　　　　　　　　　　122
複素表示　　　　　　　　　　9
複素フーリエ係数　　　　　126
負指数分布　　　　　　　　116
物体光　　　　　　　　40, 88
物体焦点　　　　　　　　　33
物体深度　　　　　　　　　153
部分コヒーレント光　　　　107
部分偏光　　　　　　　　　15
フラウンホーファー回折　　65
±1次回折光　　　　　　　74
ブラッグ角　　　　　　　　87
ブラッグの法則　　　　　　87
フーリエ級数　　　　　　　126
フーリエ分光法　　　　　　113
フーリエ変換　　　　　65, 128
フーリエ変換対　　　　　　128
フリースペクトルレンジ　　57
不良設定問題　　　　　　　201
ブルースター角　　　　　　25
フレッドホルム形第1種
　　積分方程式　　　　　　187
フレネル回折　　　　　　　66
フレネル・キルヒホッフの
　　回折式　　　　　　　　63
フレネルの公式　　　　　　24
分解能　　　　　　　　77, 151
分　光　　　　　47, 56, 58, 124
分　散　　　　　　　　　　29
分散値　　　　　　　　　　205

【へ】

分離可能　　　　　　　　　190
分　類　　　　　　　　　　211
平滑化画像　　　　　　　　207
平面波　　　　　　　　　　7
ベッセル関数　　　　　71, 85
変換行列　　　　　　　　　189
変換の核　　　　　　　　　187
偏　光　　　　　　　　　　12
変調伝達関数　　　　　　　145

【ほ】

方位角　　　　　　　　　　13
放電光源　　　　　　　　　98
放物面　　　　　　　　　　79
ポッケルス効果　　　　　　174
ホログラフィー　　　　　　87
ホログラフィー干渉法　　　94
ホログラフィックフィルタ
　　　　　　　　　　　　166
ホログラム　　　　　　　　89

【ま, み】

マイケルソン干渉計　　　　40
マッチトフィルタ　　　　　166
窓関数　　　　　　　　　　182
右回り円偏光　　　　　　　14

【む, め】

無収差レンズ　　　　　　　79
無偏光　　　　　　　　　　15
迷　光　　　　　　　　　　156

【や, ゆ, よ】

ヤングの干渉実験　　　　　48
ユニタリー行列　　　　192, 204
ユニタリー変換　　　　　　192
1/4 波長板　　　　　　　　19

【ら, り】

ランバート則　　　　　　　28
離散画像　　　　　　　　　185
離散スペクトル　　　　　　195
離散的フーリエ逆変換　　　195
離散フーリエ変換　　　　　195
量子化　　　　　　　181, 183
量子化誤差　　　　　　　　184
臨界角　　　　　　　　　　27

【る, れ】

類似度　　　　　　　　　　211
0次回折光　　　　　　　　73
0次の干渉じま　　　　　　112
レーザ光　　　　　　　51, 99
レーザ散乱分光　　　　　　124
劣化関数　　　　　　　　　202
連続スペクトル　　　　　　101

【ろ】

露光量　　　　　　　　　　172
露出時間　　　　　　　162, 172
ローパスフィルタ　　　　　159
ローレンツ形　　　　　58, 108

---

fast 軸　　　　　　　　　　19
f 軸　　　　　　　　19, 174
F 数　　　　　　　　　　　35
F 値　　　　　　　　　　　35
H-D 曲線　　　　　　　　　172
p 偏光　　　　　　　　　23
sinc 関数　　　　　　　　　69
slow 軸　　　　　　　　　　19
s 軸　　　　　　　　19, 174
s 偏光　　　　　　　　　23

―― 著者略歴 ――

1967年　福井大学工学部応用物理学科卒業
1969年　大阪大学大学院修士課程修了（応用物理学専攻）
1972年　大阪大学大学院博士課程単位修得退学
1973年　工学博士（大阪大学）
1986年　神戸大学助教授
2001年　神戸大学教授
2007年　神戸大学名誉教授

光情報工学の基礎
Fundamentals of Optical Information Processing　　　　　© Takeaki Yoshimura 2000

2000年2月10日　初版第1刷発行
2021年7月30日　初版第9刷発行

検印省略	著　者	吉　村　武　晃
	発行者	株式会社　コロナ社
		代表者　牛来真也
	印刷所	新日本印刷株式会社
	製本所	有限会社　愛千製本所

112-0011　東京都文京区千石 4-46-10
発行所　株式会社　**コロナ社**
CORONA PUBLISHING CO., LTD.
Tokyo Japan
振替00140-8-14844・電話(03)3941-3131(代)
ホームページ　https://www.coronasha.co.jp

ISBN 978-4-339-02369-5　C3055　Printed in Japan　　　　（宮尾）

<JCOPY> ＜出版者著作権管理機構 委託出版物＞

本書の無断複製は著作権法上での例外を除き禁じられています。複製される場合は，そのつど事前に，出版者著作権管理機構（電話 03-5244-5088，FAX 03-5244-5089，e-mail: info@jcopy.or.jp）の許諾を得てください。

本書のコピー，スキャン，デジタル化等の無断複製・転載は著作権法上での例外を除き禁じられています。購入者以外の第三者による本書の電子データ化及び電子書籍化は，いかなる場合も認めていません。
落丁・乱丁はお取替えいたします。

電子情報通信レクチャーシリーズ

(各巻B5判，欠番は品切または未発行です)

■電子情報通信学会編

共通

配本順		タイトル	著者	頁	本体
A-1	(第30回)	電子情報通信と産業	西村吉雄著	272	4700円
A-2	(第14回)	電子情報通信技術史 —おもに日本を中心としたマイルストーン—	「技術と歴史」研究会編	276	4700円
A-3	(第26回)	情報社会・セキュリティ・倫理	辻井重男著	172	3000円
A-5	(第6回)	情報リテラシーとプレゼンテーション	青木由直著	216	3400円
A-6	(第29回)	コンピュータの基礎	村岡洋一著	160	2800円
A-7	(第19回)	情報通信ネットワーク	水澤純一著	192	3000円
A-9	(第38回)	電子物性とデバイス	益田一哉 天川修平共著	244	4200円

基礎

B-5	(第33回)	論理回路	安浦寛人著	140	2400円
B-6	(第9回)	オートマトン・言語と計算理論	岩間一雄著	186	3000円
B-7		コンピュータプログラミング	富樫敦著		
B-8	(第35回)	データ構造とアルゴリズム	岩沼宏治他著	208	3300円
B-9	(第36回)	ネットワーク工学	田中村野敬介 仙石正和共著	156	2700円
B-10	(第1回)	電磁気学	後藤尚久著	186	2900円
B-11	(第20回)	基礎電子物性工学 —量子力学の基本と応用—	阿部正紀著	154	2700円
B-12	(第4回)	波動解析基礎	小柴正則著	162	2600円
B-13	(第2回)	電磁気計測	岩﨑俊著	182	2900円

基盤

C-1	(第13回)	情報・符号・暗号の理論	今井秀樹著	220	3500円
C-3	(第25回)	電子回路	関根慶太郎著	190	3300円
C-4	(第21回)	数理計画法	山下信雄 福島雅夫共著	192	3000円

配本順			頁	本体
C-6 (第17回)	インターネット工学	後藤滋樹・外山勝保 共著	162	2800円
C-7 (第3回)	画像・メディア工学	吹抜敬彦 著	182	2900円
C-8 (第32回)	音声・言語処理	広瀬啓吉 著	140	2400円
C-9 (第11回)	コンピュータアーキテクチャ	坂井修一 著	158	2700円
C-13 (第31回)	集積回路設計	浅田邦博 著	208	3600円
C-14 (第27回)	電子デバイス	和保孝夫 著	198	3200円
C-15 (第8回)	光・電磁波工学	鹿子嶋憲一 著	200	3300円
C-16 (第28回)	電子物性工学	奥村次徳 著	160	2800円

展開

			頁	本体
D-3 (第22回)	非線形理論	香田徹 著	208	3600円
D-5 (第23回)	モバイルコミュニケーション	中川正雄・大槻知明 共著	176	3000円
D-8 (第12回)	現代暗号の基礎数理	黒澤馨・尾形わかは 共著	198	3100円
D-11 (第18回)	結像光学の基礎	本田捷夫 著	174	3000円
D-14 (第5回)	並列分散処理	谷口秀夫 著	148	2300円
D-15 (第37回)	電波システム工学	唐沢好男・藤井威生 共著	228	3900円
D-16 (第39回)	電磁環境工学	徳田正満 著	206	3600円
D-17 (第16回)	ＶＬＳＩ工学 ─基礎・設計編─	岩田穆 著	182	3100円
D-18 (第10回)	超高速エレクトロニクス	中村徹・三島友義 共著	158	2600円
D-23 (第24回)	バイオ情報学 ─パーソナルゲノム解析から生体シミュレーションまで─	小長谷明彦 著	172	3000円
D-24 (第7回)	脳工学	武田常広 著	240	3800円
D-25 (第34回)	福祉工学の基礎	伊福部達 著	236	4100円
D-27 (第15回)	ＶＬＳＩ工学 ─製造プロセス編─	角南英夫 著	204	3300円

定価は本体価格+税です。
定価は変更されることがありますのでご了承下さい。

図書目録進呈◆

電気・電子系教科書シリーズ

（各巻A5判）

- ■編集委員長　高橋　寛
- ■幹　　　事　湯田幸八
- ■編集委員　　江間　敏・竹下鉄夫・多田泰芳
- 　　　　　　　中澤達夫・西山明彦

	配本順	書名	著者	頁	本体
1.	(16回)	電気基礎	柴田尚志・皆藤新一 共著	252	3000円
2.	(14回)	電磁気学	多田泰芳・柴田尚志 共著	304	3600円
3.	(21回)	電気回路Ⅰ	柴田尚志 著	248	3000円
4.	(3回)	電気回路Ⅱ	遠藤勲・鈴木靖 共編著	208	2600円
5.	(29回)	電気・電子計測工学(改訂版) ―新SI対応―	吉澤昌純・降矢典雄・福村拓己・高崎和巳・西山明彦・下平茂郎 共著	222	2800円
6.	(8回)	制御工学	奥山佐木堀立西青木鎮幸 共著	216	2600円
7.	(18回)	ディジタル制御	西堀俊幸 著	202	2500円
8.	(25回)	ロボット工学	白水俊次 著	240	3000円
9.	(1回)	電子工学基礎	中澤達夫・藤原勝幸 共著	174	2200円
10.	(6回)	半導体工学	渡辺英夫 著	160	2000円
11.	(15回)	電気・電子材料	中澤・森田・山田・押山・服部 共著	208	2500円
12.	(13回)	電子回路	須田健二 共著	238	2800円
13.	(2回)	ディジタル回路	土田・伊原・若海・吉澤 共著	240	2800円
14.	(11回)	情報リテラシー入門	室賀進也・山下巖 共著	176	2200円
15.	(19回)	C++プログラミング入門	湯田幸八 著	256	2800円
16.	(22回)	マイクロコンピュータ制御プログラミング入門	柚賀正光・千代谷慶 共著	244	3000円
17.	(17回)	計算機システム(改訂版)	春日健・舘泉雄治 共著	240	2800円
18.	(10回)	アルゴリズムとデータ構造	湯田幸八・伊原充博 共著	252	3000円
19.	(7回)	電気機器工学	前田勉・新谷邦弘 共著	222	2700円
20.	(31回)	パワーエレクトロニクス(改訂版)	江間敏・高橋勲 共著	232	2600円
21.	(28回)	電力工学(改訂版)	江間敏・甲斐隆章 共著	296	3000円
22.	(30回)	情報理論(改訂版)	三木成彦・吉川英機 共著	214	2600円
23.	(26回)	通信工学	竹下鉄夫・吉川英夫 共著	198	2500円
24.	(24回)	電波工学	松宮稔・田口光雄・常川光一 共著	238	2800円
25.	(23回)	情報通信システム(改訂版)	岡田裕・桑原裕史 共著	206	2500円
26.	(20回)	高電圧工学	植月唯夫・松原孝史・箕田充志 共著	216	2800円

定価は本体価格＋税です。
定価は変更されることがありますのでご了承下さい。

図書目録進呈◆